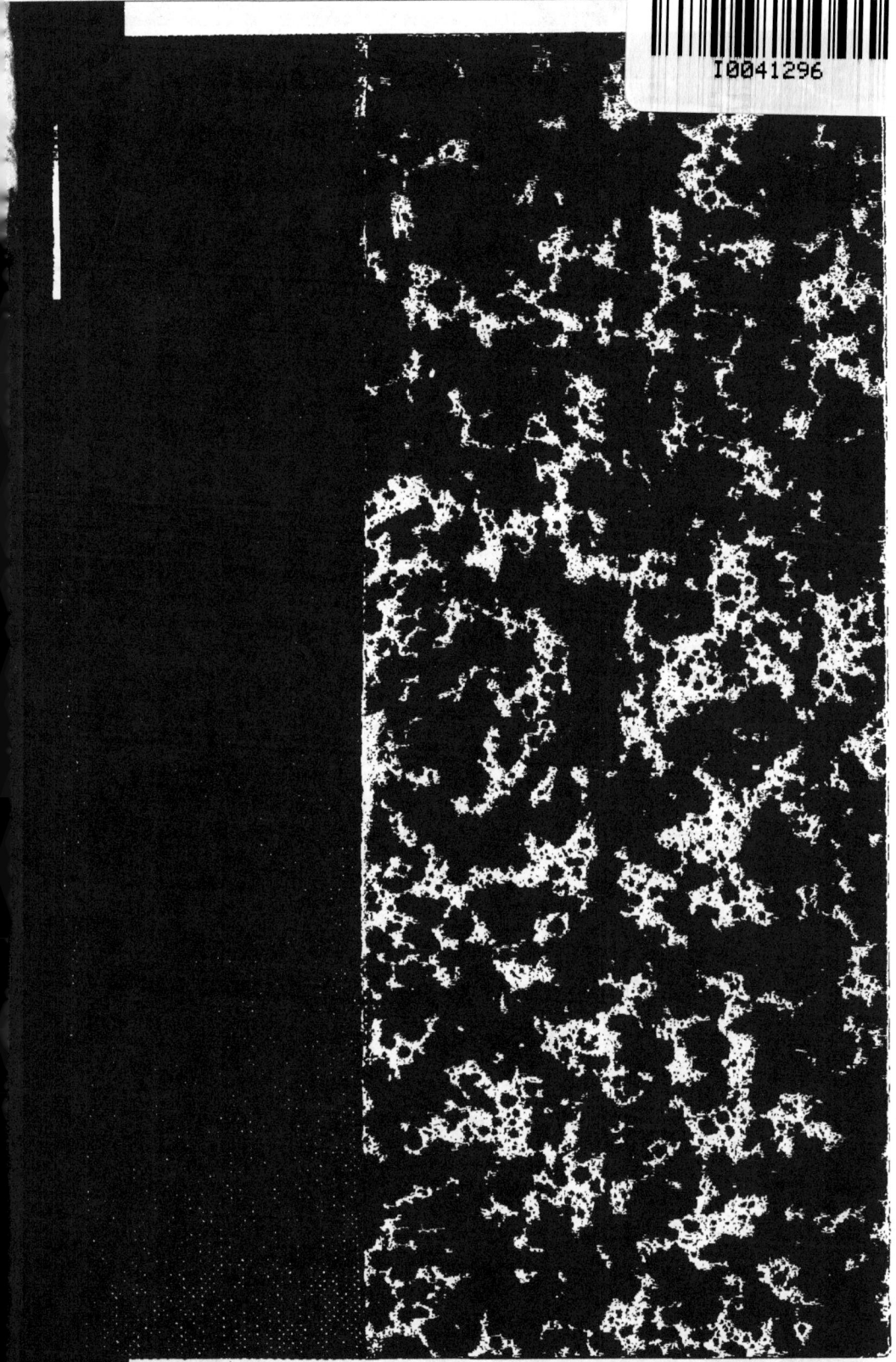

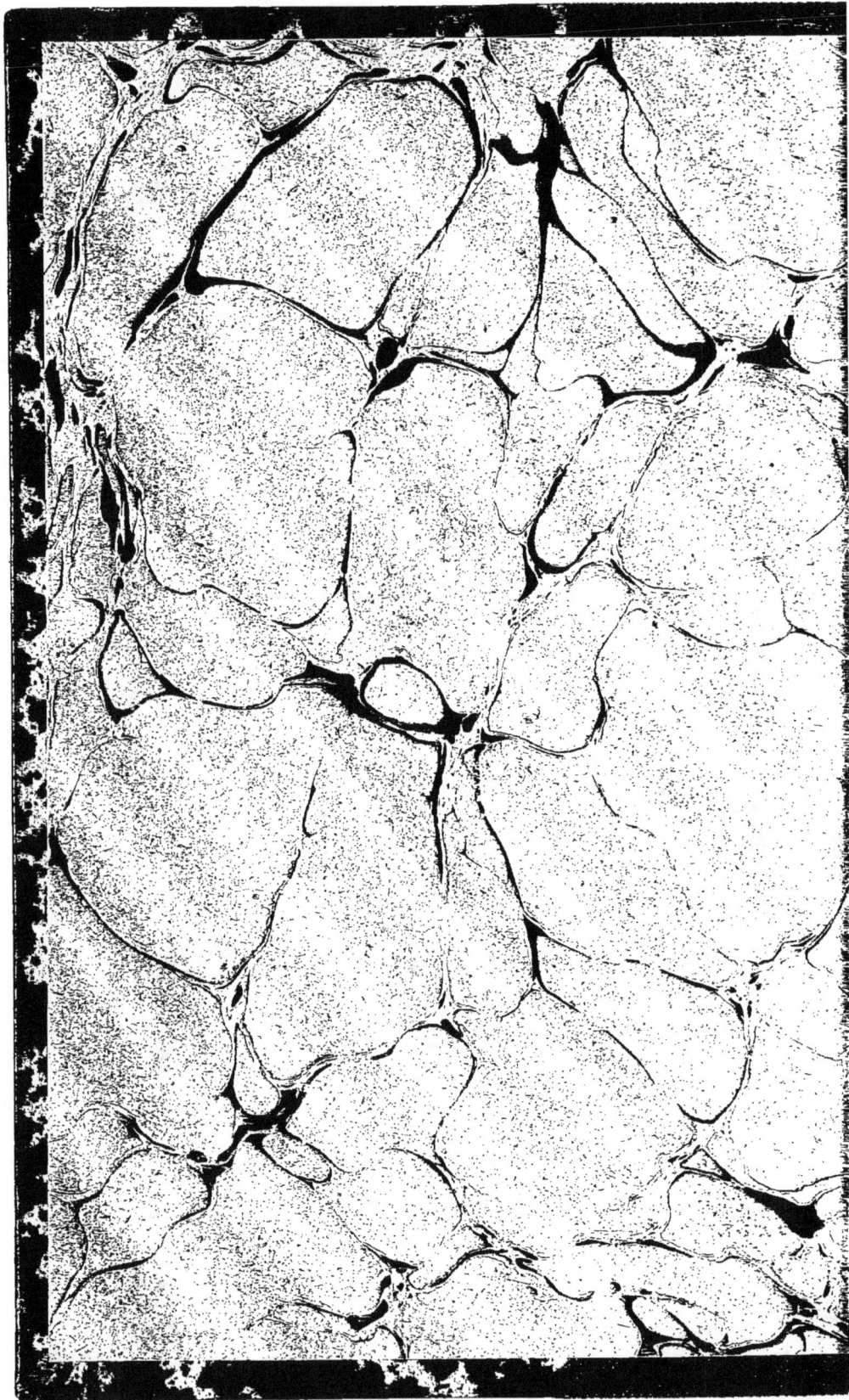

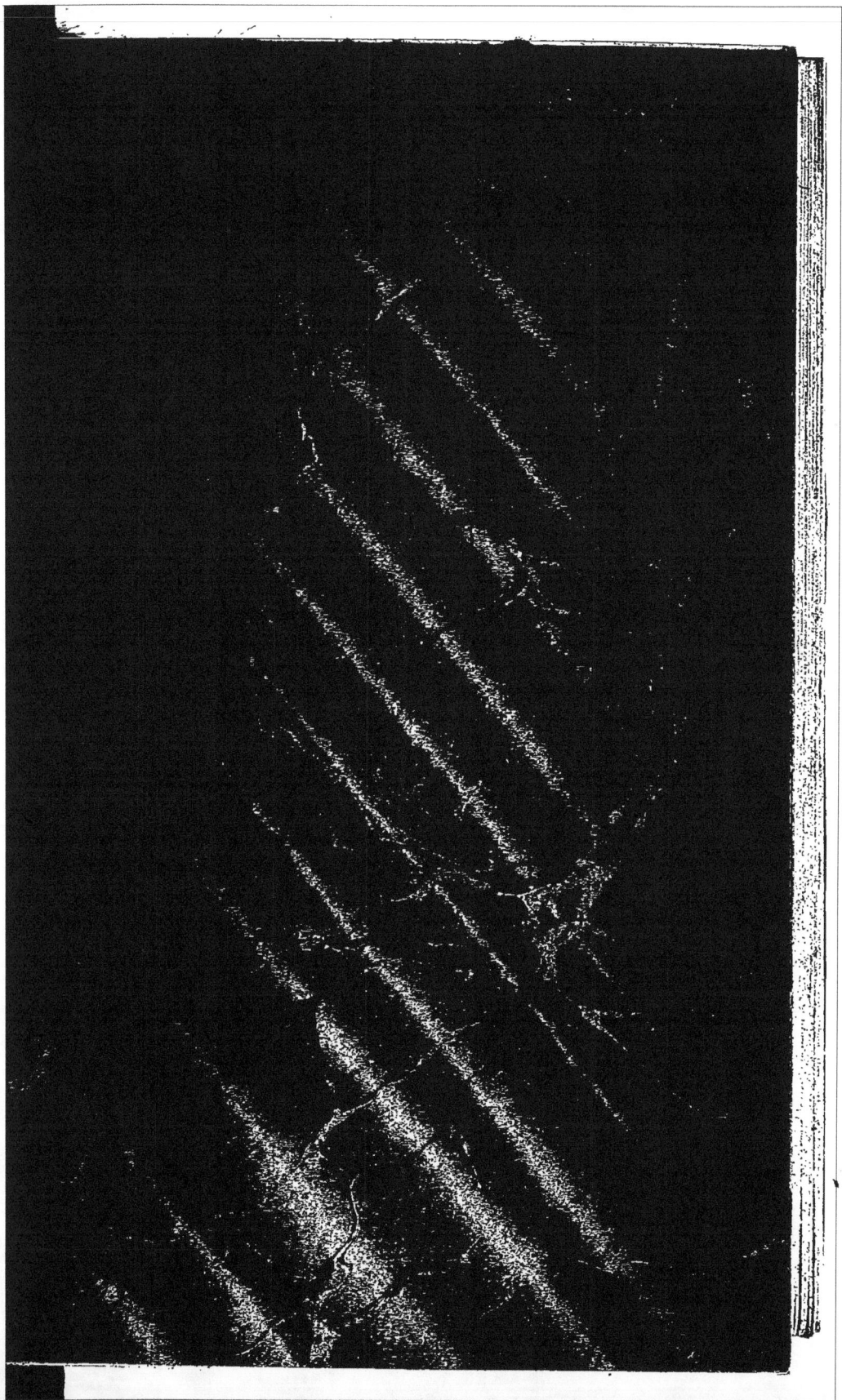

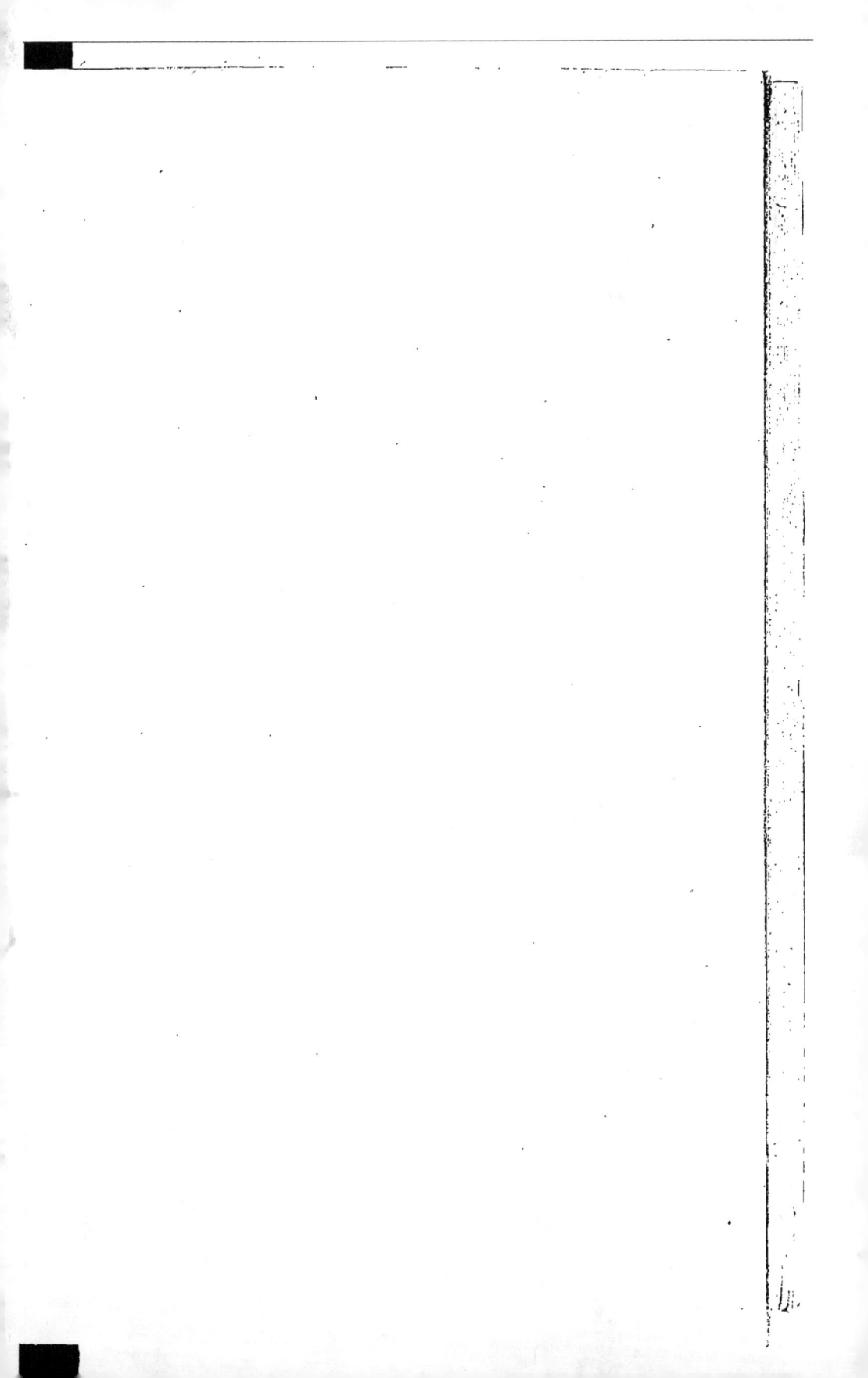

L'ARBORICULTURE

FRUITIÈRE C423

EN 26 LEÇONS

Par GRESSENT

Professeur d'Arboriculture à Paris et à Orléans; Inspecteur des plantations de la ville d'Orléans; chargé du Cours d'Arboriculture fondé
par la ville d'Orléans et par le département du Loiret; de l'Enseignement d'Horticulture à l'École municipale supérieure; des cultures
arborescentes du grand Séminaire et de l'hôpital d'Orléans.

AVEC 192 FIGURES EXPLICATIVES

PREMIÈRE ÉDITION

PARIS

AUG. GOIN, ÉDITEUR,

82, rue des Écoles.

DÉPARTEMENTS

CHEZ L'AUTEUR

A ORLÉANS

ON EXPÉDIE *franco* PAR LA POSTE

1862

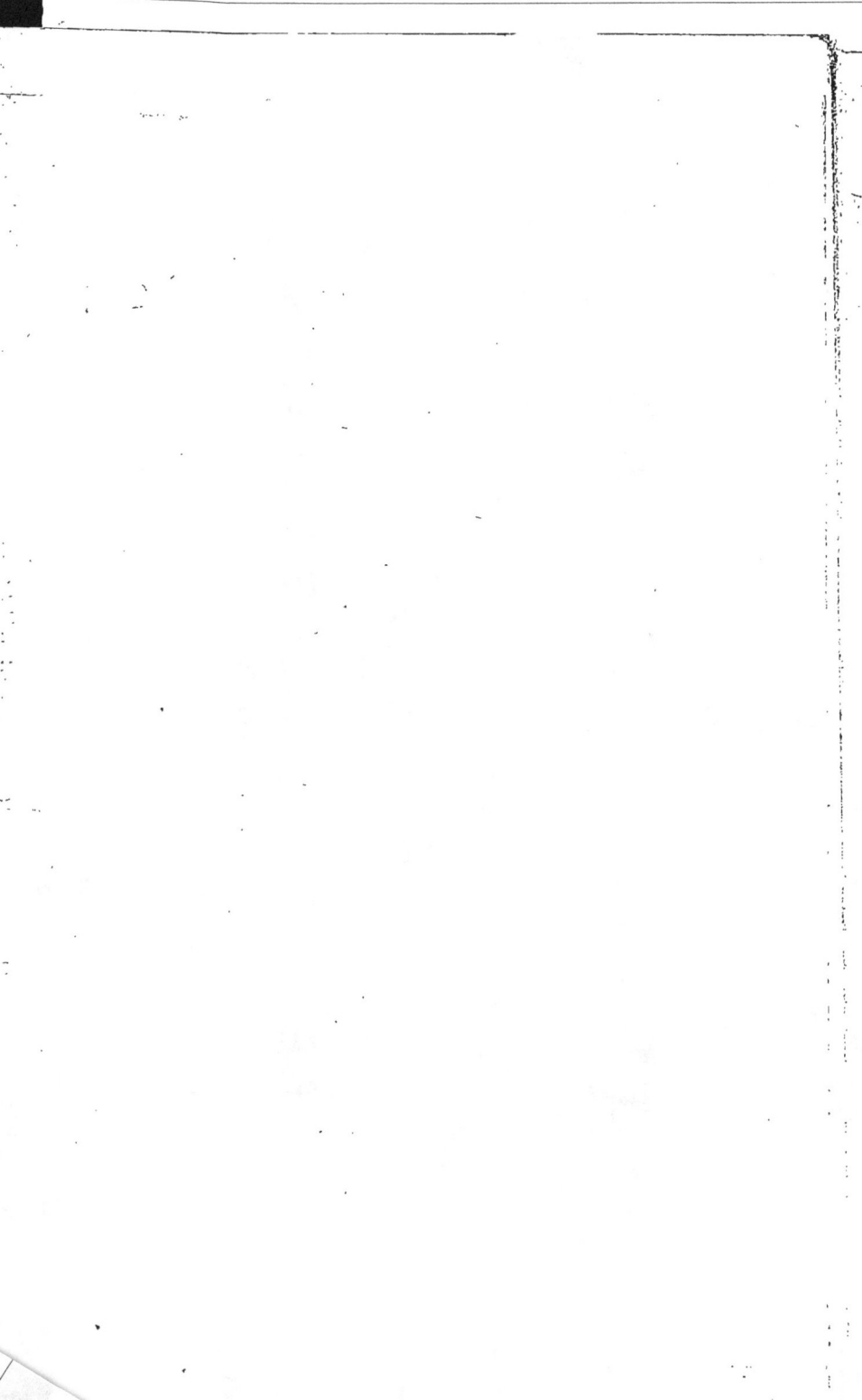

LEÇONS

D'ARBORICULTURE

ET

DE POTAGER MODERNE

PAR

GRESSENT

Professeur d'Arboriculture

SALLE DES CONFÉRENCES

7, rue Scribe, 7

LES 21, 25 ET 28 MAI, A 7 HEURES ET DEMIE DU SOIR

LUNDI 21 MAI, 7, HEURES ET 1|2 DU SOIR

Poirier et Pommier : pincements, palissages, etc.; soins à donner aux arbres et aux fruits pendant tout l'été.

... L'École; Horticulture; l'Atelier ou Coursier; Pincements, taille en vert, rapprochements, etc., soins à donner aux arbres et aux fruits pendant l'été.

LUNDI 28 MAI, 7 HEURES 1/2 DU SOIR

Vigne : Opérations d'été; récolte et conservation des fruits.
Potager moderne : Soins et entretien pendant l'été.

LEÇONS PRATIQUES

LE DIMANCHE 27 MAI ET LE MERCREDI 30 MAI

De pincements, palissages, suppression de fruits, incisions, etc., etc.

DANS DES JARDINS CRÉÉS PAR LE PROFESSEUR

Et qui seront désignés pendant les leçons.

S'ADRESSER

Chez M. DEROUET, au magasin de quincaillerie horticole, RUE SAINTE-ANNE, 60, *pour se procurer des places réservées et des cartes pour* LES LEÇONS PRATIQUES

LES CARTES DU COURS DE PARIS

Ont droit aux PLACES réservées et aux LEÇONS PRATIQUES

Paris. — Imprimerie Dubuisson et C⁰, rue Coq-Héron, 5. — 778

LEÇONS

THÉORIQUES ET PRATIQUES

D'ARBORICULTURE FRUITIÈRE

2 997

PARIS. — IMPRIMERIE DE DUBUISSON ET Cⁱᵉ, RUE COQ-HÉRON, 5

C.

LEÇONS

THÉORIQUES ET PRATIQUES

D'ARBORICULTURE

FRUITIÈRE

PAR

A. GRESSENT

Professeur d'arboriculture à Paris et à Orléans, Inspecteur du service
des plantations de la ville d'Orléans

CHARGÉ DU COURS D'ARBORICULTURE

Fondé par la ville d'Orléans et par le département du Loiret, de l'enseignement
d'arboriculture à l'école municipale supérieure, des cultures arborescentes
du grand Séminaire et de l'hôpital d'Orléans.

Première Édition

PARIS

AUG. GOIN, ÉDITEUR

82, rue des Écoles

DÉPARTEMENTS

CHEZ L'AUTEUR

A ORLÉANS

ON EXPÉDIE *franco* PAR LA POSTE

1862

AVANT-PROPOS

Depuis plusieurs années mes élèves de Paris et de ses
environs, ceux du Loiret et des départements voisins, me
pressent de publier mes leçons d'arboriculture. J'ai résisté
à leurs demandes réitérées comme à celle des libraires
auxquels les personnes qui m'ont entendu, ou qui ont vu
mes jardins fruitiers, demandent mon ouvrage. Mon but
n'était pas de publier un livre donnant un bénéfice quelconque, mais de faire un ouvrage utile, de donner un
guide sûr au propriétaire et au jardinier, de publier un
livre exempt de passion, mettant la vérité en relief et
signalant les nombreuses erreurs propagées dans tant
d'opuscules sur l'arboriculture.

Un tel ouvrage demandait non-seulement à être mûrement pensé, mais sa création devait encore être précédée de nombreuses expérimentations sur les différentes questions qui ont amené tant de discussions brûlantes depuis plusieurs années, notamment la taille du pêcher. J'ai attendu que la pratique ait donné raison à mes essais pendant trois années consécutives. Fixé aujourd'hui d'une manière absolue par l'étude et par l'expérience, je me rends au vœu de mes auditeurs en publiant ce livre qui, je l'espère, sera appelé à rendre d'importants services.

La création de mes jardins fruitiers est une chose neuve; elle m'appartient essentiellement, car je suis le premier qui ait créé des jardins fruitiers sérieux. J'apporte également plusieurs applications nouvelles dans la culture et dans la taille des arbres. Tout ce que j'enseigne a été *sanctionné par la pratique;* ceux qui me suivront réussiront à coup sûr, mais à la condition de me suivre à la lettre, pas à pas, de se bien pénétrer de tous les chapitres de ce livre, et surtout de ne pas se laisser influencer par les conseils.

Nous sommes loin du temps où l'enseignement de la taille des arbres fruitiers se traduisait par des *systèmes* opposés. Chaque individu qui enseignait avait le sien; ces différents systèmes, dont l'application pouvait parfois donner des résultats passables dans des conditions spéciales, produisaient des résultats contraires dès qu'ils étaient appliqués dans des conditions différentes.

Aujourd'hui, l'arboriculture fruitière est une science spéciale; elle a pris naissance dans l'étude des végétaux et des agents de la végétation. Toutes les opérations de

taille, pincement, etc., etc., sont basées sur les lois fondamentales de la nature ; aussi les résultats sont-ils toujours certains dans toutes les conditions.

Cela n'a rien de surprenant : la science est une comme
la vérité ; cette science nous a révélé une grande partie
des mystères de la nature ; la cause étant connue, l'effet
a été facile à produire. Lorsque notre enseignement sera
suffisamment répandu, il anéantira complétement l'empi-
risme qui a régi jusqu'à présent la taille des arbres, et
lui substituera une doctrine d'une logique irrésistible.

C'est cette doctrine si simple et si féconde en résultats
que je viens exposer dans cet ouvrage, le plus brièvement
possible, mais aussi avec une clarté et une précision
qui permettent à tous les esprits de la saisir et surtout de
l'appliquer.

LEÇONS

THÉORIQUES ET PRATIQUES

D'ARBORICULTURE FRUITIÈRE

PREMIÈRE PARTIE

ÉTUDES PRÉLIMINAIRES

PREMIÈRE LEÇON

ANATOMIE

La taille des arbres fruitiers étant, par le fait, de la chirurgie végétale, occupons-nous d'abord de reconnaître les organes dont ces arbres sont composés. Ces organes sont :

Les ORGANES ÉLÉMENTAIRES : le *tissu cellulaire* et le *tissu vasculaire*.

Le TISSU CELLULAIRE, formation primitive et primordiale de tout végétal organisé, est formé par la réunion de petites vésicules contiguës, à parois communes percées d'ouvertures par lesquelles elles communiquent entre elles.

Ces petites vésicules, ovales d'abord, prennent ensuite la forme hexagone; vues au microscope, elles simulent les alvéoles des abeilles (pl. 1, fig. 1).

Le tissu cellulaire forme toutes les parties molles des végétaux. Les parois des cellules, d'abord très minces, s'épaississent par la formation intérieure de nouvelles parois; les matières minérales sans cesse introduites dans les cellules contribuent à les obstruer; avec le temps, elles s'oblitèrent entièrement et acquièrent la dureté du bois.

Le TISSU VASCULAIRE est formé par la réunion de longs tubes ou vaisseaux se joignant d'intervalle en intervalle et présentant l'aspect des mailles d'un filet allongé. Ces vaisseaux sont percés d'ouvertures latérales par lesquelles ils communiquent entre eux. Les mailles du tissu vasculaire sont remplies de tissu cellulaire (pl. 1, fig. 2).

L'élément vasculaire apparaît toujours après la formation cellulaire; il vient envelopper ce dernier tissu et le solidifier.

Le tissu vasculaire forme toutes les parties solides des végétaux.

Les ORGANES CONSERVATEURS : la *racine*, la *tige*, les *boutons*, les *feuilles* et les *stomates*.

La RACINE se compose :

Du collet, point intermédiaire où la tige et la racine prennent naissance pour se développer en sens inverse (A. pl. 1, fig. 3);

Du corps ou pivot, formation première de la racine, s'enfonçant verticalement en terre et se ramifiant comme la tige (B. pl. 1, fig. 3);

Des radicelles, ramifications du pivot donnant naissance à une foule de petites ramifications appelées chevelu (C. pl. 1, fig. 3), et enfin des spongioles, amas de tissu cellulaire formant l'extrémité de toutes les radicelles (pl. 1, fig. 4).

Les spongioles sont les seuls organes absorbants des racines.

La TIGE est composée d'ORGANES EXTÉRIEURS et d'ORGANES INTÉRIEURS.

Les ORGANES EXTÉRIEURS sont les *bourgeons*, les *rameaux*, les *branches* et le *tronc*.

Le bourgeon est le premier développement de la végétation (pl. 1, fig. 5); il prend le nom de rameau à la chute des feuilles, où il a acquis la consistance ligneuse (pl. 1, fig. 6); le rameau devient branche lorsqu'il se ramifie à son tour (pl. 1, fig. 7); le tronc est la partie de l'arbre qui s'élève du sol à une certaine hauteur sans se ramifier (pl. 1, fig. 8).

Les ORGANES INTÉRIEURS sont: la *moelle*, le *corps ligneux* et l'*écorce*.

La MOELLE est entièrement formée de tissu cellulaire et est enveloppée par une couche de tissu vasculaire. Ces vaisseaux prennent le nom de vaisseaux du canal médullaire; ils jouent un grand rôle dans la végétation : la formation des feuilles et des boutons est due à leur déviation naturelle.

La déviation *naturelle* des vaisseaux du canal médullaire donnant naissance aux feuilles, aux boutons et par conséquent aux bourgeons, *il nous sera facile d'obtenir des bourgeons là où il n'en existe pas*, à l'aide d'une *déviation artificielle* de ces vaisseaux, provoquée par une mutilation dont nous donnerons la forme et la mesure en temps et lieu.

Le CORPS LIGNEUX est la partie qui occupe le centre de la tige, depuis la moelle jusqu'à l'écorce. Si nous coupons un arbre transversalement, le corps ligneux nous apparaîtra sous la forme de couches concentriques; chaque couche est le produit de la végétation d'une année (A. pl. 1, fig. 9). Ces couches sont reliées entre elles par des faisceaux de vaisseaux horizontaux, appelés rayons médullaires; ces vaisseaux sont ceux du canal médullaire dont la *déviation naturelle* a donné naissance à des feuilles et à des bourgeons (B. pl. 1, fig. 9).

Si, au contraire, nous coupons un arbre verticalement, nous reconnaîtrons que les filets ligneux formant les couches dont nous venons de parler sont formés d'une réunion de vaisseaux prenant naissance à la base d'une feuille et se prolongeant jusqu'à l'extrémité des racines. Nous reconnaîtrons encore que les filets ligneux produits par les feuilles supérieures recouvrent ceux produits par les inférieures. Il résulte de ce mode de construction que les couches ligneuses les plus jeunes sont toujours les plus extérieures. Les mailles des vaisseaux ligneux sont remplies, comme tout le tissu vasculaire, de tissu cellulaire.

Le corps ligneux se divise en deux parties, en *bois parfait* et en *aubier*.

Le BOIS PARFAIT, plus dur et d'une couleur plus foncée, occupe le centre de la tige. Il est formé des couches ligneuses les plus anciennes, de celles dont les cellules et les vaisseaux sont complétement obstrués, il ne sert plus que de support à l'arbre (C. pl. 1, fig. 9).

L'AUBIER (D. pl. 1, fig. 9), plus mou et moins coloré, est formé des couches ligneuses les plus récentes ; les couches les plus extérieures contiennent les vaisseaux séveux (E. pl. 1, fig. 9); ces vaisseaux fonctionnent avec d'autant plus d'énergie que les couches sont plus jeunes. Ceux de l'année donnent passage à *un quart de la séve*, ceux de l'année précédente à *la moitié*, ceux de la troisième et de la quatrième année *au dernier quart*. Dans la majeure partie des espèces, l'aubier se convertit en bois parfait la cinquième ou la sixième année.

L'ÉCORCE comprend : le *liber*, les *couches corticales*, le *tissu sous-épidermoïde* et l'*épiderme*.

Le LIBER est la partie la plus intérieure de l'écorce, celle qui recouvre l'aubier (A. pl. 2, fig. 1); le liber est formé d'un grand nombre de couches minces et flexibles, composées de vaisseaux naissant également à la base d'une feuille et se prolongeant jusqu'à l'extrémité des racines. Nous remarquerons que la formation des couches du liber se fait en sens inverse de celles du corps ligneux.

Dans le corps ligneux, les couches les plus nouvelles

sont les plus extérieures; les couches de·liber les plus récentes sont au contraire les plus intérieures.

Une couche de liber est également formée chaque année. LE LIBER EST LE SIÉGE DE LA VIE DE L'ARBRE.

Les COUCHES CORTICALES sont formées des plus anciennes couches du liber, avec celles que le temps a complétement desséchées. Ce sont les losanges rugueux que l'on remarque sur les vieux arbres (B. pl. 2, fig. 1).

Dans les jeunes tiges seulement, le liber est recouvert d'une couche de tissu cellulaire, c'est le tissu sous-épidermoïde (A. pl. 2, fig. 2); ce dernier tissu est recouvert d'une pellicule mince et incolore, c'est l'épiderme (B, pl. 2, fig. 2).

Le BOUTON, placé à l'aisselle des feuilles, est le rudiment du bourgeon (A. pl. 2, fig. 3); il doit sa formation à la déviation des vaisseaux du canal médullaire. Les vaisseaux déviés forment d'abord un petit axe au sommet duquel est placé le bouton (B. pl. 2, fig. 3). Lorsque la végétation est accomplie, le bouton prend le nom d'œil.

On appelle mérithalle l'espace qui sépare les yeux.

Les feuilles comprennent le *pétiole* et le *disque*.

Le PÉTIOLE, ou queue de la feuille (A. pl. 2, fig. 4), est formé des vaisseaux déviés du canal médullaire; ces vaisseaux, en s'allongeant et se ramifiant à l'infini dans le disque, donnent naissance aux nervures de la feuille (B. pl. 2, fig. 4).

Le DISQUE est la lame de la feuille (C. pl. 2, fig. 4). Elle est composée de tissu cellulaire, recouvert d'une membrane incolore appelée épiderme; cette membrane, surtout celle de la face inférieure, est percée de petites ouvertures : ce sont les stomates (pl. 2, fig. 5).

Toutes les parties vertes des végétaux, les feuilles, les bourgeons et les fruits, sont recouvertes de stomates.

Les ORGANES REPRODUCTEURS sont les *fleurs* et les *fruits*.

Les FLEURS sont composées des *enveloppes florales* et des *organes sexuels*.

Les ENVELOPPES FLORALES sont le *calice* et la *corolle*. Les

1.

divisions du calice prennent le nom de folioles calicinales ; celle de la corolle, celui de pétales.

Les ÓRGANES SEXUELS sont les *étamines* et le *pistil*.

Les ÉTAMINES sont les organes mâles des plantes ; elles se composent du *filet*, de l'*anthère* et du *pollen*.

Le FILET portant l'anthère à son sommet (A. pl. 2, fig. 6) ; l'anthère, petite poche renfermant le pollen, poussière fécondante des végétaux (B. pl. 2, fig. 6).

Le PISTIL (pl. 2, fig. 7) est l'organe femelle des plantes : il se compose de l'*ovaire* (A. pl. 2, fig. 7), renfermant le rudiment des semences à féconder ; du *style* qui porte le stigmate (B. pl. 2, fig. 7), et du *stigmate* (C. pl. 2, fig. 7), corps glanduleux et humide présentant à sa surface l'ouverture de vaisseaux communiquant directement avec les loges de l'ovaire.

Le FRUIT est composé du *péricarpe* et des *semences*.

Le PÉRICARPE comprend toute la partie charnue du fruit ; il est formé de tissu cellulaire.

Les SEMENCES renferment le rudiment d'une plante semblable à celle qui leur a donné naissance ; elles sont attachées et enveloppées par un réseau de vaisseaux appelé cordon ombilical ; il prend naissance au pédoncule du fruit et se prolonge jusqu'à son extrémité. Une partie de ces vaisseaux a servi à la fécondation ; leur fonction est d'introduire les substances nutritives pendant tout l'accroissement du fruit.

On appelle tunique l'enveloppe du fruit.

L'EMBRYON contient : la *radicule*, rudiment de la racine ; la *plumule,* rudiment de la tige, et les *cotylédons*, partie charnue de la graine.

DEUXIÈME LEÇON

—

PHYSIOLOGIE.

GERMINATION ET NUTRITION.

Après avoir examiné les organes qui constituent les arbres, occupons-nous des fonctions qu'ils remplissent, afin de connaître les causes qui déterminent les principaux phénomènes de la végétation : la *germination*, la *nutrition*, l'*accroissement*, la *reproduction* et la *mort*.

Pour suivre la végétation dans toutes ses phases, commençons par la GERMINATION.

Lorsqu'une graine est confiée au sol, voici ce qui a lieu. Elle absorbe de l'eau qui l'amollit et la gonfle; la tunique se déchire, la radicule s'enfonce dans le sol, la plumule se redresse, s'allonge et sort bientôt de terre, portant les cotylédons à sa base; ceux-ci fournissent à la jeune plante la nourriture première et tombent dès que les feuilles apparaissent.

La GERMINATION ne peut s'effectuer sans le concours de l'*eau*, de l'*air* et de la *chaleur*.

L'eau amollit la graine, la gonfle et fait déchirer la tunique.

L'air est indispensable à la germination ; le gaz oxygène qu'il contient modifie la substance des cotylédons et la rend propre à nourrir la plante. La graine, soustraite au contact de l'air, ne germe jamais.

La chaleur active la germination ; plus elle est élevée, plus la germination est prompte. Cependant elle ne doit jamais dépasser 45 degrés. Le sol se desséchant trop vite à cette température, la germination n'a plus lieu. Nous faisons cette observation pour les semis sous châssis.

Il résulte de ce que nous venons de dire que les semis, pour être faits avec succès, doivent l'être dans des conditions spéciales. Le sol doit être plutôt léger que compacte, afin d'être très perméable à l'air ; il doit être labouré profondément pour conserver l'humidité ; de plus, il doit être copieusement fumé avec des *engrais très consommés*, afin de fournir une nourriture abondante à la jeune plante.

Les semis d'arbres doivent être faits en ligne et non à la volée. Dans les semis en ligne, les plantes sont également espacées, par conséquent également éclairées ; chaque racine ayant le même espace à occuper, tous les sujets sont d'égale vigueur ; en outre, le semis en ligne permet d'enterrer toutes les graines à la même profondeur, opération importante pour qu'elles reçoivent toutes la même part d'air.

Les graines doivent être enfouies plus ou moins profondément, suivant leur grosseur. Il faudra choisir une moyenne entre ces deux extrêmes ; le bouleau, la plus petite des semences, veut être enterrée à deux millimètres, et le marron d'Inde, la plus grosse, à cinq centimètres, dans un sol de consistance moyenne.

Ajoutons que les graines doivent être enterrées plus profondément dans un sol très léger, et plus superficiellement dans une terre un peu compacte. Il faut, en outre, entretenir l'humidité à l'aide d'arrosements fréquents, et pailler les planches afin d'empêcher la dessiccation du sol qui mettrait les jeunes plantes en danger,

Les graines les plus nouvelles sont toujours les meilleures ; elles doivent surtout avoir été récoltées très mûres. Les vieilles graines ne germent pas toujours et donnent lieu à des sujets moins vigoureux. Il est bon de stimuler leur énergie en les mettant tremper deux ou trois heures dans de l'eau salée. Il ne faut pas mettre plus de 15 grammes de sel par litre d'eau.

La nutrition est l'acte capital de la végétation, celui qu'il importe le plus de bien connaître ; c'est la clef de toutes les cultures.

· Les substances nutritives sont introduites dans les végétaux *pour y être modifiées de plusieurs manières avant de pouvoir servir à leur accroissement.*

Fidèles au grand principe qui sert de base à la culture savante, nous allons d'abord rechercher quelles sont les substances nutritives nécessaires au développement des arbres, afin de les introduire dans le sol s'il en est dépourvu, ensuite nous verrons comment ces substances sont introduites et modifiées.

L'analyse des végétaux ligneux donne : du carbone en grande quantité, de l'eau, du phosphore, du soufre, des oxydes métalliques unis aux acides phosphoriques, sulfuriques et siliciques ; des chlorures, des bases alcalines (potasse, soude, chaux et magnésie), combinés à des acides végétaux.

Si les arbres ne peuvent absorber continuellement de l'eau (hydrogène et oxygène), de l'air (oxygène et azote), de l'acide carbonique et certaines matières minérales, ils dépériront comme l'animal auquel on refuse une nourriture suffisante.

Toutes ces substances nutritives sont tirées du sol et de l'atmosphère, par les racines et par les feuilles.

Les racines puisent dans le sol les matières minérales et salines, les agents calcaires, la silice soluble, etc., le carbone et l'azote abondamment fournis par les engrais.

Les feuilles puisent dans l'air du gaz acide carbonique, de l'ammoniaque et de l'hydrogène sulfuré.

Les organes absorbants des arbres sont donc les RACINES et les FEUILLES.

Posons en principe que toutes ces substances ne peuvent être introduites dans les végétaux soit par les racines, soit par les feuilles, qu'à l'état liquide ou gazeux.

Les spongioles, *seuls organes absorbants des racines*, sont dépourvues d'ouvertures; par conséquent les substances nutritives, comme les matières minérales, ne peuvent y être introduites qu'après avoir été dissoutes par l'eau contenue dans le sol. L'eau est donc le premier élément, l'élément indispensable à la nutrition.

Lorsque l'eau du sol, chargée de substances nutritives, a pénétré dans les racines *par les spongioles*, elle fait partie du végétal et prend le nom de SÈVE. La sève, dont les jardiniers parlent sans cesse et à laquelle ils attribuent tous les effets de la végétation, n'est autre chose que *l'eau du sol chargée de substances nutritives*. L'unique fonction de la sève est de porter les substances nutritives, fournies par le sol, dans les feuilles. C'est dans les cellules des feuilles que s'opèrent les diverses modifications de la sève, et c'est *seulement* lorsqu'elle *a été modifiée par les feuilles* qu'elle peut servir à l'accroissement.

L'action de la sève est certes pour beaucoup dans la végétation; c'est à la fois la pompe qui aspire les substances nutritives dans le sol et le véhicule qui les transporte à l'alambic qui doit les distiller; mais les matières premières fournies par la sève seraient de nul effet sur la végétation sans le secours des feuilles.

Nous insistons sur ce point, autant dans cet ouvrage que dans nos leçons, parce que l'expérience nous prouve chaque jour que la majeure partie des erreurs qui se commettent dans la taille des arbres provient de l'ignorance absolue de l'organisation des végétaux.

Nous concluons donc de ce qui précède que les feuilles

sont aussi indispensables à la végétation que les racines,
et que non-seulement sans feuilles, mais encore avec des
feuilles placées dans l'obscurité, l'action de la séve sera
nulle et ne produira ni accroissement ni floraison.

LES FEUILLES NE FONCTIONNENT QUE SOUS L'INFLUENCE DES
RAYONS SOLAIRES.

La séve monte, comme nous l'avons dit déjà, des racines
jusqu'aux feuilles par les couches les plus extérieures de
l'aubier. Cette ascension a lieu *pendant le jour*.

Nous avons dit que les feuilles absorbaient dans l'atmosphère, par les stomates dont elles sont couvertes, de l'air
et de la vapeur d'eau.

Lorsque la séve est montée jusqu'au pétiole de la feuille,
elle y pénètre, s'étend dans les nervures, et des nervures
elle passe dans les cellules des feuilles. Lorsque la séve est
logée dans les cellules du disque de la feuille, la première
modification s'accomplit *sous l'action des rayons solaires* :
l'eau surabondante s'évapore et est reversée dans l'air
sous la forme de vapeur d'eau ; les substances nutritives
restent accumulées dans les cellules. Alors commence la
seconde modification, l'accomplissement du phénomène le
plus admirable de la végétation.

L'oxygène de l'air, absorbé par les feuilles, vient s'unir
aux matières carbonées fournies par les engrais et forme
du gaz acide carbonique. Le gaz acide carbonique est décomposé dans les cellules des feuilles ; le carbone est fixé
dans le végétal et l'oxygène reversé dans l'atmosphère.

Le gaz acide carbonique puisé dans l'atmosphère par les
feuilles subit la même décomposition et concourt aussi à
l'accroissement.

Lorsque la séve a subi dans les cellules des feuilles la
modification que nous venons d'indiquer, elle prend le
nom de *cambium*. Alors, complétement modifiée, épaissie,
convertie en cambium, elle suit une nouvelle route pour
concourir à l'accroissement de l'arbre et à sa reproduction.

La sève monte par les couches les plus extérieures de l'aubier jusqu'au pétiole, pour se répandre dans les nervures et dans les cellules de la feuille, et cela *pendant le jour*. Le CAMBIUM passe des cellules dans les nervures, des nervures dans le pétiole de la feuille, et redescend *pendant la nuit* depuis le pétiole de la feuille jusqu'à l'extrémité des radicelles, par les couches les plus intérieures et par conséquent les plus nouvelles du LIBER.

Le cambium détermine sur tout son passage la formation d'une couche de filets ligneux et d'une nouvelle couche de liber; alors commence *l'accroissement*.

Constatons de nouveau, avant d'étudier ce nouveau phénomène, que l'accroissement de l'arbre, non plus que la reproduction, ne peuvent s'effectuer *sans le concours des feuilles;* constatons encore que la transformation de la sève en cambium, transformation qui a lieu *dans les cellules des feuilles*, ne peut s'opérer que sous *l'action des rayons solaires*.

En conséquence, toutes les branches des arbres fruitiers devront être assez espacées pour ne pas *porter d'ombre* sur leurs voisines. Toute branche *soustraite à l'action des rayons solaires ne croîtra pas*, et restera TOUJOURS INFERTILE.

TROISIEME LEÇON

—

PHYSIOLOGIE.

ACCROISSEMENT

Lorsque la séve est convertie en cambium et que la descension s'opère, l'accroissement commence. Il a lieu de deux manières différentes : en longueur par l'ascension de la séve, et en diamètre par la descension du cambium.

Lorsque la végétation s'éveille, au printemps, la séve en montant exerce une pression continue sur l'axe des boutons; cette pression détermine l'élongation du bourgeon : c'est le commencement de l'accroissement en·longueur.

Les seuls organes dus à l'accroissement en longueur, c'est-à-dire formés de bas en haut par l'effet de la séve et sans le secours des feuilles, sont : la moelle, les vaisseaux du canal médullaire, une couche très mince de liber, le tissu sous-épidermoïde et l'épiderme; toutes les autres parties : le corps ligneux, l'écorce, etc., sont formées de haut en bas par l'effet de l'accroissement en diamètre opéré par la descension du cambium. Il ne peut avoir lieu sans les feuilles; il commence lorsqu'elles apparaissent.

L'accroissement en longueur et en diamètre ont lieu simultanément. La séve tend toujours à allonger les bourgeons par sa pression ascensionnelle; le cambium vient, dans son mouvement de descension, arrêter l'élongation et solidifier le bourgeon à l'aide des filets ligneux et corticaux qu'il dépose sur son passage.

Nous avons dit que la conversion de la séve en cambium ne pouvait s'opérer que sous l'action des rayons solaires. En voici la preuve : les bourgeons qui naissent au centre des arbres sont privés de lumière; ils s'allongent indéfiniment et ne grossissent pas; la moelle est très abondante et à peine recouverte d'une couche de bois mou et spongieux. Les feuilles de ces bourgeons ayant été privées de lumière, l'élaboration du cambium n'a pas eu lieu; l'accroissement en longueur a été continuel, celui en diamètre nul. Les bourgeons qui naissent en dehors de l'arbre, et ont été vivement éclairés, présentent des résultats opposés. L'accroissement en longueur est moindre, mais l'accroissement en diamètre est considérable. Ces bourgeons sont courts, très gros; leur bois est dur et bien constitué. Ceux-ci seront d'une fertilité remarquable, tandis que les autres ne produiront ni fleurs ni fruits. *Sans lumière pas de fructification possible.*

L'accroissement en longueur ne dure qu'un été; il s'opère l'année suivante par le développement d'un nouveau bourgeon. L'accroissement en diamètre est continu; il a lieu pendant toute l'existence de l'arbre.

Dès que les premières feuilles d'un bourgeon se déploient elles reçoivent la séve dans leurs cellules et la transforment en cambium. Le cambium passe des cellules dans les nervures, des nervures dans le pétiole de la feuille, et descend, *par les couches les plus intérieures du liber* jusqu'à l'extrémité des racines; le cambium en descendant détermine sur tout son passage la formation de filets ligneux qui viennent recouvrir l'étui médullaire (A. pl. 2, fig. 8) et la formation de nouveaux vaisseaux du liber (B. pl. 2, fig. 8).

Les filets ligneux et corticaux, formés par les feuilles supérieures, viennent toujours recouvrir ceux qui ont été précédemment formés par les feuilles inférieures, mais avec cette différence que les couches ligneuses sont formées du centre à la circonférence ; les plus nouvelles sont les plus extérieures (C. pl. 2, fig. 8), tandis que les couches de liber les plus récentes sont les plus intérieures (D. pl. 2, fig. 8). L'accroissement du liber a lieu de la circonférence au centre.

Ce mode d'accroissement nous explique le danger qu'il y a à laisser de vieilles écorces sur les arbres. L'accroissement en diamètre s'opère intérieurement entre l'aubier et l'écorce ; il faut donc, pour permettre à l'arbre de grossir, que les vieilles écorces éclatent. Si les écorces sont trop épaisses et trop dures pour céder, il y a étranglement des filets ligneux, et par conséquent des vaisseaux séveux, et paralysie des vaisseaux du liber. L'un entrave l'ascension de la séve, l'autre empêche la descension du cambium. Alors la végétation se ralentit, reste suspendue, et si cet état se prolonge l'arbre meurt asphyxié.

Il faut donc, lorsque la végétation d'un arbre s'arrête sans cause apparente, examiner soigneusement les écorces et faire, sur toutes les parties où elles sont trop dures pour se fendre naturellement, des incisions longitudinales. Ces incisions peuvent être faites avec la pointe de la serpette ; elles doivent pénétrer jusqu'au corps ligneux et être placées du côté du nord ou de l'ouest. Quelques jours après cette opération, l'arbre reprend toute sa vigueur.

L'accroissement en longueur cesse vers la fin de l'été avec l'ascension de la séve. L'accroissement en diamètre s'arrête à la chute des feuilles.

Chaque année une nouvelle couche d'aubier vient recouvrir les anciennes ; lorsque les cellules et les vaisseaux sont complétement obstrués, l'aubier acquiert une coloration plus foncée, plus de dureté; c'est le bois parfait. Le bois parfait ne sert que de support à l'arbre; il est complétement inerte et ne concourt plus en rien à son existence. Chaque année aussi une nouvelle couche de liber est formée; elle rejette à l'extérieur les anciennes couches desséchées ne fonctionnant plus et converties en couches corticales.

Lorsqu'à la chute des feuilles l'accroissement en diamètre vient à cesser, une partie du cambium élaboré par les dernières feuilles ne descend pas jusqu'à l'extrémité des racines, il s'extravase par les ouvertures latérales des vaisseaux et se répand dans le tissu cellulaire qui remplit les mailles du tissu vasculaire où il reste en réserve. Ce cambium de réserve sert à alimenter les jeunes bourgeons avant l'apparition des feuilles; il sert aussi à déterminer la formation de nouvelles spongioles. Le tissu sous-épidermoïde qui recouvre le liber des bourgeons est formé à l'aide du cambium de réserve.

L'accroissement des racines est dû à la descension du cambium; il ajoute chaque fois un peu de tissu cellulaire à l'extrémité des spongioles, et les allonge ainsi pendant tout le cours de la végétation; chaque fois qu'une nouvelle ramification naît sur la tige, elle détermine la formation d'une nouvelle racine.

Nous avons dit que le liber était le siége de la vie de l'arbre, nous allons le prouver : si nous enlevons circulairement l'écorce d'un arbre sur tout le périmètre du tronc et sur une hauteur de 15 centimètres seulement, l'arbre mourra, voici pourquoi : la séve montera bien par les couches de l'aubier et alimentera les feuilles pendant quelques mois; mais les vaisseaux du liber par lesquels le cambium descend étant supprimés, le cambium formera bourrelet au bord supérieur de la plaie, où il restera amassé sans pouvoir descendre plus loin . alors l'accroissement des racines n'aura plus lieu.

Les spongioles, nous le savons, puisent dans le sol les matières minérales et salines ; elles s'obstruent en quelques mois et cessent par conséquent de fonctionner. Dès l'instant où le cambium ne vient plus les allonger et les renouveler, leurs fonctions sont de courte durée. Le jour où les racines n'envoient plus de séve aux feuilles, l'arbre est mort.

QUATRIÈME LEÇON

—

PHYSIOLOGIE.

REPRODUCTION. — MORT.

Le premier acte de la reproduction est la floraison; constatons que, chez les arbres non soumis à la taille, les fleurs n'apparaissent qu'au bout d'un certain temps, lorsque l'arbre a acquis un grand développement et que la séve circule avec lenteur dans ses nombreuses ramifications; constatons encore que les fleurs ne se rencontrent jamais que sur les rameaux faibles.

La taille nous fournira les moyens d'obtenir des fleurs beaucoup plus tôt, non pas à l'extrémité des rameaux, comme chez les arbres abandonnés à eux-mêmes, mais à leur base, c'est-à-dire attachées la plupart du temps à la branche-mère ou au moins sur un onglet dont la longueur n'excédera pas 15 millimètres, condition indispensable pour obtenir de beaux fruits. Le développement des fruits est subordonné à la quantité de séve qu'ils reçoivent; plus l'issue ouverte à la séve est large, plus le fruit devient volumineux.

Après la floraison vient un acte de la plus haute importance : la fécondation. Lorsque la fleur est épanouie, les anthères s'ouvrent pour laisser échapper le pollen. Dès qu'un grain de pollen tombe sur le stygmate, il pénètre dans les vaisseaux placés à son orifice; il y subit une pression assez forte pour le déchirer et permettre à la liqueur qu'il contient de descendre jusqu'aux loges de l'ovaire. Alors la fécondation est accomplie : la fleur fane, la corolle et les organes sexuels tombent, l'ovaire seul grossit; c'est le fruit, son accroissement commence.

La fécondation ne peut s'accomplir que par une température douce et sous une atmosphère sèche. Lorsque les fleurs subissent l'influence de la gelée, les organes sexuels, désorganisés, déchirés, ne fonctionnent pas; quand elles sont mouillées, le pollen se délaie, la fécondation est impossible. Alors on dit que les fleurs ont coulé. De cette loi la nécessité des abris.

Chaque fois que les arbres seront abrités de la gelée, de la pluie et des brouillards, les quatre-vingt-dix centièmes des fleurs noueront. Nous traiterons des abris à la culture des espèces.

L'accroissement du fruit est très prompt; voici comment il a lieu. Le fruit, nous l'avons dit, est composé de tissu cellulaire; son épiderme est couverte de stomates. Le parenchyme des fruits fonctionne comme celui des feuilles; il attire à lui la séve des racines; la surabondance d'eau s'évapore par les stomates dont le fruit est couvert; les substances nutritives, puisées dans le sol par la séve, restent accumulées dans les cellules; ces matières, décomposées par l'oxygène, sont converties en cambium comme dans les feuilles, mais avec cette différence que le cambium élaboré par les feuilles concourt à l'accroissement et à la fructification de l'arbre, tandis que celui élaboré par les fruits ne sert qu'à leur propre accroissement.

Le mode d'accroissement des fruits explique l'intermittence de production que l'on observe sur les arbres abandonnés à eux-mêmes. Les pommiers à cidre donnent régulièrement une abondante récolte tous les deux ans; voici pourquoi : la quantité de fruits qui existe sur ces arbres pendant les années d'abondance est telle qu'elle atténue les fonctions des feuilles. Les fruits absorbent la majeure partie de la sève ; ils la transforment bien en cambium, mais le cambium élaboré par les fruits, ne concourant qu'à leur propre accroissement, celui de l'arbre est suspendu, et la fructification ne s'établit pas pour l'année suivante. Donc, l'année qui suit celle de la bonne récolte est stérile ; l'arbre l'emploie à reformer de nombreux boutons à fruit, et l'année d'après l'abondance revient pour faire encore place à la disette pour l'année suivante.

Il résulte clairement de cet enseignement donné par la nature que les arbres ne doivent produire qu'une certaine quantité de fruits pour les récolter beaux et avoir une production égale tous les ans. En effet, les arbres cultivés avec soin et taillés rationnellement produisent chaque année une quantité de fruits égale, à un dixième près.

On obtient facilement ce résultat en ne laissant, pour les fruits à pépins, qu'UN FRUIT PAR QUATRE RAMEAUX A FRUITS, mais un seul fruit et non des bouquets de trois ou quatre, comme on le fait à tort. Pour les espèces à noyaux, la proportion est d'UN FRUIT TOUS LES 10 CENTIMÈTRES.

Les personnes peu habituées à voir des arbres bien tenus penseront peut-être qu'à l'aide de ce procédé nous réduisons considérablement le produit : c'est une erreur ; en voici la preuve :

Nous n'admettons, comme on le verra plus loin, pour l'espalier comme pour le plein-vent, que des formes garnissant le mur ou le palissage de la base au sommet, sans jamais y laisser de vide, et cela dans un laps de temps variant entre cinq et sept années, suivant les formes. Les branches sont placées à 30 centimètres d'intervalle ; il n'y a jamais de vides sur les branches : elles sont garnies de rameaux à fruits dans toute leur étendue.

Comptons nos fruits sur 1 mètre de surface. Dans les espèces à pépins, quatre rameaux à fruits occupent à peine une longueur de 15 centimètres. Nous avons trois branches dans ce mètre ; elles nous donnent 3 mètres linéaires portant quatre-vingts rameaux à fruits, qui nous permettent de conserver vingt fruits par mètre de surface pour les espèces à pépins et trente pour les espèces à noyaux.

Supposons un mur de 20 mètres de longueur et de 3 mètres d'élévation ; il nous donne 60 mètres de surface et il produira annuellement :

En espèces à pépins, douze cents fruits ;

En espèces à noyaux, dix-huit cents fruits.

Admettons encore que la moitié des fruits tombe faute des soins nécessaires, nous aurons encore sur 20 mètres de mur six cents fruits à pépins ou neuf cents fruits à noyaux. De plus, tous ces fruits seront de premier choix et de première qualité, résultat impossible à obtenir lorsque la production n'est pas réglée.

Cette production de fruits paraîtra fabuleuse aux personnes qui n'ont que de mauvais arbres dont les branches sont dénudées, et soumis à des formes (quand ils ont des formes) couvrant le tiers ou le quart des murs après quinze ou vingt années de plantation. Si ces personnes veulent visiter l'école fruitière que j'ai créée à Orléans en 1860, elles se convaincront de visu qu'en 1861, une année seulement après la plantation, mes arbres ont porté et porteront, les années suivantes, plus de fruits que je ne l'indique.

Pendant tout le temps de leur accroissement, les fruits remplissent les mêmes fonctions que les feuilles : ils attirent la séve et la transforment en cambium ; ils absorbent par conséquent l'acide carbonique et exhalent l'oxygène. Le contraire a lieu lorsque les fruits ont atteint tout leur développement. Dès que la maturation commence, ils absorbent l'oxygène et exhalent l'acide carbonique ; lorsque tout l'acide carbonique est exhalé et remplacé par l'oxygène, la maturation est accomplie ; le fruit, d'acide qu'il était, devient sucré, et la décomposition suit bientôt la maturité complète.

Ce nouveau phénomène nous explique pourquoi les

fruits verts sont si dangereux pour la santé ; l'acide carbonique dont ils sont saturés porte le trouble dans tous
nos organes. C'est également une erreur de croire les fruits
meilleurs lorsqu'on les mange en les cueillant : les fruits
ne sont jamais parfaitement mûrs tant qu'ils restent à
l'arbre, ils finissent sans doute par mûrir, mais incomplé-
tement, et encore perdent-ils beaucoup de leur qualité.
Quand les fruits mûrissent sur les arbres, ils exhalent bien
une grande partie de l'acide carbonique qu'ils contiennent,
mais ils en reçoivent chaque jour une nouvelle quantité
par le pédoncule ; la maturation est donc plus longue et
toujours imparfaite. Il faut bien se garder aussi de cueillir
les fruits trop tôt ; alors ils se rident et ne mûrissent pas.
Ils doivent être cueillis dès que la peau devient transparente.

Le phénomène de la maturation nous donne aussi la
clef de la conservation des fruits. Dès l'instant où nous
priverons d'air et de lumière l'endroit où ils sont ren-
fermés, la maturité sera retardée, le dégagement de l'a-
cide carbonique étant imparfait et l'absorption de l'oxygène
impossible. Joignons à ces conditions une température
toujours égale de 4 à 5 degrés centigrades, et la maturité
sera retardée de plusieurs mois.

La coloration des fruits est due à l'action de la lumière ;
il suffit de les découvrir six à sept jours avant de les
cueillir pour leur faire acquérir une coloration complète.

Il est facile de colorer en rouge très vif des variétés naturellement incolores, en mouillant trois ou quatre fois
par jour, avec de l'eau fraîche, le côté du fruit exposé à
la lumière.

Avant d'aborder l'étude des agents naturels et artificiels
de la végétation, il nous reste à rechercher la cause de la
mort des arbres. La plupart des arbres fruitiers soumis à
la taille meurent des suites des amputations brutales et
maladroites qu'on exerce sans cesse sur eux, sous le prétexte de les mettre à fruit.

Si les arbres fruitiers n'étaient pas constamment mutilés, celui qui les plante ne les verrait jamais mourir, car leur existence serait plus longue que celle de l'homme, même en donnant d'abondantes récoltés. Les arbres doivent finir par mourir naturellement comme tous les êtres organisés, mais l'énergie vitale est douée d'une force telle qu'elle peut résister aux lois des affinités chimiques pendant plus d'un siècle.

Les arbres soumis à la taille ne vivent pas cinq ans en moyenne; les amputations réitérées arrêtent leur accroissement, font développer une forêt de bourgeons qui, coupés à leur tour, produisent une quantité de nodosités sur toutes les branches. Au bout de quelques années, l'arbre, tout tortu, couvert de cicatrices, de chancres et de carie, est totalement épuisé; alors il se couvre de fleurs, mais les fruits tombent avant d'avoir atteint le quart de leur grosseur.

L'observation, exempte de toute théorie, a amené ces déplorables résultats. Les jardiniers ont remarqué que les fleurs n'apparaissaient que sur les arbres faibles; ils ont tué les arbres pour leur faire produire des fleurs. C'est le principe qui régit encore les opérations de taille des trois quarts des jardiniers; si ceux qui le leur ont enseigné avaient pris la peine d'étudier la végétation, loin de mutiler l'arbre, ils auraient favorisé son développement, et en se contentant d'affaiblir les bourgeons à l'état herbacé, ce qui ne nuit en rien à la végétation, ils eussent obtenu ce que nous obtenons constamment, des arbres vigoureux, bien portants, couverts de boutons à fleurs donnant de magnifiques fruits, parce qu'ils ont pour les nourrir toute la séve d'un arbre en parfaite santé.

La mort prématurée des arbres soumis à la taille, nous ne saurions trop le répéter, et nous le prouverons surabondamment plus tard, est due quatre-vingt-dix fois sur cent aux tailles inhabiles et maladroites qu'on leur applique depuis si longtemps.

CINQUIÈME LEÇON

—

DES AGENTS NATURELS ET ARTIFICIELS
DE LA VÉGÉTATION

DU SOL

Nous venons d'étudier l'organisation des arbres et les principaux phénomènes de la végétation, il nous reste à savoir comment et dans quelles conditions l'accroissement et la fructification peuvent être accélérés et augmentés. La taille avance la fructification, elle favorise même l'accroissement dans certains cas, mais les résultats de la taille seront presque nuls si la nutrition s'opère mal.

Mon but étant, dans cet ouvrage comme dans mes leçons, d'éviter des déceptions à mes lecteurs et à mes élèves, je ne saurais trop insister sur l'importance des soins de culture, et répéter à la majorité des propriétaires et même des jardiniers, toujours portée à attribuer uniquement à la taille les résultats que nous obtenons : qu'un arbre parfaitement taillé donnera des résultats négatifs s'il a été mal planté, si le sol ne convient pas à son espèce, ou s'il est dépourvu des substances nutritives qui lui sont indispensables. Un arbre bien planté, bien taillé et convenablement fumé, ne donnera encore que des demi-résultats s'il est placé à une exposition contraire à sa nature. Ceci posé, recherchons les causes susceptibles de déterminer à la fois un accroissement rapide et une fructification abondante.

Les agents naturels de la végétation : *le sol, l'eau, l'air, la lumière* et *la chaleur* sont des causes déterminantes des principaux phénomènes de la végétation, mais pour que ces phénomènes s'accomplissent à notre satisfaction, il faut que chacun des agents dont nous parlons intervienne en temps voulu et, dans une proportion donnée. Prenons pour exemple l'eau : si le sol est trop humide, les arbres seront infertiles ; s'il est trop sec, les fruits tomberont avant maturité.

La nature nous donne toujours trop ou pas assez. C'est donc à l'homme à remédier à sa prodigalité ou à son insuffisance ; les agents artificiels de la végétation : *les amendements, les engrais, les abris, les labours, les binages, les paillés, les arrosements, les aspersions*, etc., etc., employés avec discernement, lui en fournissent tous les moyens.

Parmi les agents naturels, nous placerons le sol en première ligne. Les sols de bonne qualité ont une valeur inappréciable en ce que tout y vient facilement, et qu'on y obtient d'excellents produits avec moins de travail et peu de dépense ; mais les sols d'élite sont rares, il faut donc, avec l'aide des amendements, des engrais et d'une culture habile, obtenir des résultats satisfaisants dans des sols médiocres.

Posons d'abord en principe qu'il n'existe pas de sol, quelqu'ingrat qu'il paraisse, sur lequel on ne puisse obtenir toutes les espèces fruitières. C'est une question de travail, rien de plus. Chaque plate-bande devra souvent recevoir un amendement différent, et quelquefois des engrais différents, suivant les besoins des espèces qui y seront plantées. Que le lecteur ne s'effraie pas de cette combinaison d'amendements et d'engrais, elle n'est ni difficile, ni dispendieuse. Presque tous les éléments se trouvent sousla main, dans la majorité des cas; il faut seulement les connaître et savoir les utiliser.

Disons aussi qu'un choix judicieux de sujets nous évitera souvent de grandes dépenses de terrassements et d'amendements. Prenons le poirier pour exemple: il peut être greffé sur cognassier, sur poirier franc, sur cormier, et sur épine blanche. Le cognassier veut un sol substantiel; le poirier franc le remplace dans les sols plus légers; on a recours au cormier dans les sols siliceux où le poirier franc ne vient plus; enfin, dans les sols calcaires où les espèces à pépins ne viennent pas, l'épine blanche nous fournit de bons poiriers. C'est incontestablement plus long que dans un bon sol, mais un propriétaire privé de fruits n'hésite jamais devant un retard de trois ou quatre ans, lorsqu'il a la certitude de récolter de magnifiques et d'excellentes poires sur un sol qui, disait-on, ne pouvait en produire.

Presque toutes les espèces nous offrant les mêmes ressources que le poirier, je traiterai des sujets à la culture de chacune d'elles. Mon but est de prouver que la production de tous les fruits est possible dans tous les sols, et cela avec une dépense en harmonie avec la valeur de la récolte. J'ai planté plus de cinquante jardins dans des sols qui avaient refusé toute production fruitière, et les jardiniers qui se désolaient par avance d'être témoins de la mort de mes arbres, ont chaque année la joie de cueillir d'abondantes récoltes.

Le cadre de cet ouvrage ne me permet pas de traiter de géologie, je veux seulement éclairer le propriétaire et le jardinier sur la valeur des sols, et leur fournir les moyens d'en tirer, à peu de frais, le meilleur parti pour la culture des arbres fruitiers.

Examinons d'abord les trois natures de terre qui servent de base à la fertilité et entrent en plus ou moins grande quantité dans tous les sols.

1° L'ARGILE, composée de 52 parties de silice, de 33 d'alumine et de 15 d'eau, est plastique, tenace, difficile à divi-

ser; elle retient une quantité d'eau considérable, 70 pour
100 de son poids environ; elle possède la faculté de s'emparer des gazes ammoniacaux et de les retenir entre ses
particules. L'argile mouillée forme une pâte molle adhérente aux outils; sèche, elle acquiert la dureté de la pierre.
Dans ces deux cas, elle est imperméable à l'air. De plus,
il faut que l'argile soit complétement saturée d'engrais
pour que les végétaux se ressentent de l'effet des fumures.

Les sols argileux sont toujours humides, leur imperméabilité s'oppose à l'évaporation. Les arbres y poussent
d'abord assez vigoureusement, mais leur bois mou, mal
constitué, donne peu de fleurs; les fruits deviennent gros,
mais ils sont sans saveur et ne se conservent pas. Les hivers
rigoureux causent de véritables désastres dans les sols
argileux; leur humidité surabondande donne facilement
prise à la gelée; les grandes chaleurs n'y sont pas moins
à craindre, la terre, en se fendant, brise les racines et les
laisse à découvert; puis enfin l'imperméabilité du sol, jointe
à son humidité naturelle, fait pourrir les racines. L'arbre
qui avait d'abord produit des scions vigoureux se couvre
de mousse, la végétation s'arrête, et bientôt il meurt après
avoir à grand'peine produit quelques mauvais fruits.

Faut-il devant tous ces inconvénients abandonner la culture des arbres fruitiers dans les sols argileux ? Evidem-
ment non, car ce sont les plus fertiles quand ils sont bien
amendés et cultivés avec intelligence. Avant d'appliquer
le remède, constatons que l'argile est la base de la fertilité
de tous les sols quand on l'y rencontre dans une certaine
proportion; constatons aussi que l'argile brûlée ne rede-
vient jamais plastique; que dans cet état elle possède la
faculté d'absorber avec avidité les gaz de l'atmosphère, et
qu'en principe une forte addition de calcaire produit toujours une grande fertilité dans ces sols.

Je traite ici des amendements pour les jardins fruitiers
seulement, où nous aurons à opérer sur des espaces très
restreints, de 5 à 10 ares au plus : si le sol est très argi-

leux, *formé en entier de terre à brique ou à poterie*, le moyen le plus sûr et le plus énergique est le brûlis, quand on peut toutefois se procurer un combustible quelconque à bon marché : bois, épines, ronces, genets, bruyères, roseaux, ajoncs, cokes, débris de tannerie, etc., etc., tout est bon ; le préférable est celui qui coûte le meilleur marché.

On ouvre la terre pour en former des billons de 60 à 80 centimètres de profondeur ; le combustible est placé en quantité suffisante au fond de ces billons pour faire un feu susceptible de durer deux bonnes heures ; on recouvre avec de grosses mottes de terre, de manière à former une espèce de fourneau et à permettre aux flammes de pénétrer entre les mottes ; on met le feu, puis on a soin de boucher les trous avec de nouvelles mottes de terre partout où la flamme se fait jour.

Lorsque les fourneaux sont refroidis, on brise les mottes avec une masse ou avec la tête d'une pioche ; lorsqu'elles ont été suffisamment chauffées, un seul coup les réduit en poussière. Il suffit de mélanger le brûlis avec le sol, d'y ajouter un bon marnage ou des plâtres concassés, et une bonne fumure pour obtenir instantanément une terre amenée au plus haut degré de puissance et de fertilité.

L'opération du brûlis n'est applicable qu'aux sols réputés impossibles, et cette opération, compliquée, il est vrai, peut se faire sans une grande dépense, car, en culture, pour qui veut faire et se donner la peine de chercher, le remède se trouve toujours à côté du mal. La plupart du temps l'écobuage suffit dans les sols très argileux ; dans ce cas, le sol à améliorer fournit lui-même le combustible. Voici comment on opère :

On enlève la superficie du sol, à une profondeur de six à huit centimètres, toute la couche de terre pénétrée par les racines des herbes et des gazons ; on laisse sécher pendant quelques jours et on construit, avec les herbes et les plaques de terre remplies de racines, des fourneaux de distance en distance, on y met le feu en ayant soin de boucher avec de la terre neuve toutes les issues ouvertes par les flammes; on répand ensuite également les cendres et la terre pulvérisée pour les mélanger avec le sol.

Pour les sols moins argileux, ceux que l'on désigne généralement par le nom de *terres fortes*, un bon drainage suffit souvent pour les assainir. La plupart du temps un mélange de sable, de cendre ou de platras, amène le résultat demandé.

Le point capital est d'éviter l'humidité surabondante, et de rendre la terre perméable à l'air. Lorsque l'eau est stagnante dans les couches inférieures du sol, les arbres ne peuvent pas y vivre, alors il faut drainer. Mais si, comme dans la majorité des cas, la terre n'est que compacte, il est facile de la rendre perméable avec une simple addition d'amendements.

Je place en première ligne *les platras* et *les mortiers de chaux*, provenant de la démolition des maisons, ils ne coûtent guère que la peine de les enlever; *les cendres de bois* et celles *de houille* qui encombrent presque toutes nos gares de chemin de fer, et dont les chefs de gare sont toujours heureux de se débarrasser. *Les cendres de forges, d'usines, de four à plâtre et à chaux*, sont aussi de précieux amendements pour les terres fortes.

S'il est impossible de se procurer des démolitions ou des cendres, il faut avoir recours au sable, mais le sable demande une addition de calcaire pour donner de bons résultats. Il est urgent de donner un chaulage énergique ou un bon marnage après avoir mélangé le sable avec la terre. La chaux ou la marne ne doivent pas être répandues sur le sol, et enfouies séparément comme on le fait à tort, mais mélangées avec les engrais. J'indiquerai la manière de préparer les chaulages et les marnages en traitant de la fabrication du fumier et des composts.

Disons encore, avant de terminer, ce qui est relatif aux sols argileux : que ce sont les plus fertiles quand ils sont bien cultivés, et qu'ils récompensent toujours amplement, par la richesse de leurs produits, le propriétaire et le jardinier, de leurs avances et de leur travail ; mais le propriétaire ne doit pas oublier que les terres fortes demandent plus d'engrais que les autres, et le jardinier doit toujours se souvenir que ces terres demandent à être constamment ameublies par de bons labours et surtout par des binages profonds et réitérés.

2° La SILICE ou sable entre en quantité plus ou moins grande dans la constitution de tous les sols. On l'y rencontre en plusieurs états : sous forme de cristal de roche, insoluble dans l'eau et les acides ; sous forme de poudre blanche très fine, soluble dans l'eau et les acides ; enfin en combinaison avec d'autres substances, formant des sels où elle joue le rôle d'acide, telle que l'alumine, la potasse, etc., etc. La silice est un des éléments qui donnent aux végétaux leur solidité.

Les sols siliceux variant du blanc au rouge, suivant la quantité d'oxyde de fer qu'ils contiennent, offrent des caractères diamétralement opposés à l'argile ; ils sont friables, faciles à travailler, très perméables à l'air, mais toujours exposés à la sécheresse. Les sols siliceux ne retiennent que 25 0|0 d'eau environ.

Les arbres poussent peu dans les terres siliceuses, ils produisent beaucoup de fleurs, mais les fruits, toujours savoureux, restent petits.

Les sols siliceux s'amendent par une addition d'argile et de calcaire. Voici comment il faut opérer :

Le plus expéditif et le plus économique, quand on habite un pays où il y a des constructions en terre, est de se procurer des démolitions de murs ou de maisons en argile, de les pulvériser, de répandre également cette poudre sur le sol et de l'enfouir à l'aide d'un bon labour par un temps très sec.

Si on opère avec de l'argile humide, il faut la faire sécher complétement au soleil et la pulvériser avant de l'employer. L'argile mouillée reste en mottes et ne se mélange jamais avec le sable. Lorsqu'elle est réduite en poudre et enfouie par un temps bien sec, le mélange est parfait, et les résultats sont toujours des plus profitables.

L'addition de calcaire se fait, après le mélange de l'argile, avec un chaulage ou un marnage appliqué en compost avec les engrais.

On ne doit rien négliger pour donner de la consistance aux sols siliceux, et surtout pour y maintenir de la fraîcheur. Les vases de mares et d'étangs, les curures de fossés mélangées avec des cendres ou avec les engrais, produisent d'excellents résultats. Les fumures en vert doivent être souvent employées; les roseaux, les herbes de toute nature, grossièrement hachées et enfouies fraîches, produisent le meilleur effet. Souvent il y a bénéfice à ensemencer avec du sarrazin et à l'enfouir en fleurs. Les sols siliceux doivent toujours être paillés avec soin.

Si les sols essentiellement siliceux sont presque improductifs, il en est de très fertiles, ceux fortement colorés en rouge et dont le sable est très fin. Cette fertilité s'explique par la présence de l'oxyde de fer qui attire et fixe, sous forme d'ammoniaque, l'azote de l'atmosphère.

3° Les SOLS CALCAIRES formés de chaux à l'état de carbonate, contenant en quantité plus ou moins grande de l'argile et de la silice, sont les moins favorables à la culture des arbres fruitiers. Leur couleur blanche repousse l'action des rayons solaires; ils absorbent une quantité d'eau considérable et se dessèchent très promptement.

La matière calcaire, presque infertile seule, est indispensable dans tous les sols, surtout pour la culture des fruits à noyaux où elle doit entrer en assez grande quantité. Les noyaux étant formés en partie de phosphate de chaux, les fruits tombent lorsque le calcaire manque.

Toutes les espèces à pépins périssent dans les sols essentiellement calcaires; presque toutes les espèces à noyau y souffrent; le cerisier seul y prospère.

Les sols calcaires s'amendent avec du sable et de l'argile. La quantité de sable et d'argile est déterminée par la consistance de la terre à amender; mais dans tous les cas il faut toujours choisir, pour mêler aux sols calcaires, des matières fortement colorées, afin de donner prise à l'action des rayons solaires en faisant disparaître autant que possible leur couleur blanche; les frasiers de forge remplissent parfaitement ce but.

Il résulte de l'examen que nous venons de faire des trois principaux éléments constituant tous les sols : argile, silice et calcaire, que chacun de ces éléments. séparé, donne un sol impropre à la culture; que deux de ces éléments réunis font une terre médiocre; il faut le concours des trois pour obtenir la fertilité.

La terre modèle est le loam, appelé terre franche dans certains pays. Les loams contiennent 33 0[0 d'argile, 33 0[0 de silice et 33 0[0 de calcaire. Toutes les cultures sont possibles dans ces sols, tout y prospère et y donne d'abondantes récoltes. Mais, ne l'oublions pas, cette terre type se rencontre rarement, c'est au cultivateur à chercher à en approcher le plus possible à l'aide des amendements.

Très souvent l'amendement se trouve sur le sol lui-même, le sous-sol le fournit. Ainsi, il n'est pas rare de trouver une couche de sable sous une couche d'argile, et une de calcaire à une certaine profondeur. Dans ce cas, le mélange du sol avec le sous-sol produit le meilleur effet, et cette opération se fait sans difficulté aucune en défonçant.

Disons avant de terminer ce qui est relatif au sol, que la meilleure terre, même le loam, sera presque infertile si elle ne contient une certaine quantité d'humus.

L'humus est la cause première de la fertilité du sol, il est formé par la décomposition des végétaux et des matières animales. L'humus fournit aux plantes l'azote provenant des végétaux dont il est formé; il leur fournit du gaz acide carbonique qui imprègne l'eau du sol et forme au pied de la plante et sous l'abri de ses feuilles une atmosphère surchargée de cet acide. (Les plantes, comme nous le savons, absorbent le carbone par les racines et par les feuilles.)

L'humus est d'autant plus efficace sur la végétation qu'il possède, comme les corps poreux, la faculté de s'emparer et de condenser les gaz qui les entourent. Ces gaz sont restitués par l'élévation de la température ou par l'humidité qui les chasse des pores. L'humus est donc en quelque sorte un réservoir de substances nutritives p'acé au pied de la plante.

Il nous est essentiellement facultatif d'introduire une plus ou moins grande quantité d'humus ou terreau dans le sol, et par conséquent de diriger la végétation de nos arbres presque à notre gré, si nous savons bien composer et bien employer nos engrais.

SIXIÈME LEÇON

—

DES ENGRAIS.

Avant de m'occuper des engrais propres au jardin fruitier, il est urgent de m'efforcer de détruire un fatal préjugé, celui de refuser des engrais aux arbres fruitiers. Beaucoup de propriétaires et même des jardiniers prétendent que les fumures font périr les arbres. Ils ont raison s'ils fument mal, ou plutôt avec des engrais en pleine fermentation. Chaque fois que vous mettrez du fumier d'écurie ou d'étable tout frais au pied de vos arbres, la fermentation du fumier, surtout si l'été est chaud, produira souvent le blanc des racines, maladie qui tue un arbre en vingt-quatre heures. Est-ce une raison, si vous avez fait une mauvaise application, pour laisser périr vos arbres d'inanition ?

Que se passe-t-il habituellement dans la pratique ? On fume avec excès, et avec du fumier frais ; la moitié des arbres périt dans l'année ; alors, on ne fume plus du tout, sous prétexte de conserver les arbres ; ils se chargent bien de fruits, mais ne trouvant plus dans le sol les substances indispensables à la nutrition, les fruits tombent lorsqu'ils ont atteint à peine la moitié de leur développement, et l'arbre épuisé meurt bientôt d'inanition à son tour.

Devant ces désastres, on a employé un moyen vicieux
s'il en fut jamais, celui de fumer abondamment tous les
trois ans! Qu'arrive-t-il dans ce cas? L'année de la fumure,
on atteint d'assez bons résultats, si les arbres sont chargés
de fruits; s'il n'y a pas de fruits, il se développe une quantité de gourmands, une forêt de bourgeons vigoureux difficiles à maîtriser, et qui empêchent les boutons à fruit de
se former. Chez les espèces à noyau c'est pis encore, la
gomme apparaît presque toujours après la fumure.

Les fumures triennales causent une vérirable perturbation dans la végétation, dans le produit, et sont pernicieuses pour la santé des arbres, en ce qu'elles nécessitent une
quantité d'amputations et de mutilations. Il faut fumer
peu et souvent, donner une fumure moyenne chaque année. En opérant ainsi, la nutrition se fait sans trouble; la
végétation et la fructification sont réglées, le produit est
égal chaque année, et il n'y a jamais d'accidents à redouter.

Voyons maintenant quels engrais nous devons employer
pour le jardin fruitier. En principe, les engrais à décomposition lente donnent les meilleurs résultats : les déchets
de laine, les chiffons de laine et de soie, les bourres, les
crins, les poils, les plumes, les râpures de cornes, les os
concassés, les sabots de chevaux, les ergots de mouton et de
porc, les nerfs, les tendons, la chair desséchée, le noir animal, enfin toutes les matières qui se décomposent lentement, cèdent leurs substances nutritives en petite quantité,
mais d'une manière continue.

Les arbres végètent pendant un grand nombre d'années,
et chaque année ils végètent sans interruption de février
à décembre, pendant dix mois. Si nous leur donnons au
printemps des engrais animaux se décomposant entièrement en trois ou quatre mois, nos arbres auront une nourriture trop abondante jusqu'au mois de juin, et ils en manqueront à partir de cette époque jusqu'à la fin de l'année,
au moment où les fruits acquièrent tout leur dévelop-

pement, et où les arbres ont le plus grand besoin de substances nutritives pour mûrir leurs fruits et former les boutons à fleur pour l'année suivante.

Dans le cas où le propriétaire serait obligé d'acheter des engrais, il devra choisir de préférence ceux que je viens d'indiquer, mais s'il a à sa disposition des engrais qui ne lui coûtent rien, il pourra les employer en les préparant convenablement. Les fumiers d'écurie et d'étable peuvent être utilisés pour le jardin fruitier, mais à la condition de les employer très consommés, après les avoir maniés plusieurs fois, et seulement lorsque la paille est entièrement décomposée. Dans cet état, les fumiers d'animaux ne présentent qu'un inconvénient, celui de ne pas avoir une action assez soutenue.

Il est un engrais préférable, et qu'il est toujours facile de se procurer à peu de frais et en grande quantité avec un jardin un peu étendu, c'est un compost formé avec tous les détritus du parc, du potager et de la maison. Cet engrais est préférable, pour le jardin fruitier comme pour le potager, au meilleur fumier d'écurie et d'étable; il faut se donner la peine de le fabriquer convenablement, voilà tout.

On choisit une place ombragée par les arbres ou au moins au nord; on y dresse une plate-forme assez étendue pour changer son fumier de place; cette plate-forme doit être élevée de 25 centimètres au-dessus du sol, et inclinée de façon à ce que les jus du fumier tombent dans un réservoir ou même dans une barrique enterrée à cet effet (pl. 3, fig. 1). On forme un premier lit avec les herbes provenant des sarclages et des binages du jardin, avec tous les détritus du potager : tiges de pommes de terre, d'artichauts, d'asperges, trognons de choux, etc., etc.; les tontures de haies, de bordures, les mousses, les roseaux, les bruyères, les genêts, les ajoncs, toutes les matières herbacées sont bonnes, à la condition de les employer fraîches; on recouvre ce premier lit avec du fumier, afin d'empêcher les herbes de se dessécher; on jette chaque jour sur le tas tous les débris de la cuisine; épluchures de légumes, détritus de viande, les plumes et le sang des volailles; les balayures de la maison et des cours; puis on répand sur ce tas les eaux de vaisselle, les eaux de savons, les lessives, les urines, enfin toutes les eaux ménagères; lorsque le réservoir est plein, on arrose le fumier avec son contenu. Quand on manque de fumier, on peut ajouter aux herbes de la poudrette, ou des matières fécales : il faut avoir soin de défaire le tas de fumier tous les quinze jours, de bien le mélanger et de l'arroser constamment avec les eaux ménagères. On peut y ajouter aussi les cendres du foyer et de la suie.

Si le sol auquel ces composts sont destinés est argileux ou manque de calcaire, on peut ajouter aux détritus de toutes espèces des platras concassés, de la chaux, de la marne ou du plâtre, suivant le prix de revient, et les mélanger au fumier; plus le mélange sera complet, mieux cela vaudra.

Les boues de ville bien consommées forment un engrais excellent, d'autant meilleur qu'il renferme des matières animales et végétales, des détritus de poisson, des cendres, des suies, etc., etc. Chaque fois qu'il sera possible de s'en procurer à bon compte, ce sera une précieuse acquisition pour le jardin fruitier.

Les composts que je viens d'indiquer ont beaucoup d'analogie avec les boues de ville et ne coûtent rien que la peine de réunir toutes les substances fertilisantes que l'on jette habituellement dans la rue. Si la fabrique de fumier est près des bâtiments, il est facile d'en neutraliser l'odeur avec quelques kilog. de sulfate de fer dissous dans le liquide avec lequel on l'arrose.

Lorsque nous aurons des terres argileuses à chauler, il faudra d'abord mélanger la chaux ou la marne avec cinq à six fois son volume de terre: laisser fuser pendant quelques jours, bien mêler le tout ensemble et manier ce mélange avec le fumier avant de le répandre sur le sol.

On opérant ainsi, on double l'action de la chaux ou de la marne. Quand on fera des composts pour des arbres à noyaux, il sera toujours bon d'y ajouter un peu de chaux ou de marne pour tous les sols.

J'ai dit précédemment que l'effet des engrais animaux ne se faisait plus sentir quand les arbres avaient le plus grand besoin de nourriture; les composts, tout en ayant plus de durée, présentent le même inconvénient; il est facile d'y remédier avec le secours des engrais liquides, engrais des plus précieux, en ce que leur effet est instantané. Ainsi, lorsque, par suite d'une longue sécheresse, la végétation est suspendue et les fruits tombent faute de nourriture et d'humidité, un seul arrosement à l'engrais liquide, donné au moment où la végétation languit, empêche non-seulement les fruits de tomber, mais amène encore une recrudescence de végétation au profit de l'arbre, du volume et de la qualité des fruits. Cela s'explique par le mode de nutrition des arbres. Les spongioles (extrémités des racines) absorbent les substances nutritives à l'état liquide ou gazeux, et ces substances, à l'état de dissolution dans l'engrais liquide, sont immédiatement absorbées par les racines.

L'engrais liquide, malheureusement trop peu employé en France, est la clef de la végétation; rien n'est impossible avec lui.

Une plante est-elle malade ou languit-elle faute de nourriture? Un arrosement d'engrais liquide lui rend en quelques jours la vigueur et la santé. On objecte l'odeur désagréable de cet engrais; il est facile de le désinfecter complétement en deux minutes avec une dépense de quelques centimes, et dans cet état l'engrais liquide n'est pas plus répugnant à employer que de l'eau claire.

Il est facile de fabriquer de grandes quantités d'engrais liquide presque pour rien. Il suffit pour cela d'avoir un réservoir bien étanche, ou simplement quelques tonneaux affectés à cet usage et d'employer une des recettes suivantes :

1º Le guano, le plus énergique des engrais connus, dissous dans vingt fois son volume d'eau ;

2º La colombine, curure de pigeonnier et de poulailler, étendue dans 20 fois son volume d'eau, et désinfectée avec 200 grammes de sulfate de fer par hectolitre de liquide ;

3º Les matières fécales dissoutes dans trente fois leur volume d'eau et désinfectées avec 400 grammes du sulfate de fer par hectolitre ; ne les employer que lorsqu'elles commencent à fermenter ;

4º Les urines étendues de trois fois leur volume d'eau, avec 100 grammes de sulfate de fer par hectolitre ;

5º Les purins ou jus de fumier étendus de deux fois leur volume d'eau avec 50 grammes de sulfate de fer par hectolitre ;

6º Le sang des abattoirs, étendu de deux fois son volume d'eau avec 200 grammes de sulfate de fer par hectolitre ;

7º Les eaux dans lesquelles les chiffonniers dégraissent les os ; les étendre de cinq fois leur volume d'eau avec 300 grammes de sulfate de fer par hectolitre ;

8º Mélange des urines de la maison avec les eaux de vaisselle, de savon, etc., avec 100 grammes de sulfate de fer par hectolitre.

Enfin, si on n'a pas eu la précaution de fabriquer une certaine quantité d'engrais liquide et que l'on manque des matières que j'ai indiquées, on peut encore en faire d'excellent avec du crottin de cheval pur. On prend une futaille dans laquelle on met un tiers de crottin de cheval et deux tiers d'eau ; on abandonne le mélange pendant quelques jours, et on l'emploie quand il commence à fermenter. Lorsqu'on arrose à l'engrais liquide, il faut préalablement avoir soin de former au pied de l'arbre un bassin circulaire de 1 m. 20 à 1 m. 50 de diamètre, suivant la force de l'arbre, afin que l'engrais s'infiltre à l'extrémité des racines

et non au collet. Deux arrosoirs d'engrais liquide suffisent
pour un arbre. Il faut toujours faire ces arrosements le soir,
après le coucher du soleil, et mettre ensuite du paillis sur
la partie arrosée, afin d'empêcher l'évaporation. Lorsqu'on
arrose des fleurs ou des légumes à l'engrais liquide, il faut
éviter d'en répandre sur les feuilles.

En terminant ce qui est relatif aux engrais, je ne saurais
trop recommander aux propriétaires et aux jardiniers de
ne rien laisser perdre. Il faut avoir fabriqué des engrais
soi-même pour se figurer combien une maison, quelque
peu importante qu'elle soit, offre de ressources et fournit
d'éléments précieux pour la végétation. La fertilité du potager et du jardin fruitier est subordonnée à la qualité des
engrais dont on dispose. Chaque fois qu'on se donnera la
peine de tout utiliser pour la fabrication du fumier, les
sols médiocres deviendront bons, et souvent on obtiendra
en quelques années d'excellents et d'abondants produits
sur les sols les plus ingrats, quand on les aura enrichis
d'humus.

Les propriétaires qui désireraient acheter des engrais à
décomposition lente, ne sauraient mieux s'adresser que
chez M. BOULARD, 26, *quai Saint-Laurent*, A ORLÉANS. Ils
trouveront dans cette maison tout ce qu'on peut désirer
en fait d'engrais, et de plus une conscience et une loyauté
quelquefois rares chez les marchands d'engrais.

SEPTIÈME LEÇON

—

DE L'EAU, DE L'AIR, DE LA LUMIÈRE
ET DE LA CHALEUR.

DE L'EAU.

L'eau est un élément indispensable à l'existence des plantes; elle joue le rôle le plus important dans la végétation partout où on la rencontre : dans le sol, à l'état liquide; dans le corps des arbres dont elle fait partie, et dans l'atmosphère à l'état de vapeur.

Dans le sol, l'eau dissout les substances propres à la nutrition, s'empare de l'acide carbonique de l'humus, et permet à ces substances de pénétrer dans le corps des végétaux par sa seule action.

Dans le corps des arbres, sous le nom de séve, l'eau introduit tous les éléments de nutrition, et leur sert de véhicule jusque dans les cellules des feuilles, où la séve, modifiée, convertie en cambium, vient concourir à l'accroissement et à la reproduction.

Dans l'atmosphère, à l'état de vapeur, l'eau produit ces bienfaisantes rosées qui remédient, pendant les grandes chaleurs, à la sécheresse du sol,

Sans eau, il n'y a pas de nutrition, et par conséquent pas de végétation possible. Mais, malgré l'utilité de cet élément, il faut le rencontrer dans le sol et dans l'atmosphère dans une proportion voulue. Si le sol est trop humide, il produira du bois mal constitué et pas de fleurs; s'il est trop sec, les arbres se couvriront de fleurs et ne produiront pas de bois. Il faut combattre l'humidité surabondante par les amendements et par le drainage : la sécheresse, par des paillis épais appliqués au printemps; par des aspersions sur les feuilles et par des arrosements à l'engrais liquide, afin de placer les arbres dans des conditions d'humidité qui leur permettent de fructifier et de végéter convenablement.

La trop grande humidité de l'atmosphère n'est pas moins à redouter. Les arbres fleurissent bien, mais ne produisent pas de fruits. Dans les localités exposées aux brouillards fréquents, ces brouillards mouillent les fleurs et rendent la fécondation impossible en délayant le pollen. Alors il faut avoir recours aux abris pour préserver les fleurs de l'humidité. Un simple chaperon mobile de 30 centimètres de saillie, posé pendant la floraison, suffit pour assurer la fécondation.

DE L'AIR.

L'air est indispensable à la végétation ; sans le concours de l'oxygène qu'il contient, la sève ne pourrait être décomposée et convertie en cambium. La germination, nous l'avons dit, ne peut s'accomplir sans le secours de l'air ; les racines pourrissent quand elles sont soustraites à son influence. Le gaz oxygène, en outre, concourt puissamment à la décomposition des engrais.

Il faut donc, pour obtenir le maximum de végétation, que le sol soit constamment perméable à l'air. On obtient ce résultat par les labours profonds et les binages réitérés.

Plus le sol est compact, plus il doit être fouillé profondément et remué souvent. Les bonnes façons données au sol, ne l'oublions pas, comptent pour beaucoup dans les succès de culture.

DE LA LUMIÈRE.

La lumière est un des agents les plus puissants de la végétation; sans elle la nutrition ne saurait s'accomplir, et les arbres resteraient infertiles. Non-seulement la lumière participe à tous les actes de la végétation, mais encore elle les détermine.

La seule action de la lumière détermine l'évaporation de la surabondance d'eau de la séve dans les cellules des feuilles. Par le fait de cette évaporation, l'ascension de la séve est activée et l'absorption des racines augmentée en raison de l'activité de celle-ci. Donc, la quantité de substances nutritives puisées dans le sol par les racines est subordonnée à l'évaporation des feuilles, c'est-à-dire à la lumière. En outre, l'acide carbonique accumulé dans les cellules des feuilles ne peut être décomposé pour concourir à l'accroissement que sous l'influence d'une lumière très vive.

Si un arbre fruitier est ombragé en entier, il poussera des rameaux longs et grêles, donnera rarement des fleurs, et ces fleurs ne produiront jamais de fruits. Si l'arbre est éclairé en partie, les fruits ne se montreront que sur la partie éclairée. A-t-on jamais vu des fruits sur les quenouilles plantées sous de grands arbres ; à la base des gobelets pointus que l'on trouve encore dans les vieux jardins, et, à l'intérieur de ces grandes quenouilles fourrées dont l'unique résultat est d'épuiser et d'ombrager le sol pour produire un fagot chaque année ? Le jour où les propriétaires et les jardiniers seront convaincus des effets de la lumière, ces productions anormales disparaîtront pour faire place à des arbres soumis à des formes rationnelles.

DE LA CHALEUR.

On doit encore à l'action de la lumière *la saveur des fruits*, leur coloration et celle des feuilles. Les cellules des fruits fonctionnent exactement comme celles des feuilles; elles élaborent le cambium de la même manière. Donc, lorsque le fruit reste dans l'obscurité, l'élaboration étant incomplète, la maturation ne peut s'accomplir, attendu que le manque de lumière s'oppose au dégagement de l'acide carbonique. Les fruits d'espalier, notamment les abricots et les pêches, ne mûriraient jamais également si on n'avait le soin de les cueillir quelques jours avant de les consommer.

Au moment où on les cueille, le côté qui regarde le mur est encore acide, tandis que celui exposé à la lumière est savoureux et sucré.

La coloration est entièrement due à l'action de la lumière: de là la nécessité de découvrir les fruits quelques jours avant de les récolter, pour leur donner à la fois toute la saveur et tout le coloris qu'ils sont susceptibles d'acquérir.

DE LA CHALEUR.

La chaleur est encore un agent puissant de la végétation. Elle concourt à la nutrition, comme la lumière, en augmentant l'évaporation. En principe, la chaleur stimule l'énergie des plantes; elle accélère toutes les fonctions de la végétation, mais encore faut-il la rencontrer dans certaines limites et combinée avec une humidité suffisante.

Si la chaleur est de longue durée et si le sol est très sec, la végétation sera suspendue et les arbres se couvriront de fleurs; si la sécheresse du sol augmente, les fruits tomberont, et l'arbre finirait par mourir s'il manquait totalement d'humidité. Si, au contraire, la température est très élevée et le sol très humide, la végétation sera fort active, les arbres produiront une foule de bourgeons vigoureux et pas de fleurs.

Il faut combattre la sécheresse et l'excès de la chaleur :

1° Par des couvertures épaisses de 5 à 10 centimètres appliquées sur le sol pendant qu'il est humide. On peut tout utiliser : paillis, vieux fumier, paille de colza, bruyères, roseaux, ajoncs, genêts, mousse, etc.; le but est de soustraire le sol à l'évaporation. Les objets qu'on peut se procurer le plus facilement et au meilleur marché sont les préférables;

2° Par des arrosements à l'engrais liquide; ils sont d'un grand secours, non-seulement pour empêcher la chute des fruits, mais encore pour augmenter leur volume et leur qualité;

3° Par des aspersions données sur les feuilles, le soir, après le coucher du soleil; la pompe à main est ce qu'il y a de plus commode et de plus expéditif pour cette opération; à son défaut, on peut se servir d'une vieille brosse : il suffit de la tremper dans l'eau et de la secouer sur les feuilles pour les mouiller. L'aspersion sur les feuilles produit les meilleurs effets, surtout sur les arbres en espalier au midi; elle dispense quelquefois de l'arrosement à l'engrais liquide et empêche toujours les feuilles de se dessécher;

4° Par des binages souvent renouvelés, la terre remuée se dessèche moins et de plus elle est ouverte à l'influence des rosées.

Il faut bien se garder de répandre des arrosoirs d'eau au pied des arbres ainsi qu'on le fait souvent pendant les chaleurs. C'est d'abord exposer les arbres à être attaqués par le blanc des racines; ensuite ces arrosements copieux sont nuisibles à la qualité des fruits, à la santé des arbres et à la fructification pour l'année suivante. Excepté pendant la première année de la plantation, les arbres ne doivent être arrosés qu'à l'engrais liquide, et cela *deux ou trois fois au plus* pendant les plus fortes chaleurs.

La chaleur est presque toujours un bienfait sous le cli-

mat privilégié de la France, du moins dans toute la région
de la vigne. Il y a quelques modifications de culture et de
taille à apporter pour la région de l'olivier; je les indiquerai en traitant du jardin fruitier, de la culture et de la taille
de chaque espèce. Mais depuis le nord jusqu'à la région
de l'olivier, il est plus facile de se défendre de la chaleur
que du froid. La chaleur, toujours attendue avec impatience, ne nous apporte qu'un inconvénient : un peu de sécheresse passagère en échange de sa généreuse influence
sur la végétation. Les palliatifs contre la chaleur ne demandent ni dépense ni grand travail; les préservatifs du
froid sont dispendieux; ils exigent un travail incessant, et
encore ne sont-ils applicables que sur des espaces très restreints.

La nature, dans son admirable organisation, apporte
elle-même le remède le plus puissant contre la chaleur et
contre le froid; quand l'homme la seconde un peu, elle le
récompense au centuple de ses soins et de sa peine. Pendant les chaleurs les plus intenses, alors que les bourgeons
grillent quelquefois sur les murs, la séve, plus active que
jamais, monte abondamment vers les feuilles, stimulée par
l'évaporation de celles-ci. La séve apporte dans le corps
de l'arbre la température fraîche du sol pour mitiger celle
de l'atmosphère. Aidez la nature de quelques aspersions
sur les feuilles et vous n'aurez jamais d'accidents à dé-
plorer.

Pendant les gelées, la nature vient encore nous apporter
le préservatif le plus puissant. Le mouvement de la séve
existe toujours pendant l'hiver, mais il est presque nul
comparativement à celui qui s'opère pendant l'été. En conséquence, les arbres, obéissant à cette loi physique qui
fait qu'un liquide en repos gèle moins que s'il était agité,
sont d'autant moins exposés à l'action du froid. En outre,
l'ascension de la séve, toute lente qu'elle est, existe toujours, même pendant le repos de la végétation; la séve
apporte donc dans le corps de l'arbre la température du

sol, bien plus élevée que celle de l'atmosphère et vient
contrebalancer son action. Empêchez le sol de se refroidir,
la séve conservera une température assez élevée pour préserver vos arbres de tout accident. Une couche de fumier
frais, répandue sur le sol à l'approche des gelées, est suffisante pour le soustraire à leur atteinte et y maintenir une
température de plusieurs degrés au-dessus de zéro.

Je termine ici les études préliminaires qui servent de
base à toute culture raisonnée. Quelques propriétaires seront peut-être effrayés des soins qu'il faut apporter à la
culture des fruits; quelques jardiniers diront: nous savons
tout cela; d'autres penseront que les soins que j'indique
sont inutiles.

Je répondrai aux premiers: la terre est une emprunteuse
généreuse; donnez-lui une bonne culture et les engrais
nécessaires, elle vous payera avec usure les intérêts du capital avancé et vous récompensera largement des soins que
vous lui aurez donnés. Je dirai aux seconds : laissez l'orgueil de côté; c'est toujours un mauvais conseiller; médi-
tez sur les causes, approfondissez-les; c'est le seul moyen
de produire facilement les effets; étudiez ce grand livre de
la nature sans cesse ouvert devant vous; dès que vous
commencerez à y lire couramment, vous remercierez cent
fois la Providence de vous avoir donné dans sa bonté infinie tant de moyens d'action par l'étude et par le travail.

Je dirai à tous : la culture en général, et celle des arbres
fruitiers en particulier, est plus difficile qu'on ne le pense,
en ce qu'elle demande la réunion d'une foule de connaissances longues à acquérir, un tact et une sûreté d'appréciation que des études sérieuses et une longue pratique
peuvent seules donner. Loin de moi la pensée de découra-
ger mes lecteurs et mes élèves, mais l'expérience de l'enseignement m'oblige à arrêter l'élan de ceux qui veulent
faire trop vite et croient savoir avant d'avoir étudié.

La science est généreuse, elle donne beaucoup; mais il
faut prendre le temps et le soin de l'acquérir pour agir sû-

rement, ne rien abandonner au hasard , et éviter les mé-
comptes si fréquents dans la pratique quand elle n'est pas
éc'airée par une saine et prudente théorie.

Avant d'aborder l'étude de la création du jardin fruitier,
où nous aurons souvent des greffes à faire, il est urgent de
nous livrer à l'examen de celles qui nous seront utiles et
d'entrer dans quelques considérations sur le choix des arbres dans la pépinière.

HUITIÈME LEÇON

—

DES GREFFES.

Les greffes ont une immense importance en arboriculture; elles permettent de multiplier les espèces très promptement et en grande quantité; grâce à elles nous obtenons
d'excellents résultats d'une espèce quelconque dans un sol
où elle refuserait de végéter. Par la greffe, il est facile de
placer sur un arbre vigoureux les fruits d'un arbre faible;
en outre, la greffe, ayant pour effet d'avancer de beaucoup
la production des fruits, en augmente notablement le volume et la qualité.

Il suffit de faire coïncider les vaisseaux séveux du sujet
et de la greffe pour obtenir la reprise de celle-ci, quand il
y a toutefois analogie suffisante entre eux. Voici comment
la reprise s'opère:

Dès l'instant où les vaisseaux séveux du sujet sont en
contact avec ceux de la greffe, la séve du sujet passe dans
la greffe et fait pression sur l'axe des yeux de celle-ci, par
son mouvement ascensionnel. Les yeux de la greffe s'allongent et déploient bientôt leurs premières feuilles; ces
feuilles convertissent la séve du sujet en cambium qui, à
son tour, soude les plaies de la greffe en les recouvrant
avec les filets ligneux et corticaux qu'il dépose sur son pas-

sage dans son mouvement de descension. Alors la reprise est opérée, la greffe est soudée au sujet et y croît comme sur son pied mère.

Les instruments indispensables pour greffer sont :

1° Un greffoir, destiné à tailler les greffes, fendre les écorces et faire les entailles. Le greffoir doit être accompagné d'une spatule en os pour soulever les écorces ; il est urgent que cet instrument soit bien fait, et surtout très tranchant ;

2° Une égohine ou scie pour couper la tête des arbres ;

3° Une serpette pour polir les plaies faites par la scie ;

4° Un coin en ivoire ou en bois dur, pour tenir la fente ouverte quand on place la greffe ;

5° Enfin un engluement quelconque pour soustraire les plaies au contact de l'air. Il y en a de toutes sortes, depuis l'onguent de saint Fiacre jusqu'au mastic L'*homme Lefort.* L'onguent de saint Fiacre, composé de terre argileuse et de bouse de vache, a l'inconvénient d'abriter les plaies imparfaitement et de servir de refuge aux insectes. Les mastics valent mieux, ceux qu'on emploie chauds nécessitent l'embarras d'un réchaud, et vous exposent toujours à brûler les arbres. Le mastic L'*homme Lefort* s'emploie à froid, il est commode et ne présente aucun danger. Il coûte peut-être quelques centimes de plus que les autres, mais cette dépense est bien compensée par sa bonté et sa commodité.

Nous diviserons nos greffes en trois séries : les greffes par approche, par rameau et par gemme ou œil.

GREFFES PAR APPROCHE.

1° La greffe *Agricola* est employée avec succès pour mettre une branche à un arbre, lorsque les écorces sont trop dures pour permettre l'insertion d'un rameau. On cherche dans le voisinage du vide un rameau qui puisse s'y appliquer (pl. 3, fig. 2); quand on l'a trouvé, on pratique d'abord avec la petite scie à main, à l'endroit où on veut placer sa greffe, une entaille en forme de V renversé, assez profonde pour atteindre le corps ligneux (A. pl. 3, fig. 3). Le but de cette entaille est de concentrer une partie de l'action de la séve sur la greffe. Voici comment:

Nous savons que les vaisseaux séveux communiquent tous entre eux par des ouvertures latérales. En conséquence, si nous pratiquons une incision en biais, la séve des vaisseaux coupés placée à la partie la plus basse, ayant toujours tendance à monter, passera dans les vaisseaux de la partie la plus élevée, et ainsi de suite jusqu'au sommet de l'entaille. Donc notre entaille ayant la forme du V renversé, la séve de tous les vaisseaux coupés de chaque côté se concentrera à la pointe du V renversé où nous placerons notre greffe. Si notre entaille embrasse le tiers du périmètre de l'arbre, le tiers de la séve de l'arbre sera mis à la disposition de la greffe qui ne tardera pas à gagner en vigueur les autres branches. On fait l'entaille plus ou moins ouverte et plus ou moins profonde, suivant la quantité de séve nécessaire pour équilibrer la greffe avec les autres branches.

Lorsque l'entaille est faite, on pratique avec le greffoir, au centre du V renversé où affluera toute la séve, une entaille verticale de cinq à six centimètres de long, d'une largeur et d'une profondeur égales au diamètre du rameau (B. pl. 3, fig. 3), puis on incise le rameau de chaque côté pour mettre ses vaisseaux séveux à découvert et de façon à ce que la partie incisée s'ajuste dans l'entaille faite au corps de l'arbre. On lie avec de la laine et on recouvre le tout de mastic à greffer (pl. 3, fig. 4).

Pendant tout le cours de la végétation, le rameau greffé se soude au corps de l'arbre. L'année suivante on sèvre la greffe, c'est-à-dire qu'on la coupe à la base et on remet en place la branche qui l'a fournie.

2° La greffe anglaise, *aiton*, est la plus énergique et la plus solide pour souder ensemble les arbres en cordons (pl. 3, fig. 5). On pratique avec le greffoir, sur le coude de l'arbre en cordon et sur le rameau que l'on veut y greffer, une entaille de même dimension, longue de 4 centimètres environ et pénétrant jusqu'au tiers du bois (pl. 3, fig. 6). On pratique ensuite une esquille en sens inverse vers le tiers de l'incision, on fait entrer ces deux esquilles l'une dans l'autre, on lie simplement avec de la laine, et huit jours après la greffe est soudée (pl. 3, fig. 7).

3° La greffe herbacée *Jard* est l'une des plus utiles pour regarnir les branches dénudées du pêcher et de la vigne (pl. 3, fig. 8). Voici comment on opère : Lorsqu'il y a un vide sur une branche, on choisit un bourgeon vigoureux dans le voisinage de ce vide, et on favorise son développement jusqu'à ce qu'il puisse le recouvrir entièrement. Alors on pratique de distance en distance, sur toute la partie dénudée, des incisions longues de 3 à 4 centimètres, terminées à chaque bout par une incision transversale (A. pl. 4, fig. 2); on soulève l'écorce de chaque côté avec la spatule du greffoir; on fait ensuite au bourgeon des entailles pénétrant jusqu'au tiers de son épaisseur, de manière à ce qu'elles s'appliquent juste sur les incisions (A. pl. 4, fig. 1). On insère chaque partie entaillée du bourgeon sur l'aubier mis à nu de la branche, et on lie avec de la laine. Les soudures s'opèrent pendant le cours de la végétation, et l'année suivante on peut couper le bourgeon à chaque extrémité de l'incision; l'œil placé au milieu fait partie de la branche opérée et peut s'y développer comme s'il était né sur cette branche. Cette greffe peut être appliquée à toutes les espèces à noyaux et se pratiquer de juin à septembre.

4° La greffe herbacée *Leberryais* (pl. 4, fig. 3), pour augmenter le volume des fruits. Cette greffe, bien que très énergique, se pratique rarement : elle demande trop de temps et trop de soins pour être faite en grand; elle ne peut servir qu'aux amateurs et quelquefois aux jardiniers pour obtenir quelques fruits monstrueux.

Lorsqu'un fruit est bien sain et se développe rapidement, on laisse pousser sur l'un des rameaux situés au-dessous un bourgeon vigoureux (A. pl. 4, fig. 3); dès que ce bourgeon peut atteindre au pédoncule du fruit, on pratique sur le pédoncule ou queue du fruit et sur le bourgeon deux entailles correspondantes, on les applique l'une sur l'autre et on lie avec de la laine (B. pl. 4, fig. 3). Dès que la greffe est soudée, on pince le bourgeon raz de la greffe, pour arrêter son élongation et le forcer à donner toute sa séve au fruit sur lequel il est greffé. Ce fruit, recevant la séve de deux côtés, atteint un volume énorme.

GREFFES PAR RAMEAUX.

Avant de décrire les greffes par rameaux, je ne saurais trop recommander de couper les greffes pendant le repos absolu de la végétation; les mois de décembre et de janvier sont les plus favorables. On réunit les rameaux destinés à être greffés par paquets, on y met des étiquettes en plomb ou en zinc pour les reconnaître, puis on les enterre à trente centimètres de profondeur à l'endroit le plus froid du jardin. Il faut bien se garder de placer ces greffes debout; elles doivent être couchées et complétement enterrées. Voici pourquoi :

Il est nécessaire, pour assurer la reprise des greffes par rameaux, que le sujet soit en séve, et la greffe sur le point d'y entrer. De cette loi, la nécessité de retarder la végétation des greffes, chose facile en se servant des moyens ci-dessus indiqués.

La plus ancienne et la plus usitée des greffes par rameaux est la greffe *Atticus*, la plus dangereuse de toutes pour la

santé et pour la vie des arbres. Elle consiste à décapiter
le sujet, le fendre au milieu et insérer un rameau dans
cette fente. Cette greffe reprend incontestablement; mais
elle est toujours la cause d'une foule de maladies, quand
elle n'amène pas la mort de l'arbre. Lorsque le sujet est
très gros, la fente est longtemps à se reboucher; l'air y
pénètre toujours, et il est rare qu'il ne s'y déclare pas un
chancre. Dans les fruits à noyaux, la gomme est la compagne inséparable de cette greffe.

Quelquefois on place deux greffes pour obtenir plus vite
la soudure de la plaie. Les mêmes inconvénients existent
toujours; l'eau, en séjournant sur la coupe horizontale,
comme dans une cuvette, produit des maladies inévitables.
De plus, lorsqu'on taille les deux greffes, l'une étant plus
vigoureuse que l'autre, la tête de l'arbre n'est pas équilibrée, et lorsque, par hasard, les greffes acquièrent une vigueur égale, il est bien rare qu'un orage ne vienne pas
fendre l'arbre jusqu'au sol, et cela lorsqu'il a atteint le
maximum de production.

Il faut proscrire la greffe en fente d'une manière presque
absolue, c'est-à-dire n'y avoir recours que dans le cas où
toute autre greffe est impraticable, et encore faudra-t-il
employer la greffe *Bertemboise*.

Greffe *Bertemboise*. — Au lieu de couper la tête de l'arbre
horizontalement, on la coupe en biseau (pl. 4, fig. 4), afin
de faire affluer la séve de tout le périmètre de l'arbre à
l'extrémité du biseau. On fend la partie la plus élevée
avec la serpette, en ayant soin de couper l'écorce avant de
fendre, afin d'éviter de la déchirer, ce qui pourrait compromettre le succès de la reprise.

On taille son rameau en biseau long de 3 à 4 centimètres
et un peu en lame de couteau, de façon à ce que le côté
intérieur soit moins large que celui qui s'ajuste sur l'écorce
du sujet (pl. 4, fig. 5). Il faut, en outre, avoir le soin de
commencer les entailles de la greffe de chaque côté d'un
œil, qu'il faut toujours réserver à la base (A, pl. 4, fig. 5):

et, dans tous les cas, ne jamais laisser que trois yeux au plus sur une greffe. On introduit ensuite un coin dans la fente pour la maintenir ouverte ; on y place la greffe de manière à mettre en contact ses vaisseaux séveux avec ceux du sujet, ce qui est infaillible quand on a le soin de bien ajuster sa greffe par le haut et de la faire ressortir d'un ou deux millimètres par le bas (A. pl. 4, fig. 5). On bouche ensuite la fente et on couvre tout le biseau de mastic à greffer.

La greffe Bertemboise se pratique vers le 15 mars.

La coupe du sujet en biseau présente les avantages suivants :

1° De concentrer l'action de tous les vaisseaux séveux sur un seul point, celui où on pose la greffe ;

2° De pratiquer une fente moins large et désorganisant moins l'arbre que sur les coupes horizontales ;

3° D'être plus facile à recouvrir, et de ne jamais laisser sur les arbres ces difformités que l'on remarque à toutes les anciennes greffes, et qui sont autant d'obstacles à l'ascension de la séve et à la descension du cambium.

Donc, lorsque nous aurons un arbre à décapiter pour y appliquer n'importe quelle greffe, il faudra que la coupe soit toujours en biseau, jamais horizontale.

Greffe en *fente anglaise* (pl. 4, fig. 6). — Cette greffe reprend toùjours : c'est la plus solide et la plus énergique ; elle est d'un grand secours dans la pépinière lorsque les écussons ont manqué, et dans le jardin fruitier pour raccommoder les branches cassées. Elle exige que le sujet et la greffe aient à peu près la même grosseur.

On coupe le sujet en biseau très allongé, et on pratique une fente vers le milieu de ce biseau (pl. 4, fig. 7).

On taille la greffe en biseau de même longueur et on y pratique une fente en sens inverse (pl. 4, fig. 8). On fait chevaucher les esquilles l'une dans l'autre ; on lie, et on mastique ensuite.

Cette greffe se pratique vers le 15 mars, et, lorsqu'elle

est bien faite, elle ne laisse pas de trace au mois de septembre suivant. Elle peut être faite en toutes saisons pour raccommoder les branches cassées, même en pleine végétation ; seulement il faut avoir le soin d'effeuiller la branche greffée et de la soustraire à la lumière pendant quelques jours.

La greffe en *fente-bouture*, applicable à la vigne, permet de changer un cépage instantanément et sans interruption de récolte ; elle est d'un grand secours dans le jardin fruitier pour tirer parti des vieilles vignes et de celles qui sont épuisées.

Cette greffe se fait sous terre. On déchausse la vigne à greffer de 25 à 30 centimètres ; on la coupe en biseau très allongé et on fait une fente vers le milieu du biseau (A. pl. 4, fig. 9). On choisit pour greffe une bonne crossette longue de 35 à 40 centimètres ; on pratique vers le milieu une entaille de la même dimension que le biseau du sujet, et une fente en sens inverse au milieu de cette entaille, puis on fait entrer l'esquille qui en résulte dans la fente du sujet, en ayant le soin de bien ajuster les écorces d'un côté seulement. On lie, on couvre le tout de mastic ; on rechausse ensuite le sujet et on taille la greffe sur deux yeux.

Cette greffe se pratique vers le 15 mars.

Voici ce qui a lieu dès que la végétation s'éveille :

La greffe reçoit la sève du sujet, les yeux s'allongent, les premières feuilles se déploient. Le cambium élaboré par les feuilles vient non-seulement souder les plaies de la greffe, mais il vient encore faire pression sur la crossette et y détermine bientôt une abondante émission de racines (B. pl. 4, fig. 9). Deux mois après son application, la greffe est pourvue d'un double appareil de racines : de celui du sujet et de celui formé à l'extrémité de la crossette. La végétation de la greffe est tellement vigoureuse, qu'elle est en état de porter des fruits l'année même de son application.

À l'exception de la greffe en *fente anglaise* et de la greffe en *fente-bouture* dont les soudures sont trop vite opérées pour nuire à l'arbre, il ne faudra pratiquer que la greffe en *fente Bertemboise*, et cela quand il sera matériellement impossible de soulever les écorces. Dans le cas contraire, la greffe en *couronne Du Breuil* remplacera toutes les greffes en fente avec d'immenses avantages.

La greffe en *couronne Du Breuil* (A. pl. 5, fig. 1), tout aussi solide que la greffe en fente, offre les avantages suivants :

De ne pas désorganiser l'arbre ;

D'offrir double chance de reprise ;

De n'être pas plus longue à faire que la greffe en fente, et, toutes choses égales d'ailleurs, de donner toujours lieu à une végétation plus prompte et plus vigoureuse que toutes les autres.

Je ne saurais trop recommander la greffe inventée par l'éminent professeur, à l'exclusion de toutes les autres, chaque fois qu'il sera possible de soulever l'écorce avec la spatule. Voici comment elle s'opère :

On coupe le sujet en biseau comme pour la greffe *Bertemboise* (A. pl. 5, fig. 1). On pratique une fente verticale sur l'écorce, au sommet du biseau et un peu de côté (A. pl. 5, fig. 2); on soulève l'écorce du sujet d'un côté seulement, du plus large. On taille la greffe en bec de flûte, en ayant soin de former à la naissance du bec de flûte un crochet formant un angle aigu (A. pl. 5, fig. 3), qui viendra s'adapter sur l'extrémité du biseau ; on incise dans toute sa longueur le côté du bec de flûte destiné à s'ajuster sur l'écorce non soulevée (B. pl. 5, fig. 3), puis on insère la greffe sous l'écorce soulevée ; on lie et on mastique ensuite.

On pratique cette greffe vers le 15 avril.

La reprise de la greffe en couronne Du Breuil est plus facile que celle de la greffe en fente ; elle est applicable aux plus gros arbres comme aux espèces les plus délicates; elle ne désorganise pas les sujets, n'engendre aucune ma-

4

ladie, et donne toujours lieu à une végétation luxuriante.
C'est une précieuse découverte pour les arbres à noyaux,
toujours exposés à la gomme; et surtout pour le pêcher,
sur lequel elle donne d'excellents résultats, et qui n'a pu
jusqu'ici supporter que la greffe en écusson.

Il est urgent, pour toutes les greffes par rameaux dont
je viens de parler, de laisser pousser quelques bourgeons
sur le sujet, afin d'attirer la sève dans la greffe, mais
en surveillant la végétation de ces bourgeons, en l'arrêtant
par les pincements, pour qu'ils n'acquièrent pas plus de
vigueur que la greffe; dès que celle-ci commence à bien
végéter, on supprime entièrement ces bourgeons, afin de
faire profiter la greffe de toute la séve du sujet.

La greffe de côté *Richard* (A. pl. 5, fig. 4) est fort utile
dans le jardin fruitier pour remplacer des branches ab-
sentes.

On commence par pratiquer, à l'endroit où l'on veut
placer une branche, une incision en V renversé, afin de
concentrer l'action de la séve sur ce point (A. pl. 5, fig. 5).
On choisit pour greffe un rameau cintré, on le taille en
biseau allongé (A. pl. 5, fig. 6); on pratique ensuite sur
l'écorce une incision en T, on la soulève avec la spatule du
greffoir, et on insère le rameau sous l'écorce; on lie et on
mastique (B. pl. 5, fig. 5).

Cette greffe se fait vers le 15 mars.

La greffe *Girardin* (pl. 5, fig. 7) est des plus utiles dans
le jardin fruitier; elle permet de placer sur un arbre vigoureux les fruits d'un arbre faible; elle est d'un grand
secours, en remplaçant, au bénéfice de l'arbre et du cultivateur, les mutilations réitérées pour mettre à fruit les
arbres rebelles et pour modérer la végétation excessive de
quelques branches sur des arbres mal équilibrés.

Vers la fin d'août jusqu'aux premiers jours de septembre, on enlève sur tous les arbres du jardin fruitier les
boutons à fruits destinés à tomber à la taille, et on les
greffe sur d'autres arbres. L'opération est des plus faciles.

Lorsque les rameaux à fruits sont latéraux, on les enlève comme un écusson, mais avec cette différence qu'il faut laisser plus de bois au centre, afin d'éviter de blesser le bouton à fruit (pl. 5, fig. 8) : si le bouton à fruit est terminal, c'est-à-dire placé à l'extrémité du rameau, on le coupe à une longueur de quatre ou cinq centimètres, et on taille l'extrémité en biseau (pl. 5, fig. 9). Dans l'un et l'autre cas, on pratique une incision en T sur l'écorce de l'arbre, on la soulève avec la spatule, et on glisse son rameau à fruit latéral ou terminal sous l'écorce ; on lie et on mastique ensuite les ouvertures avec soin. Il ne faut pas oublier de couper les feuilles dès que le rameau à fruit est détaché de l'arbre.

Les boutons à fruits greffés en août et septembre fleurissent au printemps suivant et rapportent des fruits comme s'ils étaient restés sur le pied mère. Cette ingénieuse opération, applicable au poirier et au pommier seulement, offre d'immenses ressources dans le jardin fruitier. Ainsi, quand un arbre s'emporte et produit des gourmands, il est facile d'arrêter sa végétation en y greffant quelques boutons à fruits de grosses variétés. Le nombre est subordonné à la vigueur de la branche. L'année suivante le gourmand, qu'on eût retranché au préjudice de l'arbre, cesse de s'emporter et produit de magnifiques fruits.

Certaines variétés d'excellentes poires, comme les crassanes, le bon-chrétien d'hiver, etc., font attendre leurs fruits longtemps. En voici la cause :

Ces arbres poussant très vigoureusement, leur sève circule avec trop d'activité pour permettre à la fructification de s'établir ; ces arbres ne montrent ordinairement de boutons à fruit que lorsque leurs nombreuses ramifications permettent à la sève de circuler lentement. Nous savons qu'en principe les fleurs n'apparaissent que sur les rameaux faibles, et par conséquent qu'un excédant de sève empêche toute fructification. Absorbons l'excédant de sève, l'arbre se mettra immédiatement à fruit.

Au lieu de mutiler l'arbre, mettez-lui des fruits, greffez un nombre de boutons en rapport avec sa vigueur et son étendue; les fruits greffés absorberont l'excédant de séve, et l'année suivante, non-seulement vous récolterez les fruits greffés, mais encore l'arbre se couvrira naturellement de fleurs, par le seul fait de l'absorption de son excédant de séve.

Nous avons une foule d'excellentes poires, telles que le *van Mons-Léon-Leclerc*, les *délices d'Ardempont*, etc., à la culture desquelles on renonce, parce que la végétation des arbres est désespérante, il faut des années pour obtenir un arbre rabougri et maladif. La greffe Girardin nous offre les moyens de cultiver ces variétés avec succès. Voici comment :

Plantez dans votre jardin un poirier de *sucré-vert* ou de *beurré d'amanlis*, sur franc, pour les variétés de saison, un poirier de *curé* ou de *catillac*, également sur franc, pour les variétés d'hiver; soumettez ces arbres à une grande forme, et dès que les branches seront assez fortes, couvrez-les de boutons à fruit de toutes les variétés faibles ; greffez vingt espèces sur le même arbre, il n'y a pas d'inconvénient dès l'instant où vous ne greffez que des boutons à fruit. Au fur et à mesure de la reprise des greffes, détruisez les rameaux à fruit de l'arbre, il vous restera une charpente vigoureuse couverte de greffes étrangères et produisant chaque année une quantité de beaux et bons fruits.

Rien n'est plus facile que de se procurer un grand nombre de boutons à fruits. Si les arbres du jardin fruitier sont bien soignés, ils en fourniront un certain nombre destiné à tomber à la taille. Pour les variétés faibles, voici ce qu'on fait :

On achète quatre ou cinq arbres de chaque variété, greffés sur cognassier si ce sont des poiriers, sur paradis si ce sont des pommiers. On les plante en ligne sur une plate-bande, ou en bordure à 50 centimètres de distance ;

on retranche environ le tiers de la tige en les plantant; à la fin de l'année presque tous les yeux se sont développés en boutons à fruits. On coupe l'arbre au pied pour employer les boutons qu'il a produits. L'année suivante, l'arbre repousse et fournit encore des boutons à fruits. L'année d'après, lorsque les sujets présentent une certaine vigueur, on attache l'extrémité de la tige à un tuteur ou à un fil de fer, de manière à lui faire décrire un demi-cercle; cette simple opération suffit pour former une grande quantité de boutons à fleurs.

Les personnes qui douteraient de l'efficacité de ce moyen peuvent venir visiter mon jardin, 40, rue du Coq-Saint-Marceau, à Orléans; elles y verront des arbres portant plusieurs espèces de fruits, entre autres un vieux poirier de sucré-vert sur lequel j'ai greffé des boutons à fruits de plus de vingt variétés.

Il nous reste à parler d'une dernière greffe : de celle en écusson. Elle consiste à enlever, vers le mois d'août, un œil de la variété que l'on veut greffer et à l'insérer dans l'écorce du sujet. On s'est livré à de longues dissertations sur le mode d'enlever les écussons; certains auteurs attachent une grande importance à ne pas laisser d'amande (un peu bois au-dessous de l'œil); pour mon compte, je n'y vois pas d'inconvénient quand on n'en laisse pas trop. L'écusson enlevé, on fait une incision en T sur le sujet, on soulève les écorces, puis on glisse l'écusson sous l'écorce, en ayant surtout le soin de laisser dépasser un peu le haut de l'écusson, afin de pouvoir le couper de manière à ce qu'il soit bien ajusté sur la coupe tranversale de l'incision faite au sujet (A. pl. 5, fig. 10). On lie ensuite avec de la laine, en prenant la précaution de serrer un peu autour de l'œil. Huit jours après, on desserre la laine pour éviter l'étranglement. Au printemps suivant, on coupe le sujet à 10 centimètres au-dessus de la greffe; on laisse pousser quelques petits bourgeons sur le chicot pour appeler la séve dans la greffe. Dès que celle-ci a produit un bourgeon de 15 à 20

centimètres de long, on supprime tous ceux du sujet, puis
on attache la greffe avec un jonc sur le chicot, qui est
coupé à son tour ras de la greffe au mois d'août.

Beaucoup de praticiens et même de pépiniéristes ne
coupent les chicots qu'à la fin de l'année. C'est un tort,
surtout si on déplante les arbres. La plaie toute vive est
exposée aux intempéries, tandis que lorsque la section est
faite en août, elle a eu le temps de se recouvrir partiellement avant l'hiver ; l'arbre souffre beaucoup moins.

NEUVIÈME LEÇON

—

DU CHOIX DES ARBRES.

Le choix des arbres à planter demande les plus grands soins, car on ne peut obtenir de bons résultats, et surtout les obtenir promptement, qu'en plantant des arbres d'élite. L'économie la plus ruineuse est celle que font certains propriétaires sur l'achat des arbres; dans ce cas, il y a toujours pour eux double perte : perte d'argent et perte de temps.

Dans une plantation de mille arbres, bien faite, et avec des sujets de choix, il y aura à peine vingt arbres à remplacer; la plupart de ces arbres, s'ils sont bien dirigés, donneront des fruits la seconde année de la plantation; un minimum de deux fruits par arbre en moyenne.

Dans la même plantation, faite avec les mêmes soins et avec de mauvais arbres, le premier tiers mourra pendant l'année, le second tiers restera chétif, malingre, et périra pendant la seconde et la troisième année. Le dernier tiers seulement donnera des résultats à peu près satisfaisants. Maintenant, comptons la dépense et les produits de mille arbres placés dans ces deux cas, pendant une période de cinq années.

PLANTATION DE 1,000 ARBRES D'ÉLITE.

Dépense. — Première année.

Achat de 1,000 arbres à 65 fr le 100. . .	650	
Engrais..	100	850
Fruits de plantation.	100	

Deuxième année.

Achat de 20 arbres.	13	
Frais de plantation..	5	18

Ajoutons une dépense de 100 fr. par an, pour frais de taille, engrais, labours, etc., pendant 5 ans, ci. 500

Total. 1,368

Produit.

1re année.	»»
2e année, 2 fruits par arbre sur 980..	1,960
3e année, 5 fruits sur 1,000 arbres.	5,000
4e année, 10 fruits sur 1,000 arbres.	10,000
5e année, 15 fruits sur 1,000 arbres	15,000

Total. . . . . . . 31,960 fruits en 5 ans.

Ces fruits, tous de premier choix, valent au minimum 20 c., comptons-les 15 c.

31,960 fruits à 15 c.	4,794
A déduire pour achat, plantation et entretien..	1,368

Bénéfice. 3,426

1,000 bons arbres bien soignés remboursent non-seulement tous les frais de création et d'entretien, mais donnent encore par leur produit un bénéfice de 3,426 fr. dans une période de cinq années.

PLANTATION DE 1,000 ARBRES INFÉRIEURS.

Dépense — Première année.

Achat de 1,000 arbres à 40 fr. le 100.	400 00	⎫
Engrais.	100 00	⎬ 600 00
Frais de plantation.	100 00	⎭

Deuxième année.

Achat de 333 arbres pour remplacer le premier tiers..	133 20	⎫
Engrais.	20 00	⎬ 186 20
Frais de plantation.	33 00	⎭

Troisième année.

Achat de 333 arbres à 40 fr. le 100 pour remplacement du deuxième tiers..	133 20	⎫
Engrais.	20 00	⎬ 186 20
Frais de plantation.	33 00	⎭

Ajoutons 100 fr. par an pour taille, labours, etc., pendant cinq ans, ci. 500 00

Total. 1,472 40

Produit.

1re année	»»	
2e année, 2 fruits sur 333 arbres.	666	
3e année, 5 fruits sur 333 arbres.	1,665	
2 fruits sur 333 arbres.	666	
4e année, 10 fruits sur 333 arbres.	3,330	
5 fruits sur 333 arbres.	1,665	
5e année 15 fruits sur 333 arbres.	4,995	
10 fruits sur 333 arbres.	3,330	
2 fruits sur 333 arbres.	666	

Total. . . . . 16,983 fruits.

Ces fruits, de qualité inférieure, vaudront au maximum 5 centimes, 16,983 fruits à 5 centimes.   849 15

La plantation coûte. 1,472 40

Il reste donc une somme de 622 fr. 25 c. non remboursée par la plantation.

La différence de l'achat était de.. . . . .   250 00

Au bout de 5 ans, les bons fruits donnent un bénéfice de. 3,426 00

Les inférieurs une perte de. 622 25

Différence. 4,042 85

De plus, le produit des bons arbres est certain; celui des mauvais sera toujours inconstant, et ils entraîneront chaque année le propriétaire à des dépenses de remplacements.

Ces chiffres sont dictés par l'expérience; que chaque propriétaire compte le nombre d'arbres qu'il a plantés et vus mourir sans rapporter un fruit; qu'il ajoute à cela le prix des soins, le temps perdu, et il verra que mon calcul est au-dessous de la réalité.

En principe, il ne faut jamais planter que des greffes d'un an, si on veut obtenir une bonne végétation et une prompte fructification. Voici pourquoi :

Une greffe d'un an peut être déplantée avec toutes ses racines; l'arbre très jeune et pourvu de tout son appareil de racines pousse vigoureusement la seconde année. En outre, ce même arbre n'ayant jamais reçu de taille n'offre aucune difformité et est exempt des nombreuses maladies causées par les mauvaises amputations.

On a généralement la mauvaise habitude de planter des arbres très gros, dans l'espoir d'obtenir des fruits plus vite. Voici ce qui a lieu : L'arbre déjà fort est pourvu d'un volumineux appareil de racines; la moitié et souvent les trois quarts de ses racines sont brisées par le fait de la déplantation. On plante un arbre mutilé, il souffre pendant trois ou quatre ans et meurt après avoir donné quelques fruits qui atteignent à peine la moitié de leur volume. Si on eût planté une greffe d'un an, on aurait obtenu un excellent arbre en trois ou quatre ans.

Dans tous les cas, nous planterons des greffes d'un an. Il faut que ces arbres aient poussé vigoureusement dans la pépinière, que les écorces du sujet soient bien lisses et exemptes de cicatrices, que celles de la tige soient vives, et tous les yeux bien formés. En outre, l'arbre doit être déplanté avec toutes ses racines. La section du chicot doit être faite ras de la greffe, et recouverte en partie.

Le pépiniériste est marchand avant tout ; il a de bons et de mauvais produits, il faut que tout soit vendu. Cependant, chaque fois qu'un propriétaire s'adressera à un pépiniériste habile et surtout consciencieux, il pourra toujours se procurer des arbres tels que je l'indique en les payant le prix. Il ne faut pas oublier que les beaux arbres font passer les vilains ; ils ont en conséquence plus de valeur, et outre cela la déplantation faite avec toutes les racines est beaucoup plus coûteuse que l'arrachage qui en brise les deux tiers.

Les arbres de choix valent en moyenne, suivant les années, de 60 à 70 francs le cent. Toutes les fois que le propriétaire payera un prix inférieur à celui-là, il sera exposé à acheter des arbres faibles, difformes, abîmés par de mauvaises tailles et ayant perdu une grande partie de leurs racines.

DIXIÈME LEÇON

—

CRÉATION DU JARDIN FRUITIER.

Avant de rechercher les conditions dans lesquelles nous devons placer le jardin fruitier destiné à la spéculation, et celui du propriétaire devant fournir l'approvisionnement de la maison, disons que la culture des arbres est incompatible avec celle des fleurs et des légumes.

Il faut affecter un emplacement spécial au jardin fruitier, un autre au potager et un autre aux fleurs et aux massifs. Ces trois cultures faites ensemble se nuisent réciproquement et ne donnent jamais que de mauvais résultats : l'ombre des arbres nuit considérablement aux légumes; les arrosements donnés à ceux-ci font d'abord pousser les arbres assez vigoureusement, mais les empêchent de se mettre à fruit, et finissent souvent par faire pourrir les racines. Les fleurs viennent mal dans la terre abondamment fumée du potager, elles nuisent beaucoup aux arbres fruitiers en absorbant une grande partie des engrais qui leur sont nécessaires, et en projetant leur ombre sur toutes les ramifications de la base.

Maintenant qu'il est convenu que le jardin fruitier ne doit renfermer que des arbres fruitiers, cherchons une situation, une exposition et une orientation convenables. Si le jardin fruitier est destiné à la spéculation, il doit être créé dans les meilleures conditions et avec la plus grande économie.

Il faut autant que possible choisir un terrain plat. Les terrains en pente présentent une foule d'inconvénients : l'inclinaison au nord donne prise aux gelées ; celle au midi est brûlante, celle à l'ouest trop humide ; l'inclinaison à l'est est moins mauvaise, mais comme les autres elle expose les arbres à être déchaussés par les pluies d'orage.

Le sol doit être de bonne qualité, de consistance moyenne, contenir en quantité égale les trois principaux éléments : argile, silice et calcaire, et avoir au moins 80 centimètres de profondeur.

Il faut éviter les endroits élevés ; les vents qui y règnent constamment tourmentent les arbres, déchirent les fleurs et font tomber les fruits. Les lieux humides, exposés aux brouillards, ne présentent pas moins d'inconvénients ; la température y est toujours abaissée ; les brouillards nuisent à la fécondation et tachent les fruits. On doit choisir un emplacement sain, exempt d'humidité, et autant que possible abrité des vents du nord et de l'ouest.

Le jardin fruitier doit être clos de murs, autant pour cultiver les espèces qui ne viennent qu'à l'espalier, que pour se défendre des maraudeurs. Si les murs sont faits, il faut les utiliser tels qu'ils sont ; mais si on doit les construire, il faut avoir soin de les orienter de manière à placer les angles du carré aux quatre points cardinaux, afin d'avoir les expositions mixtes du nord-est, nord-ouest, sud-est et sud-ouest, toutes excellentes et bien préférables à celles du nord, trop froide ; du midi, trop brûlante ; de l'ouest, toujours humide ; et de l'est quelquefois trop sèche. Il est urgent que les murs soient bien crépis, afin de n'offrir aucun refuge aux animaux rongeurs et aux insectes.

Le jardin fruitier destiné à la spéculation devant être créé avec la plus grande économie, il faut trouver, avant de l'établir, les premiers éléments de succès dans la situation, l'exposition, la qualité du sol, et toujours éviter d'avoir recours aux mouvements de terrain et aux amendements, très dispendieux lorsqu'ils sont pratiqués sur une grande échelle.

Le jardin fruitier du propriétaire sort de ces conditions; il est destiné à fournir l'approvisionnement d'une maison ou d'une famille seulement; on est souvent obligé de le placer dans l'endroit le moins convenable de la propriété pour conserver l'harmonie du parc, mais son étendue, toujours très restreinte, permet d'y faire toutes les dépenses de terrassements et d'amendements, avec la certitude d'obtenir un revenu au moins égal au capital dépensé la cinquième année après la plantation, s'il a été bien créé, bien planté et bien soigné.

Non seulement la disposition du jardin fruitier du spéculateur et du propriétaire ne sera pas la même, mais ces jardins seront plantés différemment. Ainsi le spéculateur doit abandonner toute idée de luxe et d'élégance, dès l'instant où son exécution peut diminuer le produit; il ne plantera que les variétés de fruits très fertiles et ayant le plus de valeur sur le marché; il ne cultivera souvent que deux ou trois variétés, quelquefois qu'une seule, suivant les débouchés.

Le propriétaire, au contraire, veut avant tout un joli jardin, une création en harmonie avec son parc, souvent une petite curiosité par sa disposition, les formes variées des arbres et la fertilité. Il lui faut en outre des fruits pendant les douze mois de l'année, et, indépendamment de cette production continue, il faut encore prolonger le plus possible la récolte des fruits de saison; les cerises, les abricots, les prunes et les pêches doivent fournir l'office pendant trois à quatre mois.

Malgré cette différence de distribution et de plantation entre le jardin du spéculateur et celui du propriétaire, mon enseignement de culture et de taille sera le même pour tous deux, le but étant le même : « PRODUIRE TRÈS

PROMPTEMENT ET EN GRANDE QUANTITÉ LES PLUS BEAUX FRUITS. »
J'indiquerai seulement les modes de distribution et de plantation de chacun de ces jardins.

La première chose à faire, lorsqu'on a choisi son emplacement, est d'en lever le plan et de l'étudier sur le papier. Si le jardin est destiné à la spéculation, il faut chercher le produit partout et dans tout, et tout lui sacrifier.

Si les murs sont exposés au nord, au midi, à l'est et à l'ouest, il faudra d'abord faire une plate-bande de deux mètres de large au nord et au midi pour y placer des cages d'espalier, seul moyen de remédier à la trop grande chaleur de l'exposition du midi, et de concentrer les rayons solaires qui glissent à celle du nord. (Voir cages d'espalier aux formes à donner aux arbres.) Devant les murs, à l'est et à l'ouest, on fera une plate-bande de 1 mètre 50 centimètres de large seulement, pour y planter des arbres d'espalier et un double cordon au bord.

On tracera ensuite une allée de deux mètres de large tout autour du jardin, afin de pouvoir circuler avec des brouettes ou même une voiture à bras pour charrier les engrais et les fruits. Le jardin sera ensuite coupé en quatre par deux allées également de deux mètres, l'une orientée du nord au midi, l'autre de l'est à l'ouest. Ensuite chacun des carrés sera divisé en plates-bandes de deux mètres de large, séparées par une allée d'un mètre. Ces plates-bandes seront orientées du nord au midi.

Le mode de plantation des murs sera subordonné à leur élévation. Les cordons obliques et verticaux produisent plus, et plus vite que toutes les autres formes. On devra planter des cordons obliques sur les murs de 2 m. 50 à 3 m. de hauteur, et des cordons verticaux contre ceux qui excèdent une hauteur de 4 mètres. Les murs de moins de 2 m. 50 c. seront plantés en palmettes alternes Gressent (Voir aux formes.)

On pourra planter en espalier au midi toutes les variétés de pêches mûrissant depuis la seconde quinzaine de septembre jusqu'à la fin de la saison ; les vignes précoces et le frankenthal, plusieurs variétés de poires d'hiver les bon-chrétien d'hiver, crassane, belle-angevine, bergamote-espéren, bergamote-royale d'hiver, beurré-clairgeau, etc.

En espalier à l'est, on plantera les variétés de pêches hâtives et de saison ; les variétés de prunes et de cerises hâtives, les vignes de saison et quelques variétés de poires : saint-germain, beurré gris, doyenné blanc, gris et d'hiver.

En espalier à l'ouest, quelques variétés de cerises et de prunes tardives, presque toutes les variétés de poiriers, surtout les beurrés d'Aremberg, triomphe de Jodoigne, doyenné d'hiver, délices d'Ardempont, etc.

Les murs au nord seront utilisés pour produire les cerises très tardives, duchesse de palluau, morello de charmeux et cerise du nord ; quelques variétés de pommiers : reinette de canada blanche et grise, reinette de Caux, etc. ; les variétés de poiriers suivantes : beurré capiaumont, fondante de charneux, doyenné blanc, beurré d'apremont, doyenné gris, duchesse, beurré diel, triomphe de Jodoigne, passe colmar, beurré d'Ardempont et doyenné d'hiver.

Les ailes des cages d'espalier, au midi, seront plantées avec toutes les variétés d'abricotiers, les fruits auront le même volume et la même précocité qu'à l'espalier, et la saveur du plein-vent. Celles des cages, au nord, avec les variétés de pommiers et de poiriers indiquées pour le nord.

Les cordons garnissant les plates-bandes d'espalier seront plantés au midi, en abricotiers, pruniers et cerisiers hâtifs ; à l'est avec les variétés de poiriers indiquées pour cordons unilatéraux ; à l'ouest et au nord avec toutes les variétés de pommiers, excepté les calvilles et les apis, qui viendraient mal au nord.

Les plates-bandes des quatre carrés seront plantées ainsi :

un contre-espalier à deux rangs de cordons obliques ou verticaux, placé sur le milieu de la plate-bande, et sur chaque bord un cordon unilatéral simple de pommiers. On choisira pour cette plantation les variétés qui conviennent au sol, viennent bien en plein vent, et se vendent cher. Le choix est subordonné à la localité et aux débouchés, mais en général les fruits d'hiver sont les plus avantageux à cultiver.

Si le jardin destiné à la spéculation est orienté comme je l'ai indiqué plus haut, et présente des expositions mixtes sur les quatre faces du carré, il faudra également orienter les lignes de contre-espalier du nord au midi, cela est facile en coupant les angles du jardin. L'orientation des grandes lignes du nord au midi est indispensable pour avoir une quantité égale de lumière sur les deux faces des contre-espaliers. Ainsi, à l'orientation du nord au midi, le soleil levant éclaire un côté, à midi il pénètre dans le centre, et le soir il éclaire l'autre côté, tandis qu'à celle du l'est à l'ouest, un côté est grillé par le soleil, tandis que l'autre reste dans l'obscurité du nord. La plantation des murs sera la même, seulement on ne mettra pas de cages d'espalier au nord et au midi; on y tracera des plates-bandes de 1 m. 50 c., et on plantera un cordon double au bord.

Le jardin du spéculateur, taillé la plupart du temps dans une pièce de terre, sera toujours à peu près carré; il n'en est pas de même de celui du propriétaire, qui souvent ne peut donner qu'une pointe de terre informe. Dans ce cas, c'est à celui qui crée le jardin à tirer parti du terrain qui lui est donné, à le dessiner de manière à faire un jardin agréable à l'œil, à y trouver toutes les expositions dont il a besoin, et à y installer les formes et les hauteurs d'arbres de façon à concentrer la chaleur et la lumière.

Il est presque impossible de donner un plan exécutable pour les jardins de propriétaires, tant ils varient de forme et d'orientation; sur cent, il n'y en a pas deux qui se ressemblent. Il faut, pour les créer, une grande expérience et de l'imagination ; tout ce que je puis faire dans ce cas, c'est de dire en principe les conditions dans lesquelles ces jardins doivent être établis, en laissant à celui qui crée le soin de faire un joli dessin et de trouver les expositions indispensables.

Quelle que soit la forme du jardin, les grandes lignes doivent être orientées du nord au midi et former le gradin, afin de répercuter la lumière et de concentrer la chaleur. Il faut, en outre, ouvrir son jardin au midi et le fermer au nord et à l'ouest pour le garantir des frimas et des tempêtes. C'est une étude de formes et de variétés à faire.

Admettons que le jardin soit carré ou à peu près, et orienté du nord au midi : nous procéderons à l'installation des espaliers comme pour le jardin destiné à la spéculation. Si la largeur nous le permet nous établirons au centre une allée de deux mètres, et de chaque côté de cette allée trois plates-bandes séparées par des allées de 1 mètr. 50 c. Les deux premières plates-bandes, celles qui touchent à l'allée du centre, auront 3 mètres 75 cent. de large, les secondes 2 mètres et les troisièmes 2 mètres. On plantera de chaque côté de l'allée centrale, sur les plates-bandes de 3 mètres 75 cent. de large : 1°, à 25 cent. du bord, un cordon unilatéral double de 80 cent. de hauteur ; 2°, à 1 mètre 20 cent. de ce cordon, des cordons Gressent de 1 mètre 40 cent. de hauteur ; 3°, à 50 cent. de l'autre bord, des palmettes alternes de 1 mètre 60 cent. de hauteur. Les deux secondes plates-bandes seront plantées en vases de 2 mètres d'élévation, et les deux troisièmes porteront chacune un contre-espalier de 3 mètres de hauteur (Voir aux formes.)

En procédant ainsi, les arbres des deux côtés du jardin présenteront les hauteurs suivantes du bord au milieu : 3 mètres, 2 mètres, 1 mètre 60, 1 mètre 40 et 80 centimètres. Ces étages d'arbres offriront deux gradins agréables à l'œil ;

le matin, le soleil levant, en frappant l'un, reflétera la lumière sur l'autre ; à midi, la chaleur sera concentrée dans cette espèce d'entonnoir, et le soir l'autre côté éclairé, par le soleil couchant, reflétera encore la lumière sur la partie éclairée le matin.

Il sera facile de réserver au nord de cette plantation un espace suffisant pour y planter une ou deux lignes d'arbres à cinq ailes, ayant une hauteur de 6 mètres au moins, pour la garantir des vents du nord. On choisit pour cela des variétés très rustiques et très vigoureuses.

Le tracé que j'indique ici comme exemple sera modifié quatre-vingt dix fois sur cent, à cause de l'étendue et de la configuration du terrain. C'est, je le répète, à l'opérateur à chercher ses lignes, à créer ses expositions et à choisir ses formes, pour faire un tout joli et fertile. Dans tous les cas, on ne devra jamais enfreindre cette règle :

Laisser entre le mur et la première ligne d'arbres en plein-vent une distance égale à une fois et demie la hauteur de celle-ci. Pour les contre-espaliers, une distance égale à leur hauteur est suffisante ; les autres formes, surtout lorsqu'elles sont destinées à des fruits à noyau, demandent une distance d'une fois et demie leur hauteur. En outre, quand on établira une plantation en gradin, il faudra avoir le soin de placer les espèces qui demandent le plus de chaleur, comme les abricotiers et les pruniers, dans la partie la plus basse.

Lorsque le plan a été bien étudié, on en fait le tracé sur le terrain ; dès que ce tracé est fait au cordeau, il est bon de creuser tout de suite les allées de 5 ou 10 centimètres, pour que la pluie ne les efface pas ; puis on place à chaque angle de plate-bande de longs piquets assez solidement enfoncés pour que les terrassiers ne les dérangent pas, et on procède au défoncement.

Avant de parler de la préparation du sol, un mot sur l'étendue du jardin fruitier est nécessaire. Les propriétaires sont tellement habitués à la disette des fruits, qu'ils sont toujours tentés de créer des jardins fruitiers immenses. Lorsqu'un jardin a été bien créé, que chaque espèce et chaque variété est à sa place, et que les arbres sont bien taillés et bien cultivés, on peut compter sur un produit de mille fruits par are, la sixième année après la plantation ; un jardin de quatre à six ares est suffisant pour une maison ; quand on y consacre dix ares, il faut avoir une famille nombreuse ou vendre les fruits. Je vois souvent des arpents entiers couverts d'arbres fruitiers qui ne fournissent pas la provision de la maison ; les propriétaires auraient un bénéfice notable à créer un jardin fruitier, n'eût-il que quatre ares. Ce jardin leur donnerait chaque année quatre mille fruits ; le bois de leurs vieux arbres, et surtout la suppression de la main-d'œuvre qu'ils exigent, les rembourseraient bien vite de la création d'un petit jardin fruitier dont le produit serait assuré.

ONZIÈME LEÇON

—

PRÉPARATION DU SOL.

Lorsque le sol est de même qualité jusqu'à la profondeur d'un mètre, il n'y a qu'à défoncer les plates-bandes en plein ; mais si on trouve de la mauvaise terre à une profondeur de moins d'un mètre, il faut retirer des allées toute la bonne terre, la jeter sur les plates-bandes, et mettre à sa place la mauvaise terre des plates-bandes. Lorsqu'on a un amendement à introduire dans le sol, il faut le répandre également sur les plates-bandes avant de défoncer.

Les défoncements doivent être faits à une profondeur de 80 centimètres dans les sols argileux, d'un mètre dans les sols de consistance moyenne, et d'un mètre 20 centimètres dans les sols siliceux. Voici comment on procède: On ouvre sur un bout de la première plate-bande du jardin une tranchée de la profondeur voulue sur une longueur de deux mètres ; on porte la terre avec la brouette à l'extrémité de la dernière plate-bande. Le terrassier coupe avec sa pioche une tranche de terre de 30 à 40 centimètres d'épaisseur, en ayant soin de mélanger la terre du dessus et du dessous en la faisant tomber au fond de la tranchée; il ramasse ensuite cette terre avec la pelle, la jette derrière

5.

lui, et ainsi de suite jusqu'au bout de la plate-bande, où il
reste un vide qu'il bouche avec la terre de l'ouverture
de la tranchée de la plate-bande voisine. On marche ainsi
jusqu'à la dernière plate-bande, où on trouve la terre de
l'ouverture de la première tranchée pour combler le dernier vide.

Il est urgent de bien mélanger ensemble toutes les couches de terre, et, dans tous les cas, celui qui défonce ne
doit se servir que de deux outils : la pioche et la pelle. J'insiste sur ces deux points parce que les personnes peu habituées à faire exécuter ces sortes de travaux se laissent souvent influencer par les ouvriers, et il en résulte toujours
pour elles une dépense double au moins pour faire un mauvais travail.

Le mélange des diverses couches de terre est indispensable pour former le sol de la profondeur d'un mètre de
même qualité et surtout de même consistance. Les racines
de la plupart des espèces n'atteignent jamais cette profondeur, mais cette terre remuée profondément, fournit toujours aux racines, par l'effet de la capilarité, l'humidité
dont elles ont besoin. Lorsque le défoncement est moins
profond, ou que le mélange des terres est mal fait, la sécheresse atteint presque toujours les arbres.

J'insiste sur l'emploi de la pioche et de la pelle, en pros-
crivant la bêche d'une manière absolue, parce que les ouvriers qui n'ont pas la pratique des défoncements veulent
toujours les faire à la bêche. Voici ce qui a lieu dans ce
cas : Ils enlèvent le premier fer de bêche, la terre la meilleure et la jettent au fond de la tranchée; le second fer de
bêche vient recouvrir le premier, le troisième recouvre le
second, et enfin le quatrième, le fond de la tranchée, forme
le dessus du sol. C'est un travail pitoyable, le sol retourné
sens dessus dessous peut rester infertile pendant quelques
années ; si la terre est un peu argileuse, chaque coup de
bêche forme une petite brique, la terre n'est pas aérée, les
mottes ne sont pas brisées; il eût mieux valu se tenir tran-

quille. Indépendamment de ces graves inconvénients, le défoncement à la bêche revient très cher, surtout quand il est fait à la journée.

Les défoncements doivent être exécutés par un temps sec; il faut veiller à ce qu'ils soient bien faits, et ne jamais les donner à faire qu'à la tâche. Le prix moyen du mètre cube est de 20 centimes. A ce prix, il y a avantage pour le propriétaire et bénéfice pour l'ouvrier laborieux.

Lorsque le défoncement est fait, on laisse la terre se tasser pendant un mois ou six semaines, puis on pose les palissages, ensuite on fume abondamment les plates-bandes en plein, et on enterre la fumure par un labour. Les défoncements peuvent se faire en toute saison, cependant il est préférable de les exécuter avant l'époque des pluies, qui souvent vous font perdre un temps précieux.

Lorsque le jardin a besoin d'être drainé, on peut procéder au défoncement sans se préoccuper du drainage; il peut se faire après coup, et même après la plantation; les drains étant toujours placés dans les allées, ainsi que le collecteur.

DES PALISSAGES.

Tous les arbres du jardin fruitier son soumis à des formes déterminées avant la plantation. Le but de la forme qu'on leur impose est d'augmenter leur produit en couvrant tous les espaces qui leur sont affectés. De plus, les arbres du jardin fruitier, appelés à donner chaque année une récolte à peu près égale, doivent être solidement attachés à des palissages susceptibles de porter un abri momentané.

On ne palissait guère autrefois que les arbres en espaliers; occupons-nous d'abord des murs. Le plus ancien et

le meilleur des palissages, sur les murs crépis au plâtre,
est le palissage à la loque, employé à Paris et dans ses environs. Il consiste à passer la branche dans un petit morceau de drap ou de toile, que l'on fixe sur le mur avec un
clou. Ce mode de palissage est impraticable sur les murs
crépis au mortier; alors il faut avoir recours au treillage
ou au fil de fer.

On fait le treillage de deux manières : avec du bois
fendu et attaché avec du fil de fer. Ce genre de treillage revient à un franc le mètre : il dure dix ans à peine, exige
de fréquentes réparations et offre deux immenses inconvénients : le premier est de servir de refuge à tous les
insectes; le second, de casser une grande partie des boutons à fruits des arbres, en enlevant le vieux treillage
usé et en plaçant le neuf.

Le treillage scié, cloué et peint dure plus longtemps,
quinze ans environ; il est moins dangereux pour les insectes, mais il coûte 1 fr. 50 à 2 fr. le mètre. Ce treillage né-
cessite, comme le précédent, l'emploi des baguettes ou
des lattes, quand on veut soumettre un arbre à une forme
régulière et obtenir des branches droites.

Reste le fil de fer galvanisé, dont la durée est infinie,
qui n'offre pas de repaire aux insectes et ne demande pas
de réparations; de plus, il coûte beaucoup meilleur marché que les plus mauvais treillages.

Voici le mode le plus économique de placer des fils de
fer sur les murs, il m'a été conseillé par une grande pratique et je l'ai adopté dans tous les jardins que je crée : Je
fais sceller solidement, à chaque extrémité du mur, des
clous ronds galvanisés, le premier à 40 centimètres du sol,
les autres à 50 centimètres de distance, jusqu'au haut du
mur, ce qui me donne six lignes de fils de fer pour un
mur de trois mètres d'élévation. J'enfonce, tous les cinq
mètres, avec un marteau, des supports galvanisés, sur
toutes mes lignes; je fais passer le fil de fer dans les supports, je le fixe à une extrémité du mur sur les clous ronds,

puis je le tends par l'autre bout avec des raidisseurs Collignon ou avec le raidisseur portatif, ce qui est plus économique. J'opère de la même manière pour toutes les formes d'arbres; si ce sont des cordons obliques ou verticaux, je place une latte de sciage à la place que doit occuper chaque arbre, j'attache dessus le bourgeon de prolongement, et il pousse aussi droit que la latte elle-même (pl. 6, fig. 1). Si je veux faire des grandes formes, je les dessine avec les mêmes lattes, que j'attache sur les fils de fer avec du fil de fer très fin, et je n'ai plus à m'occuper de mon palissage que pour ôter les lattes quand l'arbre est formé.

Maintenant calculons le prix de revient de chacun de ces palissages sur un mur de 100 mètres de long et 3 mètres de haut.

1° Treillage éclaté, 300 mètres à 1 fr.......... 300 »

2° Treillage scié, cloué et peint, 300 mètres à 1 fr. 60 c. tout posé.................... 480 »

3° Fil de fer galvanisé, 6 lignes, 12 clous ronds galvanisés, à 10 c.......... 1 20

360 Supports galvanisés à 7 c........... 25 20

20 kilos fil de fer galvanisés à 1 fr. 20 c. 24 »

Scellement, pose des supports et des fils de fer au raidisseur portatif...... 30 »

} 80 40

Dans une période de 30 années le treillage fendu renouvelé deux fois coûtera.............. 900 »

Le treillage scié, cloué et peint renouvelé 1 fois coûtera........... .... 960 »

Le fil de fer............................. 80 40

Si je portais les frais d'entretien en ligne de compte, il y aurait encore désavantage pour le treillage. Il serait plus dispendieux de l'entretenir que de renouveler les fils de fer.

Si on voulait employer le treillage pour les palissages de plein vent, indépendamment de l'impossibilité d'y élever convenablement les arbres et du prix de revient excessif, on aurait encore l'inconvénient d'avoir un jardin qui ressemblerait à un parc à moutons. Le fil de fer seul est possible pour les palissages de plein vent, contre-espaliers, palmettes alternes, cordons, etc.

Les fils de fer des palissages de plein vent sont attachés de chaque bout à une pierre enterrée dans le sol, et soutenus par des supports en fer ou en bois. Le fer est plus agréable à la vue et plus solide, mais il coûte plus cher que le bois; il doit être proscrit du jardin d'exploitation. Le propriétaire seul aura à choisir entre le fer et le bois, mais dans les deux cas il ne devra se fournir de ces objets que dans les maisons qui les font en grande quantité, il y trouvera une notable économie.

Le plus important de tous les palissages de plein vent est celui du contre-espalier; sa hauteur, de 2 mètres 50 pour les cordons obliques, et de 3 mètres pour les cordons verticaux, exige une solidité d'autant plus grande qu'il donne prise aux vents les plus violents, ceux de l'ouest. Dans l'origine, ces contre-espaliers ont été établis assez solidement, mais avec une prodigalité de fils de fer très coûteuse et désagréable à l'œil. L'expérience m'a fait adopter les modifications suivantes qui, en offrant une économie notable, donnent toutes les garanties de solidité.

Pour les contre-espaliers des jardins destinés à la spéculation, où on en place plusieurs lignes parallèles : prendre des poteaux de sapin de 3 mètres 50 de long et de 12 centimètres de diamètre, et les passer au sulfate de cuivre pour augmenter leur durée. On choisit ensuite les plus forts de ces poteaux, on leur donne un peu plus de longueur pour les placer inclinés à chaque extrémité des contre-espaliers, où la résistance est plus grande, et on procède ainsi à la pose :

On commence par mettre un jalon à chaque bout de la plate-bande et au milieu de celle-ci, où doit être placé le contre-espalier. On place ensuite deux autres jalons à 2 mètres de distance des premiers, puis on mesure la distance qui reste entre ces deux derniers jalons, on la divise par fractions de 6 à 7 mètres et on pose un jalon à chaque intervalle. La place de chacun de ces derniers jalons sera occupée par un poteau appelé support intermédiaire (A. pl. 6, fig. 2); celle des deux jalons placés à 2 mètres de chaque extrémité par un poteau un peu plus fort appelé montant (B. pl. 6, fig. 2) et celles des deux premiers par une pierre enterrée sur laquelle on attachera tous les fils de fer (C. pl. 6, fig. 2).

On fait ensuite des trous de 60 à 70 centimètres de profondeur à la place de chaque jalon. On choisit deux fortes pierres ayant une longueur de 30 centimètres environ pour placer à chaque extrémité de la plate-bande (C. pl. 6, fig. 2). On fait à ces pierres deux colliers bien solides en fil de fer n° 18, on laisse 14 centimètres d'écartement entre ces deux colliers, distance voulue pour placer les lignes d'arbres, et on pratique à chacun de ces colliers une boucle solide, en fil de fer double, dans laquelle tous les fils de fer viendront s'agrafer (pl. 7, fig. 1).

On place d'abord ces deux pierres munies de leurs colliers dans les deux trous qui bordent la plate-bande ; on les ajuste de manière à ce que le milieu de l'écartement des deux colliers corresponde au milieu de la plate-bande et à ce que chacune des boucles des colliers soit placée rez de l'allée. Ensuite on comble le trou en partie, de façon à laisser à découvert les deux boucles des colliers, afin de pouvoir y passer les fils de fer. Ces deux pierres étant le premier point de résistance demandent à être enterrées avec soin; il faut jeter très peu de terre à la fois et la bien tasser avec les pieds au fur et à mesure.

Immédiatement après les pierres qui portent les colliers, on pose les deux montants pour lesquels on a choisi les poteaux les plus forts. Nous avons dit que ces poteaux devaient avoir 3 mètres 50 à 3 mètres 80 de longueur hors de terre. Les montants, étant le second point de résistance, doivent être très solides; ils ne seront pas posés verticalement, mais inclinés sur un angle de 60 degrés environ pour leur donner plus de force (B. pl. 6, fig. 2).

Le pied des montants sera placé au second jalon, à 2 mètres du bord de la plate-bande ; la tête sera inclinée sur les colliers de manière à former une ligne verticale de la tête du montant à la boucle des colliers. On met d'abord une pierre plate au fond du trou afin d'empêcher le montant de s'enfoncer en terre ; ensuite on l'ajuste de manière à ce que le pied soit bien au milieu de la plate-bande et que la tête forme une ligne verticale avec la boucle des colliers, en ayant une hauteur de 3 mètres au-dessus du sol. Lorsque les montants sont bien ajustés, on les cale avec quatre ou cinq pierres, on soude le tout avec du ciment, et dès qu'il est bien pris on bouche le trou complétement en tassant la terre avec le pied (D. pl. 6, fig. 2.).

La pose des montants exécutée on procède à celle des supports intermédiaires ; ils sont placés verticalement et enterrés de 50 centimètres. On met une pierre plate au fond du trou, on les cale, on les scelle, et on rebouche les trous comme nous l'avons dit plus haut, en ayant soin d'aligner les supports sur les montants et de les placer bien droits.

Dès que les montants et les supports intermédiaires sont posés, on s'occupe d'enfoncer les pitons à vis dans lesquels on fera passer les lignes de fil de fer (E. pl 6, fig. 2). Il en faut quatre sur chaque face du contre-espalier ; la première à 40 centimètres du sol, et les trois autres à 85 centimètres de distance ; la dernière est placée à 5 centimètres de haut, c'est suffisant pour que la vis morde bien. Lorsque les pitons sont enfoncés sur les montants et sur chaque support aux distances voulues, on pose les fils de fer.

Un homme placé à un bout du contre-espalier, tient le rouleau de fil de fer n° 14 et le déroule au fur et à mesure, pendant qu'un autre qui tient le bout le fait passer dans tous les pitons et va le boucler au collier placé à l'autre extrémité. La boucle faite, l'homme qui tient le rouleau coupe le fil de fer à la longueur voulue pour le boucler dans l'autre collier. Lorsque les huit lignes sont placées, on bouche le trou des colliers sur lesquels elles sont bouclées d'un bout, en ayant le soin de bien tasser la terre, puis on attache le raidisseur portatif aux colliers de l'autre bout ; on tend jusqu'à ce que les fils de fer ne ballottent plus ; on boucle aux autres colliers, on enlève le raidisseur portatif et on bouche le trou.

Il ne reste plus ensuite qu'à mettre une latte de sciage à la place que chaque arbre doit occuper, à l'attacher sur les fils de fer avec du fil de fer très fin, à fumer, labourer et planter.

Quand il y a plusieurs lignes parallèles de contre-espalier, il est urgent de les relier entre elles par un fil de fer transversal bien raidi, placé en haut des montants seulement (A. pl. 7, fig. 2). On enfonce aussi en haut des montants de la première et de la dernière ligne, et du côté opposé un piton à vis dans lequel on boucle un fil de fer n° 18 qu'on boucle de l'autre bout, après l'avoir bien raidi, dans un collier enterré au bord de la plate-bande (B. pl. 7, fig. 2). Installés ainsi, les contre-espaliers bravent tous les ouragans. Quand il n'y a qu'une seule ligne, on met un fil de fer n° 18 de chaque côté des montants, et on le boucle à un collier fixé à une pierre dans le sol; c'est suffisant, lorsqu'il est bien raidi, pour empêcher toute oscillation (pl. 7, fig. 3).

La pose des contre-espaliers montés en bois est la même dans le jardin du propriétaire, avec cette seule différence qu'au lieu de sapin rond on prend du cœur de chêne scié, dont la durée est infinie lorsqu'il a été injecté de sulfate de cuivre.

Les montants des contre-espaliers en fer sont faits avec une jambe de force en fer de 20 millimètres (A. pl. 7, fig. 4), les supports en fer plat; le tout portant des barres d'écartement de 14 centimètres, rivées sur les montants et les supports (B. pl. 7, fig. 4). Les montants sont scellés au plomb ou au ciment dans une forte pierre de taille (C. pl. 7, fig. 4), et les supports sont montés dans des bois traités au sulfate de cuivre (D. pl. 7, fig. 4). La monture en fer est plus coûteuse, mais elle dispense des fils de fer latéraux, elle est plus durable, plus légère et surtout plus élégante que le bois.

Les palissages des palmettes alternes, élevés de 1 mètre 60 cent. et portant cinq lignes de fil de fer, se montent comme les contre-espaliers, mais avec cette différence qu'une charpente de 6 centimètres d'équarrissage suffit, et qu'au lieu de maçonner les montants et les supports, on se contente de placer un T en bois au bout des montants (pl. 7, fig. 5), et d'appointir les supports que l'on enfonce en terre avec le maillet (pl. 7, fig. 6).

Les cordons unilatéraux à un, deux et trois rangs, se posent comme les palmettes alternes ; on emploie des pitons à vis pour les montants, et des pointes à crochets galvanisées pour les supports.

J'ai souvent parlé du raidisseur portatif ; c'est le moment de dire quelques mots de cet ingénieux instrument, dû à l'esprit inventif de M. Lecomte de Postel, ancien notaire, et aujourd'hui viticulteur distingué à Beaugency ; et à la collaboration de M. Jules Gallard, serrurier à Beaugency. M. Lecomte de Postel, très partisan du palissage de la vigne sur fil de fer, reculait devant la dépense occasionnée par les raidisseurs Collignon. Ces messieurs ont trouvé le moyen de s'en passer en inventant le raidisseur portatif.

Ce petit instrument, aussi commode qu'économique, tend les fils de fer plus serrés que tous les autres raidisseurs, d'un seul coup, sans faire de nœuds, et permet de retendre à volonté quand les fils de fer se desserrent. Il suffit de passer le crochet du raidisseur portatif dans l'anneau du collier ; de l'accrocher au clou de l'espalier ; de le fixer à un montant en fer ou en bois, et de le faire jouer dix secondes pour raidir tous les fils de fer, quelle que soit leur longueur et leur grosseur. Dès que le fil de fer est tendu, on le boucle et on retire le raidisseur portatif.

Non-seulement j'ai adopté le raidisseur portatif pour tous les jardins que je crée, mais encore je me suis fait un plaisir de le patroner en en prenant le dépôt chez moi. C'est une invention utile, qui lèvera bien des obstacles au palissage de la vigne sur fil de fer, et apporte une économie notable dans la création du jardin fruitier, en dispensant de l'achat d'un grand nombre de raidisseurs Collignon.

Le comice agricole de Vendôme a honoré le raidisseur portatif d'une médaille de bronze, en raison de l'économie qu'il apporte dans le palissage de la vigne, qui ne demande plus désormais que du fil de fer, des montants, des supports en bois et quelques pierres.

Le raidisseur portatif vient d'être breveté.

Immédiatement après la pose du palissage, on fume toutes les plates-bandes en plein avec l'engrais dont on dispose, avec des déchets de laine de préférence; si on achète les engrais, on enfouit cette fumure bien également par un labour, à 30 centimètres de profondeur, et ensuite on plante.

DOUZIÈME LEÇON

—

PLANTATION.

La plantation est l'opération la plus importante et la plus difficile dans la création du jardin fruitier; elle exige le concours d'une foule de connaissances et une longue expérience de la culture des arbres.

La plantation a une grande importance, en ce qu'elle est un des premiers éléments de succès; autant les résultats sont prompts et satisfaisants quand elle a été bien faite, autant ils sont ruineux, longs et difficiles à obtenir quand elle a été mal exécutée. Elle est l'opération la plus difficile, parce qu'après avoir consulté le goût du propriétaire, qui exclut toujours certaines variétés, il faut non-seulement en réunir un assez grand nombre pour lui donner une quantité égale de fruits à consommer *pendant chacun des douze mois de l'année*, mais encore donner à chacune de ces variétés la forme, l'exposition et les engrais qui conviennent à sa nature, et varient souvent suivant la composition des sols.

Presque toutes les fois qu'un homme spécial n'a pas présidé à la plantation du jardin fruitier, il en advient ce que nous voyons sans cesse dans la plupart des jardins. Des arbres bien portants et très vigoureux ne donnent pas de

fruits, ou des fruits pierreux, comme les quatre-vingt-
dix centièmes des Saint-Germains, des beurré-gris, des
doyennés d'hiver, bon-chrétiens d'hiver, etc., que nous
voyons en pyramide, tandis que les variétés préférant le
plein vent grillent contre un mur au midi et donnent aussi
des résultats négatifs. Le propriétaire ne récolte que des
fruits impossibles, et il lui répugne de faire abattre de
grands arbres pour en replanter d'autres.

On peut, il est vrai, changer le fruit de ces arbres; mais
c'est une opération longue et assez dispendieuse ; il y aurait eu beaucoup plus d'économie à bien planter.

Avant de demander les arbres nécessaires pour planter
le jardin fruitier, il faut examiner avec soin la liste des
variétés de chaque espèce pour se rendre compte de leur
époque de maturité et exclure les variétés que l'on n'aime
pas. On commence par les poires et par les pommes, les
deux espèces de plus longue durée et de plus longue garde.
On calcule le nombre d'arbres qu'il faut demander de
chaque variété, suivant leur époque de maturité, et de
manière à récolter un nombre égal de pommes et de poires
depuis le mois de juillet jusqu'au mois de juin de l'année
suivante, en étant très sobre toutefois de variétés de saison
mûrissant à la même époque, telles que les abricots, les
prunes et les pêches.

Je ne saurais trop insister sur l'urgence de ce classement
de variétés et sur le soin que l'on doit y apporter pour
éviter d'avoir, comme nous le voyons si souvent, des quantités de fruits qui se perdent pendant les mois de septembre, octobre et novembre, et en manquer totalement pendant tout l'hiver et le printemps, époque à laquelle ils font
le plus de plaisir.

Quand on a fait le classement des variétés de poiriers et
de pommiers, on procède à celui des cerisiers, des abricotiers, des pruniers et des pêchers, de manière à en prolonger la récolte le plus possible.

Les cerisiers doivent donner des fruits depuis la fin de

mai jusqu'à la fin d'octobre; les abricotiers, depuis le 15
juillet jusqu'à la fin de septembre; les pruniers, depuis la
fin de juillet jusqu'au 15 novembre, et les pêchers, depuis
la fin de juillet jusqu'au 15 octobre. (Voir la liste des variétés de chaque espèce.)

Lorsqu'on a choisi les espèces et les variétés que l'on
doit planter, il faut avoir le soin de faire transporter les
arbres, immédiatement après la déplantation, et de les
mettre en jauge aussitôt arrivés, variété par variété, dans
un coin du jardin où ils doivent être plantés, afin de laisser
les racines à l'air le moins possible. Si les arbres viennent
de loin, il faut les déballer et les mettre en jauge aussitôt
reçus.

La plantation demande à être faite très soigneusement,
mais aussi très vivement; pour atteindre ce double résultat on opère ainsi :

On commence par faire tous les trous et toutes les tranchées : des trous carrés de 50 centimètres de côté et de 40
de profondeur pour les poiriers, les cerisiers, les abricotiers, les pruniers et les pêchers, et de 30 centimètres cubes
pour les pommiers. Pour les cordons obliques et verticaux,
plantés à 40 et 30 centimètres de distance, on fait une
tranchée continue de la largeur et de la profondeur de
40 centimètres.

Malgré la fumure en plein qui a été donnée avant, il est
utile de mettre un peu d'engrais au fond des trous et des
tranchées, d'en déposer deux poignées environ à côté de
chaque trou et un peu sur toute la longueur des tranchées.
Ceci fait, on se dispose à planter.

Il faut être trois et même cinq pour planter très bien et
très vite un grand nombre d'arbres. Avec deux hommes,
j'habille les racines et je taille pendant que l'un ajuste
l'arbre et place les racines, tandis que l'autre lui sert de la
terre; avec quatre, le troisième chaule dès que j'ai taillé,
le quatrième palisse dès que le chaulage est sec. J'habille,

taille, plante, chaule et palisse 600 arbres par jour avec quatre bons manœuvres.

La plantation du jardin fruitier comprend cinq opérations principales : *l'habillage, la mise en terre, la taille, le chaulage* et *le palissage.*

L'HABILLAGE consiste à couper seulement l'extrémité des racines desséchées ou cassées ; la section ne doit être faite qu'*avec une serpette* bien tranchante, un peu en biseau et de façon à ce que la coupe du biseau repose à plat sur le sol (A. pl. 8, fig. 1). Ceci est très important, voici pourquoi : lorsque la coupe du biseau repose sur le sol, le cambium descend également tout autour de la plaie, y forme un bourrelet qui la recouvre très promptement, et bientôt ce bourrelet donne naissance à des racines (A. pl. 8, fig. 2), tandis que lorsque la section a été faite en sens inverse, c'est-à-dire que la pointe du biseau est piquée dans la terre et la plaie en hauteur, le cambium descend à l'extrémité du biseau, où il a beaucoup de difficulté à former un bourrelet, tout en laissant la plaie à découvert. Alors la cicatrisation est très longue, l'émission de racines n'a pas lieu, et, souvent, la plaie longtemps découverte est atteinte par les chancres ou la carie, qui font périr la racine au grand détriment de l'arbre (pl. 8, fig. 3).

L'habillage ne doit être appliqué qu'aux racines mutilées ou desséchées ; celles qui sont restées intactes doivent être conservées avec le plus grand soin, car elles sont toutes terminées par des spongioles, et nous savons que les spongioles sont les seuls organes ayant la faculté de puiser dans le sol l'eau et les substances nutritives qu'elle tient en dissolution, de les introduire dans l'arbre, où, sous le nom de séve, elles viennent concourir à l'accroissement.

Lorsqu'on plante un arbre avec toutes ses racines, il ne souffre de la déplantation que pendant la première année ; la seconde il pousse avec une vigueur extrême. Si on a coupé à ce même arbre la moitié ou les trois quarts de ses racines, en le plantant, ce que certains jardiniers appellent *rafraîchir les racines*, la reprise, s'il ne meurt pas, ce qui aura lieu six fois sur dix, sera très longue et très difficile. Voici pourquoi : Presque toutes les spongioles étant supprimées, la tige recevra une quantité de séve insuffisante pour développer des bourgeons. Il poussera quelques feuilles seulement, qui n'élaboreront pas assez de cambium pour former de nouvelles racines. L'arbre poussera quelques mauvais bourgeons pendant deux ou trois ans, et alors seulement qu'il sera pourvu de nouvelles racines, il commencera à pousser, si toutefois les écorces n'ont pas trop durci.

Immédiatement après l'habillage, on procède à la mise en terre. Voici comment on opère pour les arbres d'espalier : Si ce sont des cordons obliques ou verticaux, on fait une tranchée continue et on place une latte de sciage sur le mur, à la place qui doit être occupée par chaque arbre. Le premier manœuvre place son arbre en face de la latte, en laissant une distance de 15 à 18 centimètres entre l'arbre et le mur, et en ayant soin de placer la greffe en avant.

Cette distance entre l'arbre et le mur est nécessaire pour éviter de coller la moitié des racines contre le mur, et pour permettre à l'arbre de grossir sans être écrasé contre les pierres, ce qui arrive toujours quand on l'accole au mur. La pierre ne cède pas, et l'arbre, en grossissant en diamètre, subit une pression des plus dangereuses.

Les greffes doivent être placées en avant, d'abord parce qu'étant plus exposées à la lumière, les arbres végètent mieux, se redressent plus facilement, et que le mur offre à la section de la greffe un abri naturel contre les intempéries ; ensuite parce que la plantation faite ainsi est plus régulière et plus agréable à l'œil.

Lorsque l'arbre est ajusté, le premier manœuvre le tient d'une main et étale bien ses racines de l'autre tout autour et surtout en avant ; le second manœuvre pulvérise bien la terre avec la bêche, en jette très peu à la fois sur les raci-

nes, en secouant sa bêche de manière à la faire tomber
tout autour de l'arbre.

Les racines des arbres sont toujours placées par étages
superposés. Si on remplissait la tranchée tout d'un coup, la
terre, en tombant, réunirait l'extrémité des racines des différents étages par paquets au fond de la tranchée (pl. 8, fig. 4).
Il en résulterait, indépendamment d'une gêne excessive
pour les racines, que les spiongioles agglomérées sur le
même point ne profiteraient que des engrais placés sur ce
point; en outre les racines, enterrées trop profondément
et privées de l'influence de l'air indispensable à leur développement, fonctionneraient mal, et donneraient lieu à
une végétation malingre et chétive pendant deux années
au moins.

Pendant que le second manœuvre recouvre de terre le
premier étage de racines, celui qui tient l'arbre relève avec
une main les étages supérieurs, et couche avec l'autre chaque racine au fur et à mesure, dès que la terre arrive au
niveau de sa base. Aussitôt les racines placées et recouvertes de trois à quatre centimètres de terre, le même homme
prend un peu d'engrais et le répand à l'extrémité des racines; puis son aide recouvre le tout de terre pendant qu'il
ajuste l'arbre suivant.

Un arbre ainsi planté pousse toujours bien; ses racines,
placées comme avant la déplantation, bien étendues tout
autour et séparées par des lits de terre, profitent abondamment des engrais et fonctionnent avec la plus grande
énergie (pl. 8, fig. 5).

Il est urgent de planter tous les arbres de la même espèce
à la même profondeur, afin d'obtenir une végétation égale,
et surtout de les planter à la profondeur voulue. On peut
établir une moyenne de profondeur, suivant la nature du
sol, entre ces deux extrêmes.

Dans les sols argileux peu perméables à l'air, les premières racines ne devront être enterrées qu'à deux ou trois

6

centimètres de profondeur, et à dix ou douze dans les sols siliceux très exposés à la sécheresse.

Je ne saurais trop insister sur la profondeur à laquelle on doit placer les racines des arbres; on a généralement l'habitude de les enterrer trop profondément; il est même bon nombre de jardiniers qui enterrent complétement la greffe.

Nous savons que les racines ne peuvent vivre sans le concours de l'oxigène, et qu'elles pourrissent dès qu'on les soustrait à l'influence de l'air. Que se passe-t-il quand un arbre est planté trop profondément!

Les racines, privées d'air, fonctionnent mal, l'arbre reste chétif et souffrant pendant deux ou trois ans; quelquefois un nouvel appareil de racines se forme au-dessus de l'ancien; alors l'arbre part tout d'un coup et pousse très vigoureusement; on rabat l'ancienne tige sur les nouveaux bourgeons, et on a, après trois années d'attente, et quelquefois quatre, un arbre qui pousse comme il eût dû le faire la première année s'il avait été convenablement planté. Dans la plupart des cas, lorsque les racines sont soustraites à l'influence de l'air, l'arbre meurt d'asphyxie.

Lorsque la greffe est enterrée comme on le fait généralement dans certains pays, sous prétexte de donner de la vigueur aux arbres, voici ce qui a lieu : Les racines enterrées beaucoup trop profondément ne fonctionnent pas, les écorces durcissent, mais le bourrelet de la greffe, composé d'un amas de cambium, émet facilement des racines : c'est ce qui a lieu la seconde ou la troisième année; l'arbre pousse alors, mais vous avez un arbre affranchi (A. pl. 8, fig. 6). Ainsi si vous avez planté un poirier greffé sur cognassier ou un pommier greffé sur paradis, sujets faibles employés pour les arbres destinés à de petites formes et à produire de gros fruits très promptement, en raison de la faiblesse du sujet, vous obtenez le résultat contraire; le nouvel appareil de racines anéantit l'ancien; l'arbre devient d'autant plus vigoureux que ses nouvelles racines sont très

superficielles, et par conséquent exposées aux contact de
l'air. Alors le sujet n'existe plus, l'arbre s'est bouturé sur
place, vous avez un poirier ou un pommier franc, qui
pousse une forêt de bourgeons impossibles à maîtriser, ne
peut se mettre à fruit que lorsqu'il a acquis un grand développement, et qui, toutes choses égales d'ailleurs, donnera toujours des fruits plus petits et moins savoureux
que s'il eût vécu avec les racines du sujet; en outre les
fruits d'un arbre placé dans ces conditions se font attendre
plusieurs années.

On procède à la mise en terre des arbres isolés et de
plein vent comme pour ceux d'espalier. Les racines doivent
être étalées de la même manière et séparées par des lits
de terre. Il est urgent de repiquer le trou ou de l'élargir
si les racines n'y entrent pas aisément, afin de pouvoir les
étendre, au lieu de couper les plus grandes, comme le
font la plupart des jardiniers pour s'éviter la peine d'a-
grandir le trou. On met, comme je l'ai déjà dit, un peu
d'engrais au fond du trou, et on en met un peu aussi lorsque les racines sont placées et recouvertes de quelques
centimètres de terre, en ayant soin de placer cet engrais
à l'extrémité des racines, et par conséquent à la portée
des spongioles.

Cette dernière fumure est d'un grand secours pour la
reprise de l'arbre quand elle est bien appliquée. J'insiste
sur ce point parce que généralement on agglomère les
engrais au collet de la racine (A. pl. 8 fig. 7): une fumure
ainsi placée est de nul effet; l'arbre ne peut jamais en
profiter, en ce qu'elle est hors de la portée des spongioles,
les seuls organes absorbants des racines. C'est toujours
à l'extrémité des racines et jamais au collet que les engrais
doivent être déposés. On a aussi généralement la mauvaise habitude d'enfouir les engrais trop profondément;
les eaux pluviales entraînent les parties qu'elles ont
dissoutes, et dans ce cas le sous-sol, où les racines ne
pénètrent pas, est parfaitement fumé, tandis que la

couche de terre dans laquelle elles vivent est privée d'engrais.

La dernière fumure, placée à l'extrémité et au-dessus des racines, lorsqu'elles ont été recouvertes de quelques centimètres de terre, produit des résultats immédiats et certains, en ce que dissoute, et entraînée par les pluies, elle vient saturer la couche de terre occupée par les spongioles et fournit une abondante nourriture à l'arbre.

Les jardiniers ignorants *avouent* que nous avons une superbe végétation, mais ils l'attribuent au hasard, *bien que ce hasard* se reproduise dans toutes nos plantations et dans tous les sols. Si ces braves gens-là employaient à étudier et à pratiquer la moitié du temps et de l'intelligence qu'ils dépensent à faire la guerre à la science et à plaider en faveur de la routine la plus aveugle et la plus ignorante, ils acquerraient bien vite la certitude que l'homme active la végétation à son gré, quand il sait et quand il se donne la peine de faire.

Dans aucun cas, on ne doit fouler les racines des arbres avec le pied. Cette pratique, trop usitée malheureusement, produit les effets les plus désastreux. D'abord elle brise la majeure partie des radicelles et prive l'arbre d'autant de spongioles; ensuite la terre sur laquelle on a piétiné est imperméable à l'air, sans l'influence duquel les racines ne peuvent croître et fonctionner. Lorsque le sol est très friable, on peut assujétir l'arbre en posant le pied très légèrement de chaque côté de la tige seulement.

Pour les plantations de plein vent : palmettes alternes, grandes formes et cordons, on place la greffe en avant; pour les contre-espaliers à deux rangs, en avant sur chaque face; pour les pyramides, formes à cinq ailes et vases, la greffe doit être orientée au midi.

Il faut toujours opérer sinon une taille, mais au moins des suppressions sur la tige des arbres qui viennent d'être plantés; cela est subordonné à l'état de leurs racines et à la forme à laquelle on les destine. Certains jardiniers les recèpent (les coupent au pied), c'est la plus déplorable de toutes les pratiques sur un arbre qu'on vient de planter. En supprimant la tige on prive non-seulement l'arbre du cambium de réserve dont l'action détermine la formation de nouvelles racines, mais encore on met des racines mutilées, et faibles par conséquent, dans l'obligation de produire des bourgeons assez vigoureux pour percer des écorces déjà dures, sinon l'arbre meurt; quand il ne meurt pas, il languit pendant plusieurs années, et il faut toujours supprimer la production de deux ou trois années quand il a formé un appareil de racines qui lui permet de végéter.

Quelques jardiniers plantent et ne taillent pas du tout; cela ne vaut pas mieux. Il y a toujours perte de racines à la déplantation, et cette perte est de moitié ou des trois quarts ; les racines, en admettant même qu'elles aient été bien placées en terre, ne peuvent fournir assez de séve à la tige pour déterminer la formation des bourgeons. Quelques feuilles seulement se déploient, les écorces durcissent, et l'année suivante l'arbre pourvu d'une mauvaise tige n'est pas enraciné.

Si l'arbre a été déplanté avec toutes ses racines et bien replanté, on peut le soumettre à la taille immédiatement, c'est une année de gagnée, mais *il faut pour cela qu'il ait été planté avec toutes ses racines.* Lorsque l'arbre, comme quatre-vingt-dix fois sur cent, a perdu la moitié ou les deux tiers de ses racines, il faut faire sur la tige une suppression égale à la perte des racines, afin que toutes deux soient en équilibre, condition indispensable pour donner lieu à une végétation satisfaisante. Si l'arbre a perdu la moitié ou les deux tiers de ses racines, il faut supprimer la moitié ou les deux tiers de la tige.

En opérant ainsi, on obtient toujours des bourgeons, et, quelque courts qu'ils soient, ils ont toujours donné lieu à l'émission de nouvelles racines; l'année suivante, l'arbre, pourvu d'une bonne tige et de bonnes racines, peut-être taillé, et poussera toujours vigoureusement.

6.

Le CHAULAGE, opération trop négligée dans la pratique, contribue puissamment à la reprise des arbres. On fait une bouillie un peu épaisse, composée de deux tiers de chaux éteinte et d'un tiers d'argile pour la rendre adhérente, et on en barbouille l'arbre tout entier immédiatement après la plantation.

Nous savons que la tige des arbres renferme dans les mailles du tissu vasculaire une certaine quantité de cambium de réserve qui concourt à la formation première des bourgeons, au réveil de la végétation. Lorsque l'arbre est replanté, les racines ne fonctionnent pas immédiatement. La tige ne reçoit donc pas de sève pour alimenter l'humidité qui lui est nécessaire, jusqu'à ce que les racines aient pris possession du sol. S'il survient quelques coups de soleil, ou, comme presque toujours au printemps, les vents desséchants de nord-est, le cambium de réserve s'évapore, et l'arbre meurt. Le chaulage, par sa teinte blanche, neutralise l'action des rayons solaires, il s'oppose à l'évaporation en formant croûte sur l'écorce; en outre, la chaux a la propriété de stimuler les forces végétatives et d'activer la reprise des arbres.

Dès que le chaulage est bien sec, on attache l'arbre après le palissage pour qu'il ne soit pas tourmenté par les vents, et immédiatement après on donne un bon labour pour rendre perméable la terre qui a été foulée; puis on ajuste le cordeau sur les piquets placés pendant le tracé; on redresse et on nivelle bien les plate-bandes; on retaille les allées; on enlève les piquets, et on paille abondamment pour conserver aux jeunes arbres la fraîcheur du sol.

Lorsque le jardin est terminé, il est bon de piquer autour de toutes les plates-bandes une bordure de fraisiers, non dans le but de récolter des fraises, mais pour attirer les vers blancs et les empêcher d'attaquer les racines des arbres. Les vers blancs mangent rarement les autres racines lorsqu'ils trouvent une certaine quantité de fraisiers, dont ils sont très friands; si on a le soin de visiter souvent les fraisiers du jardin fruitier, et de fouiller immédiatement au pied de ceux qui se fanent, on y trouvera presque toujours les vers, et, avec un peu de persévérance, on parviendra, sinon à les détruire, du moins à en diminuer considérablement la quantité

Je termine ici ce qui est relatif à création du jardin fruitier ; j'ai dit tout ce qu'il est possible de dire dans un livre. Les personnes qui ont suivi mes cours se les remémoreront en grande partie en lisant les pages précédentes ; celles qui n'y ont pas assisté, qui ont été privées de leçons pratiques, et qui n'ont pas vu de jardins fruitiers bien installés, éprouveront plus de difficulté à créer un jardin sans le secours d'un homme spécial. Cependant, en suivant exactement les indications que j'ai données, et surtout en ne négligeant aucun des soins que j'indique, j'affirme qu'une personne entièrement étrangère à la culture des arbres fruitiers, fera une plantation bien meilleure que la plupart des jardiniers, de ceux du moins qui n'ont que la pratique.

On acquiert beaucoup par la pratique, elle donne une grande expérience, et souvent elle apprend une foule de moyens que la théorie laisse ignorer ; mais je ne saurais trop le répéter, la pratique n'est rien sans une saine théorie, quand toutefois elle n'est pas nuisible en perpétuant des erreurs funestes. Certains jardiniers croient n'avoir plus rien à apprendre, parce qu'ils manient la bêche et le rateau depuis trente ans. Je veux bien leur accorder une grande supériorité dans le maniement de ces deux instruments, mais aussi une incapacité totale quand il faudra chercher sur le papier les lignes du jardin fruitier, y créer toutes les expositions nécessaires, calculer les angles solaires de manière à répartir à chaque arbre la lumière qui lui est indispensable, et peupler ce jardin de variétés de fruits qui, la plupart du temps, leur sont inconnues, et dont ils ignorent les besoins.

Il est facile, avec un peu de travail, d'entretenir un jardin fruitier bien créé dans un état de fertilité constant, mais il est très difficile, pour ne pas dire impossible, de le créer sans la réunion d'une foule de connaissances entièrement étrangères au jardinage vulgaire, et sans une profonde étude des variétés fruitières.

Lorsqu'un propriétaire est trop éloigné de nous, et veut créer un jardin fruitier lui-même, il peut le faire avec succès en nous envoyant :

1° Un morceau de terre pris à la profondeur de 30 à 40 centimètres dans le terrain à planter, afin de nous éclairer sur les variétés et sur les sujets que nous devons faire planter;

2° La configuration du terrain sur une échelle quelconque ;

3° L'orientation du terrain, son inclinaison, et la hauteur des murs ;

4° Quelques renseignements sur les cultures avoisinant le terrain à planter.

Muni de ces renseignements, je renvoie au propriétaire un plan de jardin fruitier avec toutes les indications et les dessins nécessaires pour défoncer, poser les palissages, etc., et une note de plantation où la place de chaque arbre est désignée. Avec cela, une personne qui ne sait rien peut parfaitement planter un jardin fruitier, mais à la condition de surveiller de très près l'exécution; de se conformer à tout ce que je conseillerai, et surtout ne rien laisser changer par les jardiniers. La plantation surtout demande la présence du propriétaire; car, je ne saurais trop le répéter, sur cent jardiniers de province, il n'en est pas quatre capables de planter un arbre sans mutiler les racines ou la tige ; de placer convenablement les racines en terre, et de les placer à la profondeur voulue.

Il m'est pénible de mettre sans cesse le propriétaire en garde contre la routine aveugle et opiniâtre qui préside souvent à la direction des cultures dont il ne s'occupe pas; mais, en qualité de professeur, je dois la vérité à tous. La science que j'enseigne est née d'une longue étude; elle ne peut s'acquérir que par l'étude. Je suis loin de faire un crime à un jardinier de ne rien savoir en arboriculture ; c'est une science très ancienne, mais nouvellement enseignée. La plupart du temps il a été dans l'impossibilité de l'acquérir. Cela est facile aujourd'hui, où les départements et les villes s'imposent pour faire enseigner l'arboriculture, et où plusieurs écoles imitent l'exemple des départements et des villes. Les jardiniers intelligents désirant s'instruire, et surtout ceux qui savent, trouveront nos avertissements utiles ; ils ne seront pris en mauvaise part que par ceux qui veulent rester ignorants, nient l'efficacité de la science, parce qu'ils ne la comprennent pas ou ne veulent pas se donner la peine d'étudier, et dépensent leur temps et leur intelligence à déblatérer contre elle.

Je ne m'occupe pas de cette opposition-là, ce serait perdre un temps précieux ; je réponds aux gens de mauvaise foi comme à ceux qui doutent, en leur montrant les résultats que j'ai obtenus, non seulement dans mon jardin, mais dans tous ceux que j'ai créés. Mes arbres produisent de deux à cinq fruits la première année après la plantation, de cinq à dix la seconde, de dix à vingt la troisième, de vingt à trente la quatrième, et quarante la cinquième. Quarante fruits, c'est le maximum de production des cordons obliques plantés à quarante centimètres de distance. Tous mes fruits, sans exception, sont énormes et excellents. Je montre à satiété ces résultats à ceux qui doutent ; ils les voient les mêmes dans *tous les sols*, et je réponds aux routiniers et aux ignorants qui nient la science : — Montrez-moi des résultats comparables à ceux que j'obtiens, je prendrai vos moyens empiriques en considération, montrez-moi mieux, je me ferai immédiatement votre disciple.

Il y a bien des années que je répète cela dans tous mes cours, et je suis encore à attendre un homme qui m'ait montré un produit comparable aux miens comme quantité et comme qualité.

L'enseignement a ses épines, comme toute autre chose ;

si nous avons le désagrément de soulever les criailleries, les médisances stupides et la malveillance des aveugles et des envieux, nous avons pour compensation l'estime et la considération des gens de bien ; les remerciements des propriétaires ; la sympathie d'une foule de jeunes gens intelligents et studieux, avides d'apprendre et de marcher avec leur siècle, et l'espérance d'atteindre un but qui est l'objet de l'ambition de tout homme de bien : celui d'être utile à son pays.

Le but de notre enseignement est plus élevé que ne le pensent tout d'abord les personnes étrangères à la culture des arbres ; nous voulons apporter un grand bien-être à la classe la plus laborieuse de notre pays, à celle des petits cultivateurs, et doter la France d'une nouvelle richesse.

D'après l'avis des agronomes les plus distingués, la production des fruits de table est destinée à devenir la troisième richesse du sol français ; elle sera classée immédiatement après celle des céréales et du vignoble, lorsque la science de l'arboriculture aura remplacé la routine.

Que voyons-nous, en effet, au début de l'art de l'arboriculture fruitière ? L'Angleterre, la Russie et tout le Nord de l'Allemagne tributaires de la France, enlevant chez le producteur, à des prix fabuleux, nos plus beaux fruits pour les exporter. La production de la France ne suffit pas à la centième partie des demandes.

Quelque grande que soit la production, les acheteurs ne manqueront pas ; mais il faut produire du beau, des fruits de bonne variétés, faciles à conserver et susceptibles de supporter un voyage. Les fruits médiocres encombrent nos marchés ; ils trouvent à grand'peine acquéreur à 1 fr. le panier ; un seul beau fruit est payé le même prix chez le producteur.

La routine produit un beau fruit sur cent ; la science produit le double, et tous fruits de premier choix ; de plus la récolte est égale chaque année.

Lorsque la science de l'arboriculture sera généralement adoptée, nous verrons, indépendamment des vastes exploitations fruitières, une foule de petits cultivateurs retirer des sommes importantes sur des murs abandonnés et sur des parcelles de terre qui produisent à grand peine quelques mauvais légumes. Alors nous aurons la satisfaction d'avoir été utile à tous, et le bonheur d'avoir créé sur notre sol une nouvelle et importante richesse sans porter préjudice à celles qu'il possède déjà.

Tout ce que j'ai dit relativement au jardin fruitier s'applique à toute la France, excepté cependant à la région de l'olivier sous laquelle les murs ne doivent pas être plantés, excepté à l'exposition du nord ; les arbres grilleraient contre les murs à toutes les autres expositions. De plus, il sera nécessaire d'augmenter la profondeur des défoncements de 20 centimètres et de planter un peu plus creux.

TREIZIÈME LEÇON

—

DE LA TAILLE.

La taille des arbres fruitiers a pour but :

1° De soumettre ces arbres à des formes régulières, occupant très peu d'espace et donnant beaucoup plus de fruits que les arbres abandonnés à eux-mêmes.

2° D'obtenir très promptement une grande quantité de fruits de premier choix et de première qualité.

3° D'égaliser chaque année la production des fruits.

Un arbre fruitier soumis à une des formes que nous indiquerons plus loin, ne laisse jamais de vide sur le mur ou sur le palissage contre lequel il est planté. Lorsque la charpente est formée, l'arbre ne produit plus d'autres branches, et chaque branche est couverte de rameaux à fruits de la base au sommet. Les fruits sont également répartis dans toutes les parties de l'arbre; ils sont tous de même grosseur, et les rameaux à fruits en fournissent chaque année plus qu'il n'est possible d'en conserver.

Ce résultat prendra peut-être la forme d'un problème insoluble aux yeux des personnes qui n'ont pas vu d'arbres bien tenus; il est certes bien éloigné de ceux que nous voyons dans la plupart des jardins, et cependant il n'est ni plus long, ni plus difficile de l'obtenir quand on sait soigner les arbres, que de les rendre infertiles, et souvent de les tuer en les mutilant sans cesse.

Avant de traiter des opérations de taille applicables à chaque espèce, nous examinerons les instruments à employer, le mode de coupe des rameaux, les principes généraux qui régissent la taille et les formes à donner aux arbres.

DES INSTRUMENTS.

Le meilleur de tous les instruments, et le seul qui devrait être employé dans la taille des arbres, est le plus ancien de tous, la serpette.

La serpette offre les avantages suivants :

1º D'expédier beaucoup plus vite que les meilleurs sécateurs, quand on sait s'en servir ;

2º De couper ras de l'œil sans laisser d'onglets, et par conséquent de permettre aux branches de pousser très droites ;

3º De produire des coupes très nettes, très vite cicatrisées, et n'exposant jamais l'arbre à des maladies.

En outre, les entailles pour équilibrer la charpente des arbres à noyaux, les nombreux cassements à opérer pour obtenir des rameaux à fruits sur diverses espèces, ne peuvent être faits qu'avec la serpette. Donc la serpette est indispensable, même pour ceux qui ne voudront pas se résigner à quitter le sécateur.

Je sais que les jardiniers ont la serpette en horreur, quelques-uns ont de bonnes raisons pour cela. En général, ils achètent des serpettes de 75 c. à 2 fr. 50. Ces instruments sont pitoyables ; ils ne coupent pas, sont mal montés, et la plupart du temps la lame a une courbe qui se refuse à toute amputation. Lorsqu'un jardinier s'est servi de pareils ou-

tils et qu'on lui met une bonne serpette dans la main, il se coupe les doigts. Voilà les inconvénients qui ont fait renoncer à la serpette et adopter le sécateur, qui, depuis qu'il existe, a tué plus d'arbres que toutes les maladies et tous les accidents possibles. Il suffit d'avoir de bonnes serpettes, et d'apprendre à s'en servir, pour éviter les inconvénients et cesser de martyriser les arbres.

La lame de la serpette doit avoir la courbe indiquée pl. 9, fig. 1, être faite avec le meilleur acier, tranchante comme un rasoir et toujours entretenue dans un état constant de propreté. (*On ne doit jamais couper de bois mort avec la serpette.*) Cette lame doit être solidement montée dans une forte garniture de fer, afin de ne jamais jouer dans sa monture, et la garniture doit être recouverte d'une corne de cerf pour bien tenir dans la main, pl. 9, fig. 1.

Les instruments indispensables pour la taille sont :

1° Une serpette grand modèle, pour tailler et opérer les cassements ;

2° Une serpette petit modèle, pour faire les tailles en vert, et pénétrer dans les ramifications rapprochées ;

3° Un greffoir, pour pratiquer les greffes et certaines opérations délicates ;

4° Une égohine ou scie à dents de brochet, d'une certaine force, pour démonter les grosses branches ;

5° Une petite scie à main, pour pratiquer les entailles sur les poiriers.

Tous ces instruments doivent être de première qualité, bien faits et bien montés surtout ; sans quoi l'opérateur s'exposera à de nombreuses déceptions et à des dépenses de réparations et de remplacements continuelles.

On peut se procurer tous ces instruments de première qualité, garantis, et un peu meilleur marché qu'en province, chez SALADIN, successeur de *Vigier*, rue du Faubourg-Saint-Antoine, 247, à Paris. Cette maison de coutellerie est spéciale ; elle ne fabrique que des instruments d'arboriculture, et je n'en connais nulle part qui puisse lutter avec elle pour l'excellence de sa fabrication, la loyauté et la complaisance qu'elle apporte dans toutes ses relations. En écrivant ou en faisant demander les instruments de MM. Du Breuil ou Gressent, on expédiera ou on remettra des instruments remplissant toutes les conditions voulues, d'une très longue durée.

La serpette grand modèle coûte 6 fr., petit modèle 5 fr.; le greffoir et la petite scie à main, montés dans des garnitures de fer, 5 fr. chaque; l'égohine coûte 10 fr. montée en fer et en corne, ou 3 fr. 50 c. avec un manche en bois. C'est donc une somme totale de 31 fr. à dépenser pour être pourvu d'excellents instruments, ne demandant jamais de réparations et dont on ne voit pas la fin. J'ai des serpettes de Vigier depuis plusieurs années, elles sont aussi bonnes que le jour où je les ai achetées, et je puis dire, sans crainte d'être démenti, que je taille plus d'arbres en une année que jamais jardinier n'en taillera pendant toute son existence.

Une dépense de 31 fr. est un peu lourde pour un jardinier, aussi va-t-il suivant sa bourse; il achète de mauvais instruments, et le résultat pour le propriétaire est de voir abîmer ses arbres. C'est au propriétaire à se pourvoir des instruments que j'ai indiqués, à les donner en compte à son jardinier, et même à l'en rendre responsable s'il ne les soigne pas ou s'il les perd. Alors le propriétaire aura le droit d'exiger des arbres taillés et non coupassés, comme dans les trois quarts des jardins que nous voyons, et si le propriétaire se donne la peine de regarder ses arbres, il trouvera toujours des ulcères, des chancres ou de la carie sur toutes les coupes du sécateur. Le propriétaire aura en outre le droit d'exiger toutes les greffes indispensables dans le jardin fruitier, opérations des plus urgentes, et toujours négligées sous prétexte de manque d'instruments.

L'emploi de bons instruments est une garantie de santé et de longévité pour les arbres. Je ne saurais trop insister et trop recommander les instruments de Saladin, dont nous nous servons tous, devant les imitations grossières faites par plusieurs maisons de Paris et de province. Ces imitations se vendent souvent plus cher, et ne sont pas même raccommodables.

J'ai dû jusqu'à ce jour proscrire le sécateur d'une manière absolue pour la taille des arbres fruitiers, et n'en permettre l'emploi que pour la vigne. Voici pourquoi : les sécateurs de tous les systèmes inventés jusqu'à présent déchirent les tissus du rameau ; la pression exercée par les lames écrase le bois ; il en résulte infailliblement ceci : si la coupe est faite rez de l'œil, il meurt ; un œil au-dessous pousse, et indépendamment de l'inconvénient d'avoir une branche tortue, vous êtes obligé d'enlever le chicot l'année suivante ; heureux si vous trouvez du bois sain, car la plupart du temps la mortalité est descendue jusqu'à l'œil qui a poussé, et vous enfermez du bois pourri dans votre branche qui, dans cet état, est brisée par le premier orage.

Les jardiniers savent si bien cela, qu'ils laissent un onglet de 15 à 20 millimètres au-dessus de l'œil ; le résultat st le même, l'œil pousse, mais le bourgeon, ne pouvant recouvrir le chicot écrasé par la pression du sécateur, il se décompose, la mortalité descend jusqu'au canal médullaire, et votre nouvelle pousse est supportée en partie par du bois pourri. Lorsque la branche ne casse pas, il se produit toujours un chancre ou un ulcère qui la fait périr quelques années après.

Malgré tout ce que nous avons pu dire et montrer dans nos leçons, la plupart de ceux qui avaient l'habitude du sécateur l'ont conservée ; il en est résulté la perte de la moitié des boutons à fruits. La force de l'habitude n'a pas cédé devant de semblables pertes. M. Aubert, frappé comme nous des désastres du sécateur, a rendu un immense service à l'arboriculture en inventant un nouveau sécateur très ingénieux, très bien fait, très solide, et ne présentant aucun des inconvénients de tous ses devanciers.

Les sécateurs de M. Aubert ont une grande puissance,

ls peuvent couper des branches très fortes; la coupe est presque aussi nette que celle de la serpette, ils n'exercent pas de pression sur le bois, et n'engendrent pas les fréquentes maladies que j'ai signalées. M. Aubert a inventé en outre un sécateur avec deux divisions de lames. Charmant et excellent petit instrument, pouvant servir à la taille des arbres fruitiers, et très précieux pour celle de toutes les espèces épineuses.

Les sécateurs de M. Aubert, je ne saurais trop le répéter, sont les seuls dont on puisse se servir sans danger pour la taille des arbres fruitiers. Non-seulement je les ai ajoutés à ma collection d'instruments, mais je les recommande à mes élèves et à mes lecteurs comme des instruments indispensables, et à l'exclusion de tous les autres sécateurs, qui ne doivent servir désormais qu'à couper du bois mort et à dépalisser les arbres.

M. Aubert a inventé d'autres instruments excellents et très commodes : deux très grands sécateurs à bras en bois, que l'on fait mouvoir avec les deux mains; l'un est à deux divisions de lames ; ces deux instruments, d'une grande puissance, coupent facilement des branches de cinq centimètres de diamètre, sans les mâcher et sans désorganiser le bois. Ils sont les plus utiles et surtout des plus expéditifs pour évider la tête des arbres à haute tige, pour les recépages dans le verger, la pépinière et le bois.

M. Aubert a ajou é à ces instruments un échenilloir fait d'après le même principe, avec lequel il est facile de couper de grosses branches sans monter dans les arbres; la branche est attaquée en-dessus, et son propre poids aide à la section, et une cisaille excellente pour tondre les haies.

Je ne fais qu'un reproche aux instruments de M. Aubert, c'est de n'être pas assez connus. Je lui donne avec le plus grand plaisir, comme à toute chose excellente, la publicité de cet ouvrage et celle de mes cours. De plus, j'ai chez moi un dépôt de ces instruments, afin de les propager le plus vite possible.

M. Aubert a reçu une récompense de 500 fr. du ministère de l'agriculture, douze médailles d'argent dans divers concours, notamment à Paris, et à la grande exposition nationale de Nantes.

COUPE DE BOIS.

Toutes les personnes qui taillent avec les anciens sécateurs laissent des onglets (pl. 9, fig. 2); ces ong.ets forcent le bourgeon qui pousse à dévier de la ligne droite, immense inconvénient, dont le résultat est de produire des gourmands, d'empêcher l'arbre de se mettr régulièrement à fruits, et de donner des fruits de grosseur inégale. Ces résultats se produisent sur toutes les branches tortues; la séve les détermine en affluant dans les coudes.

Quand on taille un arbre sur lequel on a laissé des onglets, le premier soin est de les enlever ras de la pousse, afin de permettre à la branche de se redresser (A, pl. 9, fig. 2). Lorsque les onglets datent de plusieurs années, il faut apporter l'attention la plus minutieuse à enlever tout le bois pourri, afin d'empêcher les chancres de ronger la branche et recouvrir la plaie de mastic à greffer. C'est une opération longue et ennuyeuse, mais elle est indispensable à la santé de l'arbre comme à sa production.

Quand on taille à la serpette, ce qui est toujours préférable, il faut prendre l'habitude de faire de bonnes sections, un peu en biseau et ras de l'œil. Cela est facile en prenant le rameau entre le pouce et l'index de la main gauche, à l'endroit où on veut le couper; en plaçant la lame de la serpette à la hauteur de l'œil et en donnant un coup sec. La lame de la serpette doit toujours agir au-dessus des doigts de la main gauche, et jamais en dessous de cette main, ce qui exposerait l'opérateur à se blesser.

La coupe de la serpette, toujours nette, doit être faite rez de l'œil et sans onglet (pl. 9, fig. 3); il faut avoir soin d'éviter les coupes en sifflet (pl. 9, fig. 4), pernicieuses pour la végétation de l'œil que l'on veut faire développer.

Lorsqu'on aura une grosse branche à couper, on se servira de l'égohine, mais il faut toujours unir ensuite la plaie de la scie avec la serpette, afin d'enlever toutes les parties déchirées, et recouvrir de mastic à greffer. Toutes les branches supprimées doivent être coupées rez le tronc et ne jamais présenter d'onglets (pl. 9, fig. 5), afin que les écorces puissent recouvrir la plaie sans obstacle et très promptement.

Une amputation bien nette, faite rez le tronc et soustraite à l'influence de l'air par une couche de mastic à greffer, est entièrement recouverte par les écorces en moins de deux ans. Dans cet état, elle ne présente ni inconvénient, ni danger pour l'arbre. Mais si cette même plaie, faite avec de mauvais instruments, est déchirée, présente des aspérités et est laissée exposée au contact de l'air, voici ce qui a lieu : Le bois mal coupé se décarbonise au contact destructif de l'oxygène de l'air ; les jeunes couches du liber, ne pouvant surmonter les aspérités de la plaie, ne la recouvrent pas ; le bois se décompose toujours ; il pourrit bientôt, tombe en poussière ; la mortalité atteint l'arbre jusqu'au cœur, et une fois parvenue au canal médullaire, elle ne tarde pas à descendre jusqu'au collet de la racine. Quand l'arbre ne sèche pas sur pied, le premier coup de vent le brise si on n'y apporte remède.

Beaucoup d'arbres fruitiers offrent ces exemples. On les arrache et on en replante d'autres en disant : « *Le terrain ne vaut rien pour les arbres.* » Il est facile de guérir un arbre carié jusqu'au cœur ; il faut s'en donner la peine, voilà tout. Voici comment on opère : il faut d'abord sonder la plaie et en extraire tout le bois pourri avec des instruments longs et flexibles. Si le cœur de la branche est décomposé sur une longueur de 40 à 50 centimètres, il faut, je le répète, extraire tout ce qui est décomposé et ne s'arrêter que lorsqu'on a retrouvé du bois sain. Cette opération faite, on avive l'orifice du trou avec l'instrument le plus tranchant, le greffoir, puis on gâche du ciment ni trop clair, ni trop épais, afin que les parcelles introduites puissent se lier ensemble. On met le ciment par petits morceaux dans la cavité, et on tasse chaque parcelle avec une baguette flexible ou une baleine, de manière à faire adhérer le ciment au fond et aux parois de la cavité : une vieille baguette de fusil en baleine est excellente pour cette opération. On bourre le ciment jusqu'à l'ouverture de la plaie ; on le laisse sécher un ou deux jours, et, quand il est dur comme une pierre, on avive les écorces avec la lame du greffoir jusqu'aux parties bien saines et l'on recouvre le tout de mastic à greffer. Il se forme très promptement des filets ligneux et corticaux qui bouchent totalement la plaie, et enferment la maçonnerie au centre de l'arbre. Lorsque l'opération a été bien faite, il faut l'avoir pratiquée soi-même pour en retrouver la place après quelques années.

Les grands arbres des parcs, auxquels on se contente de scier de très grosses branches, sont souvent cariés, non-seulement jusqu'au cœur, mais jusqu'au collet de la racine. Les déchirures de la scie produisent d'abord un chancre, la carie vient ensuite, et, quand elle a atteint le cœur de l'arbre, elle descend bien vite jusqu'au bas. La perte d'un grand arbre est souvent irréparable dans un parc; lorsqu'il est mort, le propriétaire se lamente, et cependant ce même propriétaire et son jardinier ont passé cent fois devant l'arbre, ont vu le chancre, puis la carie, et ils ont attendu, au lieu d'agir.

Un grand arbre creux jusqu'au collet de la racine peut encore être conservé bien des années. Il faut opérer comme pour les arbres fruitiers : ôter tout le bois pourri avec des instruments que l'on fait faire exprès si l'arbre en vaut la peine, et remplir la cavité avec du mortier de chaux, auquel on mêle des petites pierres; aviver les écorces de l'ouverture jusqu'aux parties bien saines, et couvrir de mastic à greffer. Le mortier sert de support à l'arbre et empêche l'air de pénétrer à l'intérieur. Dès l'instant où il n'y a plus de contact d'air, la décomposition s'arrête et les écorces venant bientôt recouvrir le tout, l'arbre se trouve dans le meilleur état et peut vivre encore pendant un siècle. J'ai mis, il y douze ans, environ plus d'une voiture de pierres et de mortier dans un énorme tilleul, et je mettrais aujourd'hui un étranger au défi de trouver la place de l'ouverture par où les matériaux ont été introduits.

QUATORZIÈME LEÇON

—

PRINCIPES GÉNÉRAUX DE LA TAILLE.

L'arbre, étant un être vivant et organisé comme l'animal, moins complétement organisé il est vrai, mais vivant et organisé comme lui, il souffre toujours des amputations, quelque bien faites qu'elles soient. EXCEPTÉ POUR LA RESTAURATION DES VIEUX ARBRES, ET DANS QUELQUES CAS EXCEPTIONNELS, ON DOIT S'ABSTENIR DE GRANDES AMPUTATIONS DANS LA TAILLE DES ARBRES, ET APPLIQUER PRESQUE TOUTES LES MUTILATIONS AUX PARTIES HERBACÉES.

Je proscris d'une manière absolue les rognages annuels que les jardiniers font subir aux arbres, sous prétexte de les diriger ou de les mettre à fruits. Le plus simple bon sens et l'expérience ont prouvé que cette méthode barbare, en affaiblissant et en tuant les arbres, ne produisait pas ou presque pas de fruits.

Notre but est de produire très promptement une grande quantité des plus beaux fruits; il nous faut pour cela des arbres bien portants et vigoureux. Si nous les affaiblissons chaque année par des mutilations, ils ne donneront plus que des fruits chétifs et pierreux, quand ils en donneront. En outre, les tailles courtes produisent une quantité de bourgeons latéraux vigoureux, et nous savons que les fleurs n'apparaissent jamais que sur les rameaux faibles. De là l'infertilité des arbres abandonnés aux jardiniers qui n'ont pas pris la peine d'étudier l'arboriculture.

Nous ne couperons jamais de branches pour équilibrer des arbres mal conduits, plus vigoureux dans une partie que dans l'autre; nous laisserons notre serpette dans notre poche; nous garderons tout le produit de la végétation, et nous distribuerons la séve avec plus de facilité et de promptitude que par de brutales amputations, en employant les moyens suivants :

1° LES INCLINAISONS. — Nous savons que la séve tend toujours à monter et qu'elle se précipite avec violence dans toutes les parties verticales de l'arbre. Si deux branches, qui doivent être d'égal vigueur, présentent une grande différence, inclinons presque horizontalement la branche forte, et plaçons la faible presque verticalement; avant la fin de la saison, elles seront toutes deux d'égale vigueur. On devra incliner l'une et redresser l'autre plus ou moins et suivant la disproportion qui existe entre les deux.

2° LES PALISSAGES. — Palisser sévèrement la branche forte, ce qui lui imprime une gêne qui modère son accroissement, et laisser en liberté la branche faible. Ce moyen est très énergique pour les arbres en espalier. La branche forte, palissée au mur, est privée d'une certaine quantité de lumière; la faible, que l'on avance en l'attachant sur un échalas, reçoit la lumière de toutes parts et croît avec une grande vigueur.

3° LES PINCEMENTS. — Pincer de très bonne heure tous les bourgeons de la branche forte, et même le bourgeon de prolongement si la disproportion est trop grande, et laisser intacts tous ceux de la branche faible. Les pincements faits sur la branche forte suspendent momentanément la végétation et l'accroissement, en privant cette branche d'un certain nombre de feuilles. La branche faible pourvue d'une grande quantité de feuilles, croît très rapidement.

4° LE SULFATE DE FER. — Le sulfate de fer, dissous dans l'eau (2 grammes dans un litre), a la propriété de stimuler la végétation. Asperger la partie faible avec cette dissolution le soir, après le coucher du soleil.

5° L'ENGRAIS LIQUIDE. — Nous savons que l'engrais liquide est assimilable à l'instant où on l'emploie; nous savons en outre que chaque branche produit une racine correspondante. Arroser avec de l'engrais liquide le côté faible de l'arbre; le pailler avec soin, afin de maintenir la fraîcheur du sol, et priver le côté fort de couverture pour l'exposer à la sécheresse et arrêter son accroissement.

6° SUPPRIMER DES FRUITS. — Les fruits absorbant une grande quantité de séve, nous enlèverons tous ceux des branches faibles, et conserverons ceux des branches fortes.

7° GREFFER DES BOUTONS A FRUITS. — Ce moyen est très énergique pour arrêter l'accroissement démesuré des gourmands. On choisit de très grosses variétés, comme la belle Angevine, la Duchesse, le triomphe de Jodoigne, et on greffe sur la branche trop forte un nombre plus ou moins grand de ces boutons à fruits suivant sa vigueur.

8° SUPPRIMER DES FEUILLES. — Supprimer les plus grandes feuilles sur la partie forte, et conserver toutes celles de la partie faible. On prive ainsi le côté fort d'un certain nombre d'appareils à cambium, l'accroissement se ralentit: Mais il ne faut employer ce moyen que pour des arbres très vigoureux.

9° PRIVER DE LUMIÈRE le côté fort pendant six ou huit jours, en le couvrant avec une toile épaisse, et exposer le côté faible à la lumière la plus vive. Nous savons que la séve ne peut être convertie en cambium, et par conséquent concourir à l'accroissement que sous l'influence des rayons solaires. L'accroissement des parties placées dans l'obscurité est momentanément suspendu. Le moyen est énergique; il ne faut l'employer que pour des arbres vigoureux.

Eù employant un ou plusieurs des moyens qui précèdent, on rétablira facilement l'équilibre de l'arbre le plus disproportionné, sans avoir recours aux grandes amputations. C'est à l'opérateur à se rendre compte de l'état de l'arbre et à choisir le, ou les moyens qu'il doit employer. En cela, comme dans toutes les opérations de taille, il faut une juste appréciation de l'opérateur, et cette appréciation ne peut s'acquérir que par l'étude des causes déterminantes de la végétation : anatomie et physiologie végétales, physique, géologie et chimie agricole. Qui ignore les causes est incapable de produire les effets, et restera toujours dans l'ornière de la routine, dont l'impuissance est écrite en caractères indélébiles dans les quatre-vingt-dix centièmes des jardins. Les jardiniers ignorants nient cela ; pourquoi donc les arbres, auxquels ils n'ont jamais pu faire produire un fruit, deviennent-ils d'une fertilité remarquable et soutenue dès que nous leur donnons nos soins?

LES TAILLES COURTES FONT DÉVELOPPER DES BOURGEONS VIGOUREUX ; LES TAILLES LONGUES PRODUISENT DES BOUTONS A FRUITS. — Les prolongements de la charpente ne doivent être taillés courts que dans les cas suivants :

LORSQUE LA CHARPENTE DE L'ARBRE A ACQUIS TOUT SON DÉVELOPPEMENT, ET QUE LES BRANCHES SONT ENTIÈREMENT COUVERTES DE RAMEAUX A FRUITS.

QUAND UN ARBRE EST FATIGUÉ PAR UNE TROP ABONDANTE PRODUCTION DE FRUITS, OU QU'IL A ÉTÉ RUINÉ PAR UNE SUCCESSION DE TAILLES COURTES QUI ONT COUVERT LES BRANCHES DE NODOSITÉS, alors il faut rabattre sur un bourgeon vigoureux pour obtenir un bon prolongement.

Dans tous les autres cas, il faut tailler long les prolongements de la charpente, afin d'y faire développer des rameaux à fruits.

PLUS LA SÈVE CIRCULE AVEC LENTEUR, PLUS LE NOMBRE DES BOURGEONS DIMINUE, ET PLUS CELUI DES FLEURS AUGMENTE. — La circulation lente de la séve est la clef de la mise à fruits

des arbres. On peut mettre à fruit les arbres les plus rebelles, à l'aide des moyens suivants :

1° TAILLER TRÈS LONGS LES PROLONGEMENTS DE LA CHAR-
PENTE. — La séve, ayant une grande étendue à parcourir avant
de faire pression sur l'œil de prolongement, se distribue
également et en petite quantité entre tous les yeux; la majeure partie de ces yeux produit des boutons à fruits à
la place des bourgeons vigoureux qui naissent toujours sur
les tailles courtes.

2° PINCER LES BOURGEONS LATÉRAUX. — Dès qu'un bourgeon
atteint la longueur, que nous déterminerons pour chaque espèce, il faut le soumettre au pincement, afin d'arrêter son élongation, qui jetterait de l'obscurité dans l'arbre, et de diminuer sa vigueur, cause première de sa mise
à fruit.

3° CASSER LES RAMEAUX AU LIEU DE LES COUPER. — La cassure pratiquée sur les rameaux, à une longueur qui sera
déterminée pour chaque espèce, donne les résultats suivants :

La déchirure de la cassure ne se cicatrisant jamais, elle
laisse évaporer la quantité surabondante de séve, et concourt puissamment à maintenir le rameau dans son état
de faiblesse, en lui imprimant une souffrance qui, combinée avec la déperdition de séve, s'oppose à la naissance de
bourgeons vigoureux. La cassure du rameau fait toujours
naître des boutons à fruits à la base, tandis que la coupe,
très vite cicatrisée, produit des bourgeons pleins de vigueur qui augmentent considérablement celle du rameau,
et s'oppose à sa mise à fruit.

4° EXPOSER TOUTES LES RAMIFICATIONS DE L'ARBRE A LA LU-
MIÈRE. — Toute branche ou toute partie de branche soustraite
à l'action des rayons solaires restera infertile, la conversion de la séve en cambium ne pouvant s'opérer que sous
l'influence d'une lumière très vive. De là, la nécessité de
soumettre les arbres à des formes régulières, et d'espacer
suffisamment les branches,

Il est urgent de supprimer des branches aux vieux arbres, lorsqu'ils n'ont pas de forme et que ces branches sont trop rapprochées, surtout aux anciennes quenouilles ou pyramides, qui la plupart du temps ont plutôt l'aspect d'un peuplier que d'un arbre fruitier.

5° DONNER AUX VARIÉTÉS INFERTILES DES FORMES QUI PARALYSENT L'ACTION DE LA SÉVE.— J'en parlerai longuement aux formes à donner aux arbres.

6° GREFFER DES BOUTONS A FRUITS.—Suivant la vigueur de l'arbre, on greffe une quantité plus ou moins grande de boutons à fruits. Les fruits greffés, absorbant la quantité surabondante de séve, l'arbre se couvre naturellement de boutons à fleurs.

7° ARQUER LES BRANCHES.— Attacher toutes les branches de l'arbre de manière à leur faire décrire une courbe, et à incliner l'extrémité vers le sol. On force ainsi la séve à circuler avec plus de lenteur; les boutons à fruits se forment pendant l'année, et on remet les branches en place dès qu'ils sont constitués.

8° TAILLER TARD.— Laisser pousser un peu l'arbre, et le tailler en pleine séve. Cette opération le fatigue et favorise la fructification.

9° PRATIQUER UNE INCISION ANNULAIRE AU PIED DE L'ARBRE.— C'est le moyen le plus énergique, il réussit toujours, et sur toutes les espèces ; mais il n'est applicable, sans danger, qu'à des arbres déjà âgés et très vigoureux.

Pendant le repos de la végétation, on fait avec l'égohine une incision circulaire d'une profondeur proportionnée à la grosseur de l'arbre, et de manière à couper tous les vaisseaux séveux de l'année précédente. La mesure de la profondeur de l'incision est en moyenne d'un centimètre pour un arbre de vingt centimètres de diamètre. Une partie des vaisseaux séveux ne fonctionnant plus, l'arbre se couvre de fleurs pendant l'été suivant. Deux années suffisent pour cicatriser la plaie, et l'arbre reste à fruit pendant toute son existence. Cette opération est surtout excellente pour les arbres à haute tige qui font attendre leurs fruits trop longtemps ; elle peut être appliquée à toutes les espèces à pépins, jamais à celles à noyaux, sur lesquelles elle déterminerait la gomme.

LES FRUITS ABSORBANT UNE GRANDE QUANTITÉ DE SÈVE, ET CONVERTISSANT CETTE SÈVE EN CAMBIUM EMPLOYÉ A LEUR PROPRE ACCROISSEMENT, ILS ACQUERRONT UNE SAVEUR ET UN VOLUME PROPORTIONNÉS A LA QUANTITÉ DE SÈVE QUI LEUR SERA RÉPARTIE.

Les moyens suivants augmentent considérablement la qualité et le volume des fruits :

1° OBTENIR LES RAMEAUX A FRUITS SUR LA BRANCHE-MÈRE.— Lorsque les fruits sont attachés sur la branche-mère, ils reçoivent directement l'action de la sève et deviennent très gros.

2° RAPPROCHER CONSTAMMENT LES LAMBOURDES.—Lorsque les lambourdes sont maintenues très courtes, elles produisent toujours des boutons à fruit à la base, et ces boutons donnent de très beaux fruits. Quand au contraire on les laisse s'allonger et se ramifier à l'infini, il arrive ce que nous voyons sur tous les arbres mal taillés, des lambourdes longues de 20 à 40 centimètres, couvertes il est vrai de boutons à fruit ; mais l'arbre, épuisé par une floraison trop abondante, n'a plus assez de sève pour nourrir les fruits ; ils tombent presque tous lorsqu'ils ont atteint la grosseur d'une noisette, et ceux qui restent deviennent difformes, pierreux, et se fendent avant d'avoir acquis la moitié de leur volume, parce que la sève, entravée dans sa marche par les nombreuses bifurcations qu'elle rencontre, ne peut y arriver en assez grande quantité pour favoriser leur développement.

3° APPLIQUER UNE TAILLE RAISONNÉE, — c'est-à-dire ne laisser sur l'arbre que le bois nécessaire à la confection de la charpente, et les fragments de rameaux indispensables pour créer les rameaux à fruits.

4° PINCER TOUS LES BOURGEONS, EXCEPTÉ CEUX DES PROLON-

CEMENTS DE LA CHARPENTE. — Les pincements ont non seulement pour effet de préparer et d'assurer la fructification, mais encore de concentrer l'action de la séve sur les fruits. Lorsqu'il y a beaucoup de bourgeons sur un arbre, ils absorbent une quantité de séve considérable au détriment des fruits et de la fructification pour l'année suivante. Quand au contraire les bourgeons sont affaiblis par les pincements, ils se mettent facilement à fruit, et la sève, qui eût été employée à produire des bourgeons nuisibles, est utilisée pour concourir au développement des fruits.

5° NE LAISSER SUR L'ARBRE QU'UNE QUANTITÉ DE FRUITS PROPORTIONNÉE A SA VIGUEUR. — La proportion des fruits à conserver est d'un par quatre rameaux à fruits pour les espèces à pépins, et d'un fruit tous les dix centimètres pour les espèces à noyaux.

6° PRATIQUER UNE INCISION ANNULAIRE AU-DESSOUS DE LA FLEUR AU MOMENT DE SON ÉPANOUISSEMENT. — Cette opération n'est applicable qu'à la vigne et aux fruits à noyaux. L'incision doit être faite avec le coupe-séve inventé par M. Du Breuil et exécuté par Saladin, successeur de Vigier. Cette incision a pour résultat d'augmenter d'un tiers le volume du fruit et d'en hâter la maturation de quinze jours à trois semaines. Voici comment : tous les vaisseaux du liber étant coupés et enlevés sur une hauteur de cinq millimètres environ au-dessous de la fleur, le mouvement de descension du cambium est momentanément suspendu; il reste aggloméré au-dessus de la section de l'écorce, et toute son action est concentrée sur le fruit qui, puissamment organisé, surabondamment nourri, acquiert de grandes proportions. Peu à peu les vaisseaux du liber qui ont été coupés s'allongent, la plaie se cicatrise et le cambium redescend jusqu'à l'extrémité des racines, mais le fruit conserve toujours l'accroissement disproportionné qu'il avait acquis pendant la concentration du cambium.

7° IMBIBER LES FRUITS AVEC UNE DISSOLUTION DE SULFATE DE FER. — Cette opération n'est applicable qu'aux fruits à pépins. Nous savons que le sulfate de fer, dissous dans l'eau dans la proportion de 2 grammes par litre, stimule la végétation. Mouiller les fruits avec cette dissolution, une première fois lorsqu'ils ont atteint le quart de leur volume, une seconde fois à la moitié de leur grosseur, et enfin une troisième aux trois quarts de leur développement. L'expérience a prouvé que les fruits traités ainsi acquéraient un tiers de plus en grosseur.

Cette opération n'est ni longue ni difficile, seulement elle demande à être faite avec discernement pour être couronnée de succès. Voici comment il faut opérer : le soir seulement, après le coucher du soleil, quand il y a un peu de rosée cela n'en vaut que mieux. Le sulfate de fer doit être pulvérisé, afin de se dissoudre instantanément. Il ne faut faire de dissolution qu'au moment de l'employer et en très petite quantité (un demi-litre), parce que le sulfate de fer se décompose dans l'eau et forme de l'oxyde de fer ; dans cet état il n'agit plus. Il faut jeter la dissolution dès qu'elle prend une teinte de rouille. Il faut en outre employer de l'eau très pure, sinon de l'eau distillée, mais au moins de l'eau de rivière.

On emplit à moitié une petite tasse ou un verre sans pied avec la dissolution ; on passe le vase sous le fruit et, en le haussant un peu, le fruit tout entier trempe dans la dissolution ; quatre ou cinq secondes suffisent. En une heure on peut tremper plusieurs centaines de fruits.

Il est urgent de peser le sulfate de fer avec des balances très sensibles et il faut bien se garder de le mesurer à peu près, car le sulfate de fer appliqué en trop grande quantité agit comme astringent et produit l'effet opposé à celui que l'on attend. Certains princes de la routine, voulant faire de la chimie comme ils font la taille des arbres, à coups de hache, mesurent le sulfate de fer à poignée, ils en mettent cent fois la quantité voulue, et appellent les chimistes des imbéciles !!! Que leur erreur leur soit légère, et sur-

tout que leur main le devienne pour les opérations d'arboriculture.

Ces principes généraux servent de base à la plupart des
opérations de taille ; l'opérateur devra toujours se les re-
mémorer avant d'opérer, afin d'éviter le plus possible
amputations, et de les remplacer par les moyens que
viens d'indiquer.

Avant de traiter des formes à donner aux arbres, il nous
reste à diviser les opérations de taille en deux séries : la
taille d'hiver, qui s'opère pendant le repos de la végétation, et la taille de l'été, qui se pratique pendant tout
cours de la végétation.

La taille d'hiver comprend les opérations suivantes
dépalissage, première et indispensable opération, la coupe
des rameaux, le cassement, l'éborgnage, le rapprochement, le recépage, les incisions, les entailles, l'arcure, le
chaulage et le palissage d'hiver.

Nous étudierons toutes ces opérations en traitant de la
taille de chaque espèce. Voyons maintenant à quelle
époque il est plus avantageux de pratiquer la taille d'hiver.
En cela, comme en tout ce qui est culture, il n'y a rien
d'absolu, l'époque de la taille doit être choisie suivant la
vigueur des arbres ; avancée ou reculée, suivant les années et l'état de la végétation. L'opérateur doit savoir
choisir le moment favorable et éviter les lourdes fautes
que commettent les jardiniers, comme de tailler les pêchers et les abricotiers en fleurs, et les poiriers quand il
gèle.

Tout en laissant l'époque de la taille à l'appréciation de
l'opérateur, suivant les années et l'état des arbres, nous
poserons les principes suivants, qui l'aideront à déterminer
le moment favorable.

1° TAILLER PAR ORDRE DE PRÉCOCITÉ, c'est-à-dire commencer par les espèces qui végètent les premières. D'après
ce principe, nous taillerons les arbres dans l'ordre suivant :
les abricotiers d'abord, les pêchers ensuite, les cerisiers et

les pruniers après, et enfin les poiriers et les pommiers en dernier lieu.

C'est le contraire de ce qui a lieu, je le sais, mais c'est logique. Notre enseignement, basé sur l'étude des lois fondamentales de la végétation, ne peut faire de concessions à la routine. Les routiniers nous disent : *le pêcher se taille en fleurs.* C'est stupide. Vous choisissez un arbre sujet à la gomme, et ayant une tendance très prononcée à laisser éteindre les yeux de la base pour le tailler en fleur, c'est-à-dire en pleine végétation. Vous couvrez cet arbre d'amputations lorsqu'il a dépensé la moitié de ses forces à épanouir des fleurs que vous supprimez. Le pêcher traité ainsi souffre beaucoup ; fatigué déjà par une trop abondante floraison, les amputations en pleine séve apportent le trouble dans toute son économie, exposent l'arbre à de nombreuses maladies, nuisent considérablement au développement comme à la qualité des fruits ; contribuent beaucoup à éteindre les yeux de la base des rameaux, et par conséquent à dénuder les branches.

2° S'ABSTENIR DE TOUTE OPÉRATION DE TAILLE QUAND IL GÈLE OU QUAND LA GELÉE EST IMMINENTE. — Lorsqu'on taille pendant la gelée ou quelques jours avant, et que la plaie n'a pas eu le temps de se cicatriser, voici ce qui a lieu : les sections pratiquees mettent à découvert l'orifice des vaisseaux séveux et de ceux du liber, alors les liquides qu'ils contiennent, la séve et le cambium de réserve gèlent ; lorsque le dégel vient et que la glace se dilate en fondant, les vaisseaux séveux et ceux du liber sont déchirés, brisés sur toute la partie gelée, qui périt toujours à la suite de cette désorganisation. Si la section est faite sur un œil, l'œil au-dessous pousse, on en est quitte pour enlever le chicot ; mais quand la coupe a été faite sur un bouton à fruit, non-seulement ce bouton est perdu, mais encore la lambourde est désorganisée ; ce n'est pas toujours une perte irréparable, mais c'est une privation totale de fruits pendant trois ans.

3° TAILLER DE TRÈS BONNE HEURE OU TRÈS TARD.— C'est-à-dire assez longtemps avant l'apparition des gelées, pour que les plaies aient le temps de se cicatriser ou quand les grandes gelées ne sont plus à craindre.

4° TAILLER AUSSITOT LA CHUTE DES FEUILLES LES ARBRES FAIBLES, CEUX QUI SONT FATIGUÉS PAR UNE TROP ABONDANTE FRUCTIFICATION OU QUI ONT ÉTÉ AFFAIBLIS PAR DES TAILLES VICIEUSES.

Les arbres faibles sont en général couverts de boutons à fruits ; en les taillant aussitôt la chute des feuilles, toute l'action de la séve est répartie sur les parties réservées ; sa concentration concourt puissamment à la beauté des fruits, à leur précocité et au développement de bourgeons plus vigoureux. On rétablit facilement la vigueur chez les arbres épuisés, par ce moyen, et il contribue puissamment à faire développer des bourgeons sur les parties dénudées des arbres qui ont été mal taillés. Lorsqu'on abrite la vigne destinée à produire du raisin de table, on doit la tailler dès la chute des feuilles. Cette taille précoce détermine toujours une avance sur la maturation, et une augmentation sur le volume des fruits.

5° TAILLER APRÈS LES GELÉES LES ARBRES PLACÉS DANS DES CONDITIONS NORMALES, c'est-à-dire de la fin de janvier à la mi-février les arbres vigoureux portant une quantité moyenne de boutons à fruits.

6° AVANCER L'ÉPOQUE DE LA TAILLE APRÈS UN ÉTÉ SEC, ET LA RETARDER APRÈS UNE SAISON PLUVIEUSE.— Un été sec favorise la fructification ; la végétation accomplie sous l'influence d'une grande somme de lumière est très prompte et produit du bois bien constitué. Il est bon, dans ce cas, lorsque es arbres sont chargés de boutons à fruits, de tailler dès a chute des feuilles, afin de concentrer toute l'énergie vitale sur les boutons à fruits qui doivent rester.

Une saison humide produit peu de fleurs et beaucoup de bois, mais du bois mou, mal constitué et renfermant une grande quantité d'eau. Les arbres sont très exposés à la gelée après un été pluvieux, et, dans ce cas, il est toujours dangereux de tailler avant la disparition des froids.

En s'appuyant sur ces principes, et en observant les saisons, il sera facile à l'opérateur de déterminer le moment favorable pour tailler, non pas les arbres, mais chaque arbre de son jardin.

La taille d'été se compose : de l'ébourgeonnement, des pincements, de la torsion, des cassements, de la suppression des fruits trop nombreux et de l'effeuillement. Nous étudierons chacune de ces opérations dans leur application à chaque espèce. La taille d'été se pratique pendant tout le cours de la végétation, et le moment de l'appliquer est déterminé par la végétation elle-même.

QUINZIÈME LEÇON

—

DES FORMES A DONNER AUX ARBRES.

Les formes auxquelles les arbres doivent être soumis, ont une grande importance en arboriculture. Ces formes ont été considérées jusqu'à ce jour comme des objets de pure fantaisie; on a constamment cherché l'excentrique, l'impossible même, sans jamais se préoccuper de la fertilité ni de la longévité, et cependant l'une et l'autre sont subordonnées à la forme donnée aux arbres.

LA DURÉE ET LA FERTILITÉ D'UN ARBRE SOUMIS A LA TAILLE, COMME LE VOLUME ET LA QUALITÉ DES FRUITS, DÉPENDENT DE L'ÉGALE RÉPARTITION DE LA SÈVE DANS TOUTES LES PARTIES DE L'ARBRE.

On ne doit pas oublier que les arbres soumis à la taille vivent moins longtemps que les autres. Cela tient à trois causes :

1º Aux formes contre nature qu'on leur impose ;

2º Aux amputations qu'ils subissent ;

3º A la quantité de fruits qu'ils produisent.

Notre but étant d'élever des arbres qui produisent beaucoup et durent longtemps, tous nos efforts tendront, sinon à supprimer, du moins à amoindrir les deux premières causes de mortalité, ce qui nous permettra de tripler l'existence de nos arbres, auxquels nous pouvons fixer approximativement une durée moyenne de trente à quarante ans, tout en produisant chaque année d'abondantes récoltes.

J'ai dit précédemment que l'existence moyenne des arbres mal plantés, mal cultivés et mal taillés, était de cinq années et que cette énorme mortalité n'avait d'autres excuses qu'une plantation vicieuse, le manque de culture et surtout les mauvaises amputations. Je l'ai déjà prouvé et je le prouverai dans toutes mes leçons.

L'arbre soumis à une forme anormale éprouve un état de gêne constant; cet état, produit dans une mesure donnée, favorise la fructification; mais pour atteindre ce but, il faut que la forme soit assez habilement calculée pour que toutes les branches poussent avec la même vigueur. Dans le cas contraire, les amputations constantes faites pour établir un équilibre impossible à trouver, rendent l'arbre complétement infertile et le ruinent en quelques années.

Le défaut de raisonnement et l'inexpérience qui ont présidé au choix des anciennes formes d'arbres, m'ont vivement frappé. Voyant des hommes de mérite dépenser une noble intelligence à maintenir des formes impossibles en vertu des lois fondamentales de la végétation, la majeure partie des professeurs accepter ces formes sans contrôle et enseigner à les faire à grand renfort d'amputations, j'ai dû me livrer à des études sérieuses sur les ormes à donner aux arbres, afin de trouver un moyen de les faire beaucoup plus vite en augmentant à la fois la fertilité et la durée des arbres.

Après plusieurs années de recherches et d'expérimentations, je suis arrivé, en effet, à gagner sept ou huit années sur la formation de la charpente, en hâtant la mise à fruit et en augmentant considérablement le produit. Si mes expériences dataient d'un siècle, il serait PEUT-ÊTRE prouvé que mes arbres vivent plus longtemps que les autres, en rapportant plus vite et au moins dix fois autant de fruits.

Les malveillants et les routiniers, malgré leur mauvaise foi née de l'envie et de l'impuissance, sont forcés *d'avouer* les résultats obtenus, mais comme la malveillance de parti pris trouve toujours un moyen de nier partiellement l'évidence, elle s'accroche à la durée des arbres, que personne ne peut fixer d'une manière absolue.

Cependant les personnes qui doutent et celles qui voudront bien ne pas fermer les yeux verront des arbres que j'ai élevés, ayant, après trois années de plantation, un développement triple de ceux qui ont été traités par les amputations; elles verront en outre ces mêmes arbres couverts de fruits magnifiques, tandis que ceux traités par les anciennes méthodes donnent à peine quelques fleurs au bout de six ans. De plus, mes arbres, exempts d'amputations, par conséquent d'ulcères, de chancre et de carie, ont une santé et une vigueur qui paraît défier le temps, quand ceux de la routine, tortus, faibles et mutilés, semblent implorer le secours de tous les médicaments connus pour prolonger leur chétive existence. J'ai montré et je montrerai cela à satiété à tous ceux qui doutent; ceux qui ont vu et ceux qui verront partageront mes convictions, que mes arbres sont destinés à vivre deux fois plus longtemps que les autres.

J'étais convaincu d'obtenir ces résultats lorsque j'ai commencé mes expériences. Il m'avait toujours semblé monstrueux de retrancher les trois quarts d'une pousse, sous le prétexte de donner de la vigueur à l'arbre et, en outre, il m'était prouvé depuis longtemps que la vigueur demandée se traduisait quatre-vingts fois sur cent, par les nombreuses maladies résultant des amputations, et finalement, par la mort de l'arbre. De plus, les bourgeons latéraux poussant très vigoureusement par suite de ces tailles courtes, la fructification devenait impossible.

Devant un pareil état de choses, il n'y avait qu'à trouver

8

une autre méthode ; je l'ai cherché avec d'autant plus d'empressement, qu'il me semblait indigne d'un homme intelligent d'accepter et de propager des principes de taille en
désaccord complet avec les lois de la végétation.

Si ce que j'avance ici semblait exagéré à quelques-uns
de mes lecteurs, je les invite à aller visiter attentivement
leurs arbres ; à se rendre un compte exact de leur végétation, comme du nombre de boutons à fruits qu'ils portent,
et à venir ensuite examiner un jardin créé et soigné par
moi. Ces deux examens leur prouveront surabondamment
que je suis au-dessous de la réalité.

Reconnaissant la majeure partie des méthodes de formation d'arbres, vicieuses au premier chef, contraires aux
lois de la végétation, je me suis séparé *in petto* des écoles
et des systèmes pour chercher des moyens d'exécution en
harmonie avec les lois fondamentales de la nature. C'est
alors que, fermant les oreilles aux cris de la routine, j'ai
expérimenté sans cesse et sans relâche, modifiant progressivement mon enseignement, et y ajoutant chaque année
ce que j'avais acquis par l'expérimentation.

Aujourd'hui que des années de pratique, non pas sur
quelques arbres et sur le même sol, mais sur des milliers
d'arbres plantés dans des sols de toutes natures et dans
tous les pays, ont donné raison à mes nombreux essais, je
me sépare de toutes les écoles plus ou moins systémati-
ques, et donne avec empressement la publicité de ce livre
et de mes leçons à une méthode fondée sur les lois végétales, méthode qui, depuis longues années, me donne les
résultats les plus prompts et les plus brillants.

Ennemi des amputations, toujours nuisibles à la santé
des arbres et à leur fructification, je les ai remplacées par
les inclinaisons. J'en retire les avantages suivants :

1º Au lieu de couper les trois quarts du produit de la
végétation, je conserve tout, ce qui me fait aller trois fois
plus vite dans la formation de la charpente.

2º Taillant très long, mes branches se couvrent immé-

diatement de boutons à fruits qui me donnent d'abondante
récoltes, tandis que les tailles courtes ne produisent que
des bourgeons latéraux, aussi vigoureux qu'infertiles.

3° Je n'ai jamais recours aux amputations pour équilibrer mon arbre ni pour le mettre à fruit. Toutes mes nouvelles pousses prennent naissance sur les courbures des
anciennes. Ces nouvelles pousses absorbent l'excédant de
séve, cause première de l'infertilité ; la mise à fruit est
immédiate et je produis, par une seule opération, deux
effets contraires : l'augmentation de la charpente et la
mise à fruit de la partie formée ; et cela sans mutilations,
par le seul effet des inclinaisons.

Avant d'aller plus loin dans l'étude des inclinaisons, que
nous reprendrons à la formation des arbres, il est urgent
de poser les principes dont il ne faut pas départir, pour
donner aux arbres des formes offrant des garanties sérieuses de fertilité soutenue et de longévité.

1° DIVISER L'ACTION DE LA SÈVE A SON POINT DE DÉPART.—
C'est-à-dire établir la charpente de l'arbre sur deux branches latérales et non sur une tige verticale. La séve ayant
toujours tendance à monter, se précipite par le tronc ; le
haut de l'arbre s'emporte, tandis que le bas meurt d'inanition.

Dans ce cas, le bas comme le haut de l'arbre sont également infertiles. Il apparaît bien quelques fleurs sur les
ramifications du bas, en raison même de leur faiblesse,
mais l'insuffisance de la séve ne permet pas aux fruits
d'atteindre plus de la moitié de leur développement, et
encore cette production avortée achève-t-elle souvent
d'épuiser les branches déjà trop faibles et détermine-t-elle
leur mort, tandis que le haut pousse avec une vigueur
extrême, ne produit que des bourgeons inutiles et qui ne
se mettent jamais à fruit. Nous voyons tous les jours cet
exemple sur les palmettes à tiges droites, adoptées par les
jardiniers et propagées par les pépiniéristes.

2° ÉVITER AVEC LE PLUS GRAND SOIN LES LIGNES VERTICALES

DANS TOUTES LES PARTIES DE LA CHARPENTE DE L'ARBRE. — Dès l'instant où une seule branche est placée verticalement, elle s'emporte, jette le trouble dans toute l'économie de l'arbre paralyse sa production et compromet sa santé.

3° ESPACER SUFFISAMMENT LES BRANCHES POUR QU'ELLES SOIENT ENTIÈREMENT ÉCLAIRÉES. — Un intervalle de 30 centimètres suffit. Quand il est moindre, les branches se font ombre et la fructification en souffre beaucoup.

4° CHOISIR POUR CHAQUE ESPÈCE ET MÊME POUR CHAQUE VARIÉTÉ UNE FORME EN HARMONIE AVEC SA MANIÈRE DE VÉGÉTER, c'est-à-dire une forme offrant des inclinaisons plus ou moins élevées, en raison de la vigueur de l'arbre, et lui imprimant un état de gêne plus ou moins grand, suivant sa fertilité.

Ceci posé, examinons les formes d'arbres placées dans les conditions que je viens d'indiquer et réunissant les avantages d'une prompte formation, d'une fertilité soutenue et d'une longue existence.

Toutes les anciennes formes, sans exception, demandent un laps de temps variant entre quinze et dix-huit années pour couvrir entièrement le mur et donner le maximum de leur produit. De plus, les arbres soumis à ces formes font attendre leurs premiers fruits au moins quatre années. C'était quelque chose de désespérant pour les propriétaires qui voulaient planter, surtout lorsqu'ils avaient déjà vu mourir quantité d'arbres sans avoir rapporté un seul fruit.

C'est devant ces graves inconvénients qu'un homme d'un grand mérite, dont le nom est devenu européen, M. DU BREUIL, professeur d'arboriculture, a eu la pensée de simplifier les choses. Le savant professeur les a réduites à leur plus simple expression avec ses plantations rapprochées, la plus ingénieuse et la plus utile invention de notre époque.

Les plantations rapprochées, cordons obliques et verticaux, font disparaître tous les inconvénients de la formation de la charpente; elles donnent des fruits la première année après la plantation, et le maximum du produit la sixième. Les ennemis des plantations rapprochées, car tout ce qui a un mérite réel a des ennemis, prétendent que des arbres plantés aussi serrés ne peuvent vivre longtemps. Il nous est impossible d'assigner une durée fixe à ces plantations; les premières ont été faites en 1846; elles donnent d'abondants résultats depuis 1848, sans paraître fatiguées de cette énorme production, et semblent disposées à vivre encore le double de ce qu'elles ont vécu.

Je place en première ligne :

1° LES CORDONS OBLIQUES. — Cette forme convient à toutes les espèces et à toutes les variétés, et peut être employée pour l'espalier comme pour le plein vent (pl. 9, fig. 6).

Les cordons obliques doivent être plantés à 40 centimètres de distance et inclinés sur un angle de 45 degrés. Ils se composent d'une unique tige, couverte de rameaux à fruits, de la base au sommet. Les cordons obliques ne doivent point être plantés contre des murs ou des palissages ayant moins de 2 mètres 50 centim. d'élévation.

2° LES CORDONS VERTICAUX, plantés à 30 centimètres d'intervalle, pour les murs de plus de 4 mètres d'élévation, offrent les mêmes avantages que les cordons obliques, mais ils sont peut-être moins faciles à diriger (pl. 10, fig. 1).

J'ai dit précédemment qu'il fallait éviter les tiges droites et les lignes verticales. Les cordons obliques et les cordons verticaux, surtout, pourront paraître des formes vicieuses au premier abord. Ce que j'ai dit des tiges droites et des lignes verticales s'applique aux arbres isolés, plantés à 6 ou 8 mètres de distance et couverts de nombreuses ramifications.

Les cordons obliques et verticaux sont plantés à 40 et 30 centimètres de distance. La proximité les empêche d'abord de s'emporter, et ensuite, ne produisant que des rameaux à fruits de la base au sommet, les inconvénients disparaissent.

R.

3° LES CORDONS UNILATÉRAUX A UN, DEUX ET TROIS RANGS (pl. 10, fig. 2, 3 et 4), plantés à 2 mètres, 1 mètre et 70 cent., ont l'avantage de donner des fruits la première année après la plantation, et le maximum du produit vers la troisième année. Cette forme, d'abord destinée exclusivement au pommier, peut être imposée à presque toutes les espèces, mais à la condition de choisir des variétés faibles.

Ces trois formes étaient les seules qui donnassent des fruits dès la seconde année de la plantation, et le maximum du produit la sixième. Mais les cordons obliques ne sont possibles que contre des murs de 2 mètres 50 cent. d'élévation au moins, et le mérite des cordons verticaux ne peut être apprécié que sur des murs dont la hauteur excède 4 mètres.

Les murs de moins de 2 m. 50 c., et c'est la majeure partie, étaient privés du bénéfice des plantations rapprochées. Il fallait avoir recours aux palmettes Leverrier, obliques. etc., formes longues à faire et à rapporter.

Pour les murs depuis 1 m. 20 jusqu'à 2 m. et plus d'élévation, je place en première ligne et de préférence à toute autre forme :

LA PALMETTE ALTERNE GRESSENT. — J'ai cherché longtemps une forme ayant les mêmes avantages que les cordons obliques et verticaux de M. Du Breuil ; mes palmettes plantées à 2 m. dans les sols fertiles et à 1 m. 50 c. dans les sols médiocres, offrent les avantages suivants :

1. DE DONNER DES FRUITS LA PREMIÈRE ANNÉE APRÈS LA PLANTATION ;

2. DE DONNER LE MAXIMUM DU PRODUIT LA 6ᵉ ANNÉE DE LA PLANTATION ;

3. DE CONVENIR A TOUTES LES ESPÈCES ET A TOUTES LES VARIÉTÉS SANS EXCEPTION ;

4.. DE NE JAMAIS LAISSER DE VIDE DANS LES PLANTATIONS.— Tous les arbres étant greffés par approche, chaque arbre reçoit la séve de son voisin par la greffe par approche. Si le pied meurt, les branches continuent à vivre et à fructifier. Il suffit de couper le tronc, d'arracher l'arbre, de planter un sauvageon à sa place et de greffer ce sauvageon l'année suivante sur le tronc qui a été coupé. Les branches disposées comme elles le sont peuvent vivre et fructifier pendant deux ans au moins, sans le secours des racines;

5. DE POUVOIR CULTIVER LES VARIÉTÉS LES PLUS FAIBLES, ET DE LEUR DONNER UNE VIGUEUR ÉGALE AUX AUTRES. — La greffe par approche, rendant tous les arbres solidaires les uns des autres, l'excédent de séve des forts passe dans les faibles, et ils acquièrent, grâce à ce secours, une vigueur égale à leurs voisins. On plante toujours un arbre faible entre deux forts ;

6. DE PRÉSENTER UNE PLANTATION AVEC DES LIGNES SANS SOLUTION DE CONTINUITÉ. — Tous les arbres étant greffés les uns sur les autres, les lignes, eussent-elles cent mètres de long, sont continues. La végétation est en outre égale sur toute la longueur de la ligne.

7. D'ÊTRE UNE FORME SUSCEPTIBLE, AU PREMIER CHEF, DE FERTILITÉ ET DE LONGÉVITÉ. — Mes palmettes alternes sont formées sans amputations; elles ne peuvent ni s'emporter, ni s'affaiblir. Elles s'équilibrent toutes seules, par le fait de la communication de la séve de tous les arbres entre eux, et la régularité due à cette organisation est le premier garant de fertilité. (pl. 11, fig. 1.)

2° LES CAGES GRESSENT (pl. 11, fig. 2.).— Pour les murs au midi et au nord, cette forme offre le double avantage de préserver les arbres plantés au midi de la trop grande chaleur, et de concentrer les rayons solaires qui glissent à l'exposition du nord. En outre, les ailes des cages sont une précieuse ressource pour cultiver les abricotiers, dont les fruits sont toujours médiocres à l'espalier ; placés en aile de cage, ils ont la chaleur et par conséquent la précocité de l'espalier jointe à tous les avantages du plein vent. Les fruits sont excellents et aussi précoces qu'à l'espalier.

Les ailes de cage sont aussi très précieuses pour les corisiers hâtifs, qui grillent contre les murs au midi, et pour les pruniers qui demandent une grande somme de chaleur pour donner de bons résultats. En outre, les ailes doublent la surface du mur, en offrant aux arbres des conditions presque égales à celles de l'espalier, tout en faisant disparaître les inconvénients des murs au nord et au midi.

L'arbre planté contre le mur et soumis à une grande forme, fait attendre ses fruits de trois à quatre ans; mais les ailes formées d'après le principe des *palmettes alternes Gressent* donnent des fruits la seconde année de la plantation.

Les cordons Gressent (pl. 12, fig. 1) terminent la série des formes donnant immédiatement des fruits. Les cordons Gressent, formés avec trois arbres plantés de 1 mètre 50 cent. à 2 mètres d'intervalle, donnent des fruits la seconde année de la plantation, et le maximum du produit la quatrième. Ils sont d'une fertilité remarquable, projètent peu d'ombre, et offrent une précieuse ressource pour le bord des platebandes, des cages d'espalier et pour les lignes intermédiaires des gradins du jardin fruitier.

Il nous reste à examiner maintenant les grandes formes d'espalier; celles plantées de 6 à 10 mètres d'intervalle, et destinées à occuper une surface de mur variant entre 18 et 30 mètres. Ces formes demandaient, d'après les anciennes méthodes, un laps de temps de quinze à vingt années pour donner le maximum de leur produit. Ennemi de tout ce qui est systématique et exclusif, je n'ai pas accepté, à l'exclusion de toute autre forme, les cordons obliques et verticaux Du Breuil, malgré leurs immenses avantages. Un jardin tout planté en cordons obliques et verticaux serait affreux. Bien que les formes qui m'appartiennent, palmettes alternes, cages d'espalier, et cordons Gressent, viennent rompre la monotonie, cela ne suffit pas pour les jardins fruitiers comme je les crée, et en plaçant dans tous, les formes de M. Du Breuil et les miennes, qui me donnent des fruits tout de suite, je suis loin d'exclure les randes formes qui complètent l'ornementation et la disposition de mes jardins. Seulement, comme je l'ai dit plus haut, j'ai dû chercher des moyens qui me fissent gagner beaucoup de temps, en me donnant à la fois une production plus prompte, une fertilité plus soutenue et des garanties sérieuses de durée.

J'ai éliminé d'abord toutes les formes vicieuses, modifié ensuite celles qui pouvaient être conservées, et enfin j'en ai ajouté quelques-unes pour avoir une assez grande diversité, afin d'éviter la monotonie dans le jardin fruitier. Les formes suivantes donnent toutes les garanties désirables :

1° PALMETTE A BRANCHES COURBÉES (pl. 12, fig. 2). — Cette forme convient spécialement au poirier; elle se fait sans amputations et donne lieu à des arbres fertiles et bien équilibrés. Elle donne des fruits la troisième année de la plantation, et le maximum la septième; elle peut être adoptée pour les murs de toutes hauteurs.

2° PALMETTE A BRANCHES CROISÉES (pl. 13, fig. 1), — pour murs de toutes hauteurs. Excellente pour le poirier, bonne pour le pêcher, le prunier et le cerisier. Elle convient surtout aux poiriers sur franc, dont la mise à fruit est plus longue et plus difficile, et en général aux arbres très vigoureux. Les premiers fruits apparaissent vers la quatrième année, et le maximum du produit est atteint vers la septième.

3° PALMETTE DU BREUIL (pl. 13, fig. 2). — Spécialement pour le poirier, convenant aussi à l'abricotier, elle offre les mêmes avantages que les précédentes.

4° PALMETTE GRESSENT (pl. 14, fig. 1). — Bonne pour toutes les espèces sans exception, montrant ses premiers fruits la troisième année, et donnant le maximum du produit la sixième.

5° EVENTAIL MODIFIÉ (pl. 14, fig. 2). — Cette forme a été spécialement adoptée pour le pêcher, elle convient à toutes les espèces, donne ses premiers fruits la quatrième année, et le maximum du produit vers la huitième.

6° CANDÉLABRE A BRANCHES OBLIQUES (pl. 15, fig. 1). — Cette forme a été aussi exclusivement consacrée au pêcher, elle convient à presque toutes les espèces. Elle donne ses premiers fruits la quatrième année, et le maximum du produit vers la dixième.

7° PALMETTE LEVERRIER (pl. 15, fig. 2). — Jolie et excellente forme, la seule qui permette une tige droite, mais désespérante par sa lenteur. Elle donne ses premiers fruits vers la cinquième année, et le maximum du produit la seizième.

Les formes que je viens d'indiquer sont assez nombreuses pour ôter toute monotonie au jardin fruitier. Ces formes, exclusivement affectées à l'espalier, peuvent également être exécutées en contre-espalier. On peut les modifier pour varier davantage, mais en prenant toujours pour base les principes que j'ai posés.

Les contre-espaliers ont une grande importance dans le jardin fruitier. Les meilleurs, les plus productifs, et ceux qui donnent le plus vite des fruits, sont les contre-espaliers obliques et verticaux, dont j'ai déjà parlé à la création du jardin fruitier.

LES CONTRE-ESPALIERS OBLIQUES sont plantés sur deux lignes parallèles, distantes de 20 centimètres, et les arbres de chaque ligne sont placés en quinconce à une distance de 40 centimètres (pl. 16, fig. 1). La hauteur est de 2 mètres 50 cent.

LES CONTRE-ESPALIERS VERTICAUX se composent également de deux lignes d'arbres, distantes de 20 centimètres ; les arbres de chaque ligne sont plantés à 30 centimètres d'intervalle. Ces contre-espaliers ont 3 mètres d'élévation (pl. 16, fig. 2).

Rien n'est aussi fertile que ces contre-espaliers ; ils sont toujours la base de la production du jardin fruitier : ils donnent leurs premiers fruits la première année après la plantation, et le maximum du produit la sixième année.

Mais, quels que soient les avantages des contre-espaliers comme production, il ne faut pas en abuser, dans le jardin du propriétaire du moins, car ces longues lignes parallèles ont l'aspect d'immenses haies et sont fort désagréables à l'œil. Dans le jardin du spéculateur, où il faut du produit quand même, le contre-espalier oblique ou vertical est la seule forme possible. Dans le jardin du propriétaire, il ne doit jamais y avoir plus de deux contre-espaliers, un de chaque côté, pour terminer le jardin.

Il nous reste à examiner les formes de plein vent. Il n'est pas question ici des arbres à haute tige destinés au verger seulement, mais des formes possibles dans le jardin fruitier, et susceptibles de donner une récolte égale chaque année.

Jusqu'à ce jour on a donné une préférence marquée à la forme en cône, appelée improprement *pyramide* et *quenouille*. On en a planté partout et dans tous les jardins. Malgré sa popularité, c'est la seule forme que je proscris d'une manière absolue du jardin fruitier, parce que :

1° Les arbres en cône sont très longs à venir et très difficiles à diriger. Je parle ici des arbres en cône bien élevés, ayant 6 mètres d'élévation et 2 mètres de diamètre à la base, dont les branches sont bien espacées, d'égale vigueur et placées sur un angle de 15 degrés, et non des espèces de *peupliers* que les jardiniers appellent des pyramides ;

2° C'est la forme la plus infertile d'après sa disposition ;

3° Le cône ne pouvant recevoir un abri momentané, ne peut donner une récolte égale tous les ans ; dès l'instant où il rentre dans la condition des arbres abandonnés à toutes les intempéries, sa place n'est plus dans le jardin fruitier ;

4° Quand par hasard il y a une récolte sérieuse sur ces arbres, on n'est jamais sûr de la cueillir. Toutes les branches étant libres, le premier coup de vent fait tomber une grande partie des fruits, et ceux qui restent sur l'arbre se meurtrissent en se cognant les uns sur les autres ;

5° Enfin, c'est la forme qui, malgré tous ses désavantages, revient le plus cher, c'est-à-dire demande le plus de temps et de soins. Quand on a taillé un cône, il faut passer au moins trois à quatre heures à espacer ses branches. S'il y en a cent dans un jardin, un seul homme ne peut suffire à les soigner.

Quelques-uns de mes lecteurs seront surpris de me voir proscrire la forme généralement adoptée; j'ai dit pourquoi, et s'il restait un doute dans leur pensée, je les invite à prendre la première pyramide venue dans leur jardin; à compter le loyer de l'espace qu'elle occupe depuis sa plantation; le prix des journées dépensées à la tailler; celui des engrais, etc., etc.; à faire une addition de tout cela, et à diviser le total de l'addition par le nombre de fruits récoltés. C'est un calcul bien simple à faire. Plusieurs propriétaires l'ont fait sur mon invitation et tous ont fait abattre leurs pyramides.

Un chaud partisan des pyramides m'accusait de malveillance envers ses arbres. Ils m'ont donné une superbe récolte cette année, disait-il.— Passe pour cette année, mais l'an passé? — Rien! — Et l'année précédente? — Presque rien, mais cette année! — Combien avez-vous récolté de fruits?— Je n'ai pas compté, mais il y en a une quantité! — Comptons. Il y en avait huit cents. — Combien avez-vous d'arbres?— Je ne sais pas.— Comptons encore! Il y en avait plus de deux cents, et le plus jeune avait quinze ans! Ceci se passait en 1860; en 1861, le propriétaire dont je parle a fait abattre cent pyramides, qu'il disait *épuisées!* Je citerais cent exemples et cent résultats semblables à celui-là.

Les inconvénients des pyramides étaient tels, que j'ai dû les proscrire du jardin fruitier et les y remplacer par les dômes et les cônes à cinq ailes.

LE DÔME A CINQ AILES a 6 m. 50 c. d'élévation et 2 m. 50 c. de diamètre à la base (pl. 17, fig. 1).

LE CÔNE A CINQ AILES a 6 m. d'élévation et 2 m. de diamètre à la base (pl. 17, fig. 2).

Ces deux formes offrent les avantages suivants :

1º D'être d'une fertilité remarquable. Les ailes étant très espacées, les branches sont parfaitement éclairées; les fruits mûrissent bien et la fructification s'opère facilement;

2º De n'avoir pas besoin de supports. Toutes les branches étant greffées par approche, l'arbre forme un tout d'une grande solidité;

3º De braver impunément les orages et les tempêtes. Toutes les branches greffées par approche, formant un tout très solide, ne peuvent se choquer les unes contre les autres :

4º De pouvoir être facilement abritées, et par conséquent de donner une récolte égale chaque année.

Ces deux formes donnent leurs premiers fruits la quatrième année de la plantation, et le maximum du produit vers la dixième.

LE VASE (pl. 18, fig. 1) est une excellente forme, surtout pour les jardins exposés aux vents violents. Mais pour que le vase donne des résultats satisfaisants, il faut que le diamètre soit le même à la base et au sommet et plus égal à la hauteur. Les vases doivent avoir deux mètres d'élévation et deux mètres de diamètre. Ils donnent leurs premiers fruits la quatrième année de la plantation, et le maximum du produit la huitième.

A la culture de chacune des espèces, j'indiquerai les formes qui lui conviennent, et j'enseignerai, avec la taille de ces espèces à faire, toutes les formes que nous venons d'examiner.

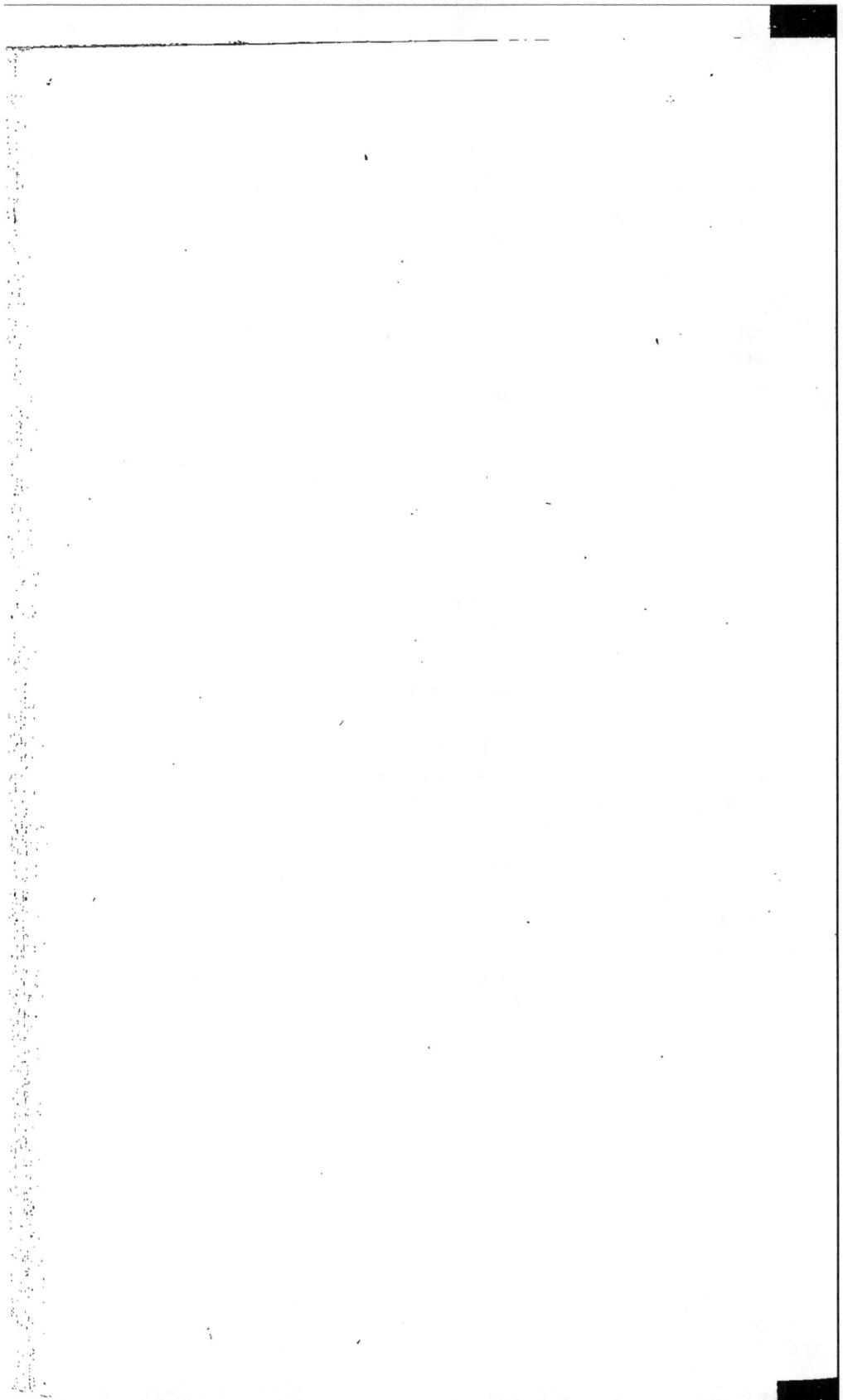

DEUXIÈME PARTIE

CULTURES SPÉCIALES

SEIZIÈME LEÇON

POIRIER.

VARIÉTÉS.

Avant de traiter de la culture spéciale du poirier, il est urgent d'édifier mes lecteurs d'une manière complète sur la valeur des variétés à cultiver ; sur le degré de vigueur des arbres, les formes à leur donner, et l'exposition à laquelle ils doivent être placés pour donner des résultats certains.

Si on s'en rapportait aux catalogues et à leurs pompeuses descriptions, on serait tenté de cultiver des centaines de variétés de poiriers, car les innombrables variétés qu'ils décrivent sont toutes incomparables. . . . . . sur le catalogue !

Le congrès pomologique fait de nobles efforts pour classer les fruits d'une manière précise, et rendre impossibles les fraudes dont les propriétaires ont été si souvent victimes. Il parviendra sans doute à terminer avec succès un travail aussi louable qu'utile, mais ce travail demande encore plusieurs années. En attendant son accomplissement, je crois rendre un service réel à mes lecteurs en leur donnant des renseignements précis sur les variétés qui doivent figurer dans le jardin fruitier.

Les variétés de poiriers que je vais indiquer sont celles que je cultive habituellement ; il en est sans doute beaucoup d'autres qui pourront être ajoutées à ma liste, mais leur mérite ne m'étant pas suffisamment connu, je préfère m'abstenir jusqu'à nouvel ordre.

Toutes les variétés de poiriers que j'indique peuvent, sans exception, être cultivées en cordons obliques, forme préférable, puisque, toutes choses égales d'ailleurs, elle donne plus vite et en plus grande quantité des fruits plus gros que toutes les autres.

En principe, les variétés faibles doivent être soumises aux petites formes, j'entends par petites formes les palmettes alternes, à branches courbées, Du Breuil, à branches croisées, etc., etc. Les cordons unilatéraux ne conviennent pas à toutes les variétés ; j'indique toutes celles qui peuvent être soumises à cette forme.

Les variétés vigoureuses sont destinées aux plus grandes formes d'espalier et de plein vent, telles que candélabres, éventails, vases, arbres à cinq ailes, etc.

Pour rendre le choix des variétés plus facile à mes lecteurs, je les classe par ordre de maturité pour chaque mois.

Variétés de poires mûrissant en :

Juillet.

DOYENNÉ DE JUILLET. Fruit très petit, arrondi, à peau jaune, fortement coloré de rouge, excellent et ayant le mérite d'être le premier de l'espèce. L'arbre, peu vigoureux, est d'une fertilité remarquable, il donne d'excellents résultats en cordons unilatéraux et en palmettes alternes à toutes les expositions de plein vent. Il faut être très sobre de cette variété dans le jardin fruitier.

MADELEINE. Fruit arrondi, moyen et assez médiocre, n'ayant d'autre mérite que celui de la précocité. L'arbre, assez vigoureux et très fertile, se contente du plein vent; on peut le placer en espalier à l'est pour avoir des fruits très précoces, forme moyenne.

BEURRÉ GIFFART. Fruit pyriforme, un peu ventru, à peau jaune, fortement coloré de rouge, la meilleure de nos poires d'été. Arbre assez fertile, de vigueur moyenne, excellent pour les formes moyennes d'espalier et de plein vent, à l'est et à l'ouest; donne d'excellents résultats en cordons unilatéraux. Le principal mérite de cette variété étant la précocité, il faut toujours la placer à une exposition chaude, au sud-est ou au sud-ouest, en plein vent.

EPARGNE. Excellent fruit pyriforme, allongé, à peau verte, tachée de fauve. Arbre très fertile et très vigoureux, redoutant l'humidité et la grande chaleur. Il peut être soumis à toutes les formes d'espalier et de plein vent, greffé sur franc, ou affranchi, et en cordons unilatéraux seulement, greffé sur cognassier. Exposition de l'est pour le plein vent, et du nord-est pour l'espalier.

Août.

ROUSSELET D'AOUT. Fruit moyen, à peau brune, olivâtre, taché de rouge, de bonne qualité. Arbre très vigoureux et très productif, destiné aux grandes formes de plein vent à toutes les expositions.

ROUSSELET DE REIMS. Charmant et excellent fruit, un peu musqué, pyriforme, allongé, à peau verte, colorée en rouge du côté du soleil. Arbre faible. assez fertile : la

meilleure forme à lui donner est le cordon unilatéral.
Lorsqu'on greffe des boutons à fruit de rousselet de Reims
sur d'autres poiriers, on obtient des fruits remarquables
par leur forme, leur coloris, leur volume, et fort appré-
ciés pour les desserts.

Septembre.

BEURRÉ D'AMALIS. Fruit gros, ventru, à peau verte colorée de rouge brun ; excellent. Arbre très vigoureux et très
fertile, précieux pour les plus grandes formes de plein
vent, tant il pousse avec rapidité, et pour placer en palmettes alternes entre deux arbres faibles. Plein vent seulement à toutes les expositions.

BEURRÉ NANTAIS. Joli et excellent fruit de grosseur
moyenne, à peau jaune. Arbre très fertile et assez vigoureux, excellent pour petites formes à l'espalier à l'ouest,
et en plein vent au sud-ouest.

BON-CHRÉTIEN WILLIAM. Fruit gros, oblong, obtus, à peau
jaune lavée de rouge, excellent, mais très musqué. Arbre
très fertile, faible sur cognassier; il demande à être greffé
sur franc ou affranchi. Excellent pour toutes les petites
formes à l'espalier, et en plein vent à l'est et à l'ouest.
Vient bien en cordons unilatéraux.

BEURRÉ SUPERFIN. Beau fruit oblong, un peu ventru, à
peau jaune; c'est peut-être la meilleure poire que nous
pessédions, mais elle ne se conserve pas. L'arbre, de vigueur moyenne, est assez fertile. La forme oblique est
celle qui lui convient le mieux en espalier et en plein vent
à l'est et à l'ouest.

ANGLETERRE. Petite poire longue, ventrue, à peau olivâtre tachée de brun ; excellente ; reléguée à tort dans les
vergers. Lorsqu'on lui fait les honneurs du jardin fruitier,
elle devient plus grosse et acquiert encore de la qualité.
Trois ou quatre poiriers d'Angleterre en oblique ou en

cordons unilatéraux rendent de grands services dans le jardin fruitier. Cet arbre vient bien en plein vent à toutes les expositions. Il faut le prendre greffé sur franc, ou l'affranchir pour les grandes formes, et greffé sur cognassier pour cordons obliques et unilatéraux.

JALOUSIE DE FONTENAY. Fruit moyen, mais excellent. Arbre de vigueur moyenne, demandant à être greffé sur franc ou affranchi, très fertile, bon pour les petites formes d'espalier et de plein vent aux expositions de l'est et de l'ouest.

BONNE D'ÉZÉE. Très beau fruit, oblong, à peau jaune marbrée de rouge, de bonne qualité. Arbre de vigueur moyenne, très fertile, pour petites formes d'espalier et de plein vent. Exposition de l'ouest.

Toutes les variétés ci-dessus doivent être plantées en très petite quantité, et plutôt en cordons obliques et verticaux qu'en toutes autres formes. Ces fruits sont excellents, mais ils ne se conservent pas, et viennent à la même époque que les fruits à noyaux.

Octobre.

LOUISE BONNE D'AVRANCHES, qu'il ne faut pas confondre avec la *bonne Louise*, drogue s'il en fut jamais. Fruit moyen, pyriforme, obtus, à peau jaune lavée de rouge, excellent et se conservant jusqu'en décembre dans un bon fruitier. Arbre vigoureux, d'une fertilité remarquable, propre à toutes les formes et venant à toutes les expositions, même à celle du nord, en espalier. Il donne des fruits superbes en cordons unilatéraux.

SEIGNEUR ESPEREN. Beau et bon fruit, forme de doyenné à peau jaune tachée de fauve. Arbre de vigueur moyenne, très fertile; il est nécessaire de l'affranchir dans les sols qui ne sont pas substantiels. Petites formes à l'espalier et en plein vent. Exposition de l'est à l'espalier, du sud-est en plein vent. Donne de bons résultats en cordons unilatéraux.

BEURRÉ GRIS. Beau et excellent fruit arrondi, à peau olivâtre marbrée de fauve. Arbre assez vigoureux, très fertile, mais ne donnant de bons résultats qu'à l'espalier au sud-est et sud-ouest. Greffé sur franc, il peut être soumis aux grandes formes ; le cognassier suffit pour obliques et pour cordons unilatéraux placés au bord d'une plate-bande d'espalier au midi.

BEURRÉ CAPIAUMONT. Fruit moyen, pyriforme, à peau jaune d'ocre, lavé d'orange et de roux, de bonne qualité. Arbre faible, demandant à être greffé sur franc, très fertile, bon pour les petites formes d'espalier et de plein vent; vient à toutes les expositions, même au nord en espalier. Le beurré Capiaumont donne les meilleurs résultats en cordons unilatéraux.

BEURRÉ DAVY. Très beau fruit obtus aux deux extrémités. à peau jaune lavée de rouge, excellent. Arbre très fertile, de vigueur moyenne, bon pour les formes moyennes d'espalier et de plein vent. Exposition de l'est ou de l'ouest.

FONDANTE DE CHARNEUX. Joli et excellent fruit, à peau jaune lavée de rouge. Arbre vigoureux et fertile, bon pour les grandes formes d'espalier et les moyennes de plein vent. Exposition de l'est et de l'ouest.

DOYENNÉ BOUSSOCK. Fruit superbe et excellent, à forme de doyenné, à peau jaune lavée de rouge. Arbre assez vigoureux, très fertile, bon pour les petites formes d'espalier et de plein vent. C'est une espèce précieuse dans le jardin fruitier; elle n'a que le défaut de n'être pas assez connue. Le doyenné Boussock vient bien en plein vent à l'est et à l'ouest, et donne de superbes fruits en cordons unilatéraux.

DOYENNÉ BLANC. Fruit délicieux, arrondi, à peau jaune lavée de rouge. Arbre faible, très fertile, ne donnant de bons résultats qu'à l'espalier, mais venant à toutes les expositions, même à celle du nord. L'arbre affranchi ne

doit être soumis qu'aux petites formes, il donne de beaux
et bons fruits en cordons unilatéraux au bord d'une plate-
bande d'espalier au midi.

BEURRÉ HARDY. Beau et bon fruit, à peau jaune marbrée
de rouge. Arbre vigoureux, assez productif, propre à toutes
les grandes formes d'espalier et de plein vent à l'est et à
l'ouest.

Novembre.

BEURRÉ PICQUERY. Beau fruit obtus, à peau jaune orange,
très bon Arbre vigoureux et fertile, excellent pour toutes
les grandes formes d'espalier et de plein vent à l'est et à
l'ouest. La palmette à branches croisées lui convient par-
ticulièrement.

BEURRÉ D'APRÉMONT. Bon fruit, pyriforme, très allongé,
assez original par sa teinte fauve. Arbre faible, très fertile ; il doit être affranchi dans tous les sols. Petites formes
d'espalier et de pein vent, à l'est et à l'ouest ; vient au
nord en espalier.

BON-CHRÉTIEN NAPOLÉON. Bon fruit, gros ventru, allongé,
à peau jaune. Arbre faible et peu fertile. On le greffe sur
franc, afin d'obtenir plus de vigueur, mais les fruits se
font attendre longtemps. Il est préférable de l'affranchir,
les fruits viennent plus tôt, sont plus gros et meilleurs.
Bon pour les petites formes seulement. Il donne les
meilleurs résultats en palmette à branches croisées et en
cordons unilatéraux, à l'espalier et en plein vent, à l'est et
à l'ouest.

DUCHESSE. Gros fruit, ventru, à peau vert jaunâtre,
excellent dans les terrains secs. Arbre vigoureux et très
fertile, s'arrangeant de toutes les formes et de toutes les
expositions, en plein vent et à l'espalier, même de celle
du nord à l'espalier. Les plus belles poires de Duchesse se
récoltent sur les cordons unilatéraux.

DOYENNÉ GRIS. Délicieuse poire, arrondie, à peau brune.

ayant l'inconvénient d'être pierreuse en plein vent et sur les arbres mutilés. Cet inconvénient disparaît à l'espalier, lorsque les arbres ne subissent pas de grandes amputations. Le doyenné gris vient bien à toutes les expositions à l'espalier, même à celle du nord, et il donne de bons résultats en cordons unilatéraux au bord d'une plate-bande d'espalier au midi. L'arbre très fertile, mais faible, demande à être affranchi.

Vans Mons de Léon Leclerc. Beau et bon fruit, pyriforme, allongé, à peau vert jaunâtre. Arbre très faible, fertile. mais ne pouvant être cultivé qu'en cordons unilatéraux, à cause de son peu de vigueur, et encore, dans ce cas, faut-il le placer après un arbre vigoureux. Je ne cultive plus cette excellente variété que par greffe de boutons à fruits. Exposition chaude sud-est et sud-ouest.

Baronne de Mello. Fruit petit, pyriforme, ventru, à peau couleur fauve, très bon. Arbre de vigueur moyenne, assez fertile. bon pour les petites formes d'espalier et de plein vent à l'est et à l'ouest.

Doyenné du Comice. Fruit nouveau, moyen, assez bon, mais ne valant pas la réputation qu'on voudrait lui faire. Arbre vigoureux, assez fertile, bon pour les formes moyennes d'espalier et de plein vent à l'est et à l'ouest.

Beurré d'Anjou. Excellent fruit, très gros, à peau jaune verdâtre. Arbre vigoureux et fertile, bon pour les grandes formes d'espalier et de plein vent, aux expositions du sud-ouest pour l'espalier, et du sud pour le plein vent.

Messire Jean. Fruit croquant, arrondi, à peau fauve, bon cru, excellent cuit. Arbre de vigueur moyenne, assez fertile, bon pour toutes les petites formes de plein vent, à toutes les expositions.

Nouveau Poiteau. Superbe fruit, oblong, à peau verte tachée de brun, très bon, mais ayant l'inconvénient de blétir très facilement et souvent avant maturité. Arbe très vigoureux, peu fertile. propre aux plus grandes formes d'espalier et de plein vent, aux expositions de l'ouest pour l'espalier, et du sud-ouest pour le plein vent.

SOLDAT-LABOUREUR. Fruit moyen, pyriforme, ventru, à peau jaune, assez bon. Arbre vigoureux et assez fertile, propre aux grandes formes d'espalier et de plein vent, à l'est et à l'ouest.

Décembre.

CRASSANE. Excellent fruit, arrondi, à peau verte tachée de fauve, toujours trop rare dans le jardin fruitier. Arbre très vigoureux, mais très infertile dans sa jeunesse. On plantait autrefois les poiriers de crassane sur franc. Avec l'ancienne taille, ces arbres faisaient attendre leurs fruits dix ans, et ne donnaient de produits réguliers qu'à l'âge de quinze ou seize ans.

La crassane ne dure pas longtemps sur cognassier ; elle pousse d'abord très vigoureusement, puis ensuite elle se couvre de mousse, et meurt après avoir produit quelques mauvais fruits. Ces inconvénients réunis, l'infertilité sur franc, et le peu de durée sur cognassier ont fait renoncer à la culture de cet excellent fruit.

J'ai appliqué à la crassane l'affranchissement qui m'a donné de si bons résultats pour les espèces faibles, et j'ai obtenu des arbres vigoureux et d'une fertilité soutenue. Avec une taille rationnelle, on obtiendra des fruits la troisième année, avec des arbres sur franc, en les soumettant à la forme de palmette à branches croisées, et la seconde avec des arbres affranchis en obliques, palmettes alternes, etc.

La crassane demande impérieusement l'espalier au sud-est et sud-ouest dans tous les sols, et au midi dans les terres argileuses.

FIGUE. Joli fruit en forme de figue, de bonne qualité. Arbre vigoureux et fertile, venant bien en plein vent, précieux en palmette alterne à côté d'un arbre faible pour lui donner de la vigueur. Bon pour toutes les grandes formes d'espalier et de plein vent à l'est et à l'ouest.

Délices d'Hardempont. Beau et bon fruit, arbre très fertile, mais d'une faiblesse désespérante. Cette variété est précieuse, en ce qu'elle donne d'excellents fruits en espalier au nord. Je ne la cultive plus que par greffe de boutons à fruits.

Beurré Clairgeau. Superbe fruit, d'assez bonne qualité, formant le principal ornement des desserts ; aussi curieux par son volume que par son coloris. Poire énorme, pyriforme, ventrue, bossuée, à peau jaune clair, lavée de carmin. Arbre très faible sur cognassier ; il produit des fruits moins gros sur franc ; il y a bénéfice à l'affranchir. Le beurré Clairgeau demande l'espalier au sud-est ou au sud-ouest, en petites formes ou en cordons unilatéraux bordant une plate-bande au midi. J'ai obtenu de magnifiques résultats de la greffe des boutons à fruits de cette variété sur d'autres poiriers.

Beurré Six. Fruit moyen, pyriforme, allongé, à peau verte, excellent. Arbre vigoureux, assez fertile, propre aux plus grandes formes d'espaliers et de plein vent, aux expositions de l'est et de l'ouest.

Beurré Diel. Beau et bon fruit, arrondi, à peau jaune. Arbre vigoureux et fertile, propre à toutes les grandes formes d'espalier et de plein vent, venant à toutes les expositions, même à celle du nord en espalier. Le Beurré Diel donne de superbes fruits en cordons unilatéraux. Il est très précieux dans ces plantations et dans celles de palmettes alternes à côté des arbres faibles pour leur donner sa surabondance de séve.

Triomphe de Jodoigne. Fruit magnifique et de bonne qualité, pyriforme, ventru, à peau jaune lavée de rouge. Arbre vigoureux et fertile, mais délicat pendant sa jeunesse. Cette variété pousse mal sur franc et ne dure pas sur cognassier. L'arbre affranchi donne d'excellents résultats.

Le triomphe de Jodoigne peut être soumis à toutes les grandes formes d'espalier et de plein vent; il vient à toutes les expositions, même à celle du nord en espalier.

BEURRÉ GRIS D'HIVER. Fruit nouveau, d'assez bonne qualité, à forme arrondie, à peau jaune. Arbre vigoureux et fertile, bon pour formes moyennes d'espalier et de plein vent à l'est et à l'ouest.

De Janvier à Mars.

BONNE DE MALINES. Fruit petit, mais excellent et de très longue garde, turbiné, obtus, à peau olivâtre tachée de fauve. Arbre de vigueur moyenne, fertile, propre aux formes moyennes d'espalier et de plein vent. Exposition du sud-est et sud-ouest à l'espalier, au midi en plein vent.

SAINT-GERMAIN. Excellent fruit, toujours trop rare dans le jardin fruitier, oblong, allongé, à peau verte tachée de brun. Arbre très fertile, assez vigoureux, mais quelquefois délicat; il ne vient bien qu'à l'espalier au sud-est, craint les mutilations. Le Saint-Germain peut être soumis aux grandes formes d'espalier. J'ai obtenu de superbes fruits en cordons unilatéraux bordant une plate-bande d'espalier au midi.

BEURRÉ D'AREMBERG. Beau fruit, ventru, obtus, quelquefois bossué, à peau jaune olivâtre, chair fine manquant parfois de saveur. Arbre vigoureux et fertile, bon pour toutes les formes d'espalier et de plein vent, à la condition d'être fixé sur un palissage. Cette variété n'aime pas à être tourmentée par le vent. Elle donne des résultats négatifs en pyramide, toujours des fleurs, rarement des fruits. Le beurré d'Aremberg préfère l'exposition de l'ouest à l'espalier; il donne de bons résultats en cordons unilatéraux et en palmettes alternes où il devient une précieuse ressource pour stimuler la végétation des arbres faibles.

PASSE-COLMAR. Fruit moyen, arrondi, à peau jaune, de

bonne qualité et se gardant longtemps. Arbre faible, très fertile, propre aux petites formes d'espalier et de plein vent, et fructifiant à toutes les expositions, même à celle du nord à l'espalier. Cette variété donne les plus beaux fruits en cordons unilatéraux.

BON-CHRÉTIEN DE RANCE. Fruit très gros, obtus aux deux extrémités, à peau verte lavée de rouge. Cette variété, malgré ses mérites, est très rare dans le jardin fruitier. L'arbre est très fertile, vigoureux, quand il a bien pris, mais d'une délicatesse extrême pendant sa jeunesse. Les pépiniéristes ont presque renoncé à la multiplication de cette excellente variété. Elle vient mal sur franc, et pas du tout sur cognassier.

J'ai essayé d'un moyen mixte qui a été couronné de succès. C'est de greffer d'abord sur cognassier du sucré vert, espèce très vigoureuse, et de greffer ensuite le bon-chrétien de Rance sur le sucré vert; puis, j'affranchis mon arbre et j'ai toujours des poires magnifiques. Cette opération, assez longue, est difficile à faire en pépinière, et il n'est pas possible de livrer un arbre ainsi traité au même prix; il demande double greffe et occupe le sol une année de plus. C'est un travail impossible en pépinière ordinaire, ce n'est que dans les miennes que je puis faire exécuter cette double façon.

Le bon-chrétien de Rance demande l'espalier au sud-est, en formes moyennes ou le plein vent, en petites formes bien abritées et au midi.

DOYENNÉ D'ALENÇON. Excellent fruit, assez gros, forme de doyenné, à peau jaune olivâtre marquée de taches grises. Arbre vigoureux, peu fertile, propre aux grandes formes d'espalier et aux formes moyennes de plein vent. Les palmettes à branches croisées le font fructifier plus vite. Exposition du sud-est pour l'espalier, du sud pour le plein vent.

Le doyenné d'Alençon se garde très longtemps; on ne saurait trop en planter dans le jardin fruitier.

De Janvier à Avril

SUZETTE DE BAVAY. Fruit moyen, mais excellent, et ayant le mérite de mûrir quand il n'y a plus de poires. Arbre vigoureux et fertile, propre à toutes les grandes formes d'espalier et de plein vent. Exposition du sud-est pour l'espalier, du sud pour le plein vent.

De Janvier à Mai.

DOYENNÉ D'HIVER. Superbe et excellent fruit, à forme de doyenné, à peau jaune parsemée de taches fauves. Arbre de vigueur moyenne très fertile, faible sur cognassier, donnant les meilleurs résultats affranchis.

Le doyenné d'hiver est une variété des plus précieuses, il n'y en a jamais assez dans le jardin fruitier. Cette excellente variété, destinée aux petites formes d'espalier et de plein vent, fructifie à toutes les expositions, même à celle du nord en espalier, et s'accommode de toutes les formes. Elle donne de superbes fruits en cordons unilatéraux.

De Janvier à Juin.

BERGAMOTTE ESPÉREN. Fruit petit, mais délicieux, à forme de bergamotte, à peau jaune, le dernier qui reste au fruitier; il se conserve quelquefois jusqu'en juin. Arbre vigoureux, mais peu fertile, propre aux grandes formes d'espalier et de plein vent. Les fruits deviennent plus gros à l'espalier à l'est ou au sud-est, mais cependant ils sont très bons en plein vent aux expositions chaudes.

La variété étant naturellement infertile, on doit lui donner de préférence les formes qui impriment le plus de gêne

aux arbres : les palmettes à branches croisées et les palmettes alternes.

FRUITS A CUIRE.

Contrairement aux usages des jardiniers qui abusent
des poires à compotes, je n'en introduis que cinq variétés
dans le jardin fruitier. Trois de ces variétés viennent sans
culture dans les vergers, je ne les admets dans le jardin
fruitier que parce qu'elles sont utiles à la culture des
autres variétés.

1° CURÉ. Fruit pyriforme allongé, à peau jaune, verdâtre,
mûrissant de décembre à janvier. Arbre fertile et vigoureux, excellent pour toutes les grandes formes de plein
vent, précieux pour faire un *porte-greffe*. C'est particuliè-
rement pour cet usage que nous l'introduisons dans le jardin fruitier.

2° MARTIN-SEC. Fruit petit, pyriforme, ventru, à peau
fauve, excellent cuit. Arbre de vigueur moyenne, propre aux petites formes de plein vent, à toutes les expositions.

3° CATILLAC. Fruit très gros, arrondi, à peau verte, se
conservant longtemps et faisant des compotes passables.
Arbre vigoureux et fertile, venant à toutes les expositions de plein vent.

Le catillac a deux destinations dans le jardin fruitier :

1° De servir de porte-greffe ; alors on le plante greffé sur
franc, afin d'obtenir très vite une charpente d'un grand
développement.

2° De produire des fruits monstrueux. Dans ce cas on le
choisit greffé sur cognassier et on le plante en cordons
unilatéraux, devant une variété faible.

BELLE-ANGEVINE. La plus grosse de toutes les poires, fruit
énorme, pyriforme, ventru, à peau verte lavée de rouge,
mauvais cru, pas bon cuit. Cependant il est très recherché
à cause de son volume et de son coloris, pour faire l'ornement des desserts. Arbre très vigoureux, peu fertile, de-

mandant impérieusement l'espalier au midi, bon pour les plus grandes formes.

La belle-Angevine n'ayant d'autre mérite que sa grosseur, on ne doit laisser que très peu de fruits sur les arbres.

Bon-Chrétien d'hiver. Fruit gros, obtus, à peau jaune pâle, se conservant indéfiniment, le meilleur de tous les fruits à compotes. Arbre vigoureux et fertile, bon pour les plus grandes formes d'espalier à l'exposition du midi.

DIX-SEPTIÈME LEÇON

—

POIRIER.

CULTURE ET TAILLE.

Le poirier se greffe sur quatre sujets différents : sur cognassier, sur poirier franc, sur cormier et sur épine blanche.

Le cognassier est toujours préférable lorsqu'on veut former des arbres de moyenne grandeur ; il fructifie plus tôt que le poirier franc, ses fruits sont aussi plus gros et plus savoureux ; mais le cognassier veut une terre substantielle et de bonne qualité.

Le poirier franc produit des arbres plus grands, plus vigoureux et de plus longue durée que le cognassier ; il fait attendre ses fruits plus longtemps, mais donne d'excellents résultats dans les sols médiocres, où le cognassier ne vivrait pas.

Le cormier est un excellent sujet pour le poirier ; il tient le milieu entre le cognassier et le poirier franc ; il a le désagrément d'être très long à venir, mais aussi l'avantage de former d'excellents arbres dans les sols siliceux où le poirier franc ne pourrait pas vivre.

L'épine blanche est la dernière ressource pour les sols calcaires; où toutes les espèces à pépins périssent. Elle demande un certain temps pour acquérir le développement nécessaire ; mais c'est un excellent sujet, de très longue durée et qui permet la culture du poirier dans les sols où il refuse toute végétation.

Il n'existe pas de terrain, quelque mauvais qu'il soit, où on ne puisse obtenir facilement d'abondantes récoltes d'excellentes poires, en ayant recours aux sujets que je viens d'indiquer. Le cormier et l'épine blanche seront rarement employés ; il suffira, la plupart du temps, de bien préparer le sol, de planter sur poirier franc, ou même d'affranchir le cognassier pour obtenir le résultat désiré.

Le cormier et l'épine blanche sont la dernière ressource, la consolation du propriétaire qui voit sa propriété veuve de toute production fruitière et qui entend chaque jour son jardinier lui répéter: « le terrain ne vaut rien, » ou « les fruits ne peuvent pas venir ici. » Le cormier et l'épine blanche rayent le mot impossible dans la culture du poirier.

On trouve dans toutes les pépinières des poiriers greffés sur cognassier, et même sur poirier franc, mais jamais de poiriers greffés sur cormier et sur épine blanche. Lorsqu'un propriétaire a besoin de ces arbres, il doit les commander à l'avance à un pépiniériste ou les faire lui-même, ce qui est facile en achetant de très beaux plans de cormier ou d'épine blanche.

Pour gagner du temps, il est urgent de faire déplanter le plan avec toutes ses racines, de le replanter également avec toutes ses racines, dans une pièce de terre défoncée à 60 centimètres et bien fumée. On plante, en lignes orientées de l'est à l'ouest, les arbres à 50 centimètres de distance, et les lignes à 80 centimètres d'intervalle.

Si le sol a été bien préparé, bien fumé, et si le plan a été bien choisi, il sera bon à greffer l'année suivante. La greffe en écusson est la préférable pour cet objet. Cependant on peut regreffer au printemps les sujets dont les écussons ont manqué au mois d'août, en employant la greffe en fente anglaise. C'est une année de gagnée.

L'année suivante, on déplante avec soin les arbres qui sont assez forts pour être enlevés, et on les plante à demeure avec les soins que j'ai indiqués à la plantation ; les autres seront déplantés l'année d'après. Tout cela n'est pas dispendieux, mais c'est long. Cependant c'est le seul moyen à employer dans certains sols ; il est encore plus expéditif que de replanter sans cesse des espèces qui y meurent toujours au bout d'un ou deux ans.

J'ai souvent parlé de l'affranchissement du cognassier ; c'est une précieuse ressource pour les variétés faibles que l'on est dans l'usage de greffer sur franc, et pour les sols où le cognassier peut vivre deux ou trois ans. Dans le premier cas, on plante sur cognassier au lieu d'employer le poirier franc ; la fructification s'établit pendant l'été suivant, et l'année d'après on affranchit l'arbre, opération qui lui donne presque autant de vigueur que s'il était greffé sur franc, mais avec cette différence que la fructification est immédiate, tandis qu'on l'eût attendue deux années sur poirier franc.

Voici comment on opère :

Pour les variétés faibles on plante un peu plus profondément que d'habitude, et de manière à ce que la greffe soit ras du sol ; lorsque l'arbre est bien repris, l'année d'après, au printemps, on pratique, sur le bourrelet de la greffe, quatre incisions longues de deux à trois centimètres (A. pl. 18, fig. 2) ; puis on recouvre ces incisions avec de la terre mélangée de terreau, et on paille ensuite soigneusement pour maintenir l'humidité (B. pl. 18, fig. 2).

Le cambium, élaboré par les premières feuilles, forme bourrelet autour des incisions, et quelque temps après, il donne naissance à des racines sur toutes les parties qui ont été entaillées (C. pl. 18, fig. 2). L'arbre est alors bouturé sur place ; ces nouvelles racines, nées sur la greffe et

non sur le sujet, racines de poirier par conséquent, acquièrent une vigueur d'autant plus grande qu'elles sont
plus superficielles; elles anéantissent celles du cognassier
en moins de deux ans, et il ne reste plus alors qu'un arbre
sur franc, ayant le bénéfice de sa vigueur, et celui de la
fructification prompte et abondante du cognassier.

Dans les sols où le cognassier ne peut vivre longtemps,
on opère de la même manière, en ayant soin toutefois de
fumer abondamment si le sol est médiocre. L'affranchissement se fait la seconde année, au moment où l'arbre va
donner ses premiers fruits qui, recevant une quantité de
sève énorme, par deux appareils de racines, deviennent
très volumineux.

L'affranchissement m'a rendu d'immenses services dans
mes nombreuses plantations; il offre de grands avantages,
et je ne saurais trop le recommander, de préférence à la
plantation sur poirier franc, toutes les fois que le sol le
permettra.

Lorsque les poiriers ont été bien choisis et convenablement plantés, il faut leur donner une forme, et obtenir
des fruits le plus vite possible. Toutes les formes dont j'ai
donné les dessins conviennent au poirier, ou au moins à
quelques variétés de poiriers.

J'ai commencé par la forme oblique, comme étant celle
qui donne le plus vite les plus beaux fruits. J'ai dit précédemment que les cordons obliques à l'espalier, comme en
plein vent, devaient être plantés à 40 centimètres de distance,
et plantés inclinés sur un angle de 60 degrés, afin de donner plus de vigueur à l'arbre, et d'éviter l'émission de
gourmands à la base.

Si l'arbre a été déplanté et replanté avec toutes ses racines, on peut lui appliquer la première taille, immédiatement après la plantation; mais s'il a perdu la moitié,
les deux tiers ou les trois quarts de ses racines, il faudra
faire sur la tige une suppression égale à la perte des racines, afin d'établir l'équilibre entre les racines et la tige, et

remettre la taille à l'année suivante, époque à laquelle il sera bien enraciné.

J'ai dit également qu'il était préférable, dans tous les cas, de planter des greffes d'un an, n'ayant jamais reçu de taille dans la pépinière. Admettons que nous opérions sur une greffe d'un an, replantée avec toutes ses racines, et que cette greffe soit entièrement dépourvue de ramifications : dans ce cas, la taille de première année consistera simplement dans la suppression du tiers environ de la longueur totale de la tige, en ayant soin de tailler sur un œil placé en avant, afin d'obtenir un bourgeon de prolongement bien droit.

Les prolongements se taillent plus ou moins longs, suivant leur inclinaison. Le but de cette taille est de faire développer tous les yeux, de la base au sommet. Si le prolongement est taillé trop court, tous ses yeux se développent en bourgeons vigoureux, très difficiles à mettre à fruit ; s'il est taillé trop long, les yeux de la base s'éteignent et laissent des vides sur la branche.

L'expérience a démontré qu'un prolongement placé horizontalement développait tous ses yeux, sans suppression aucune, et qu'un prolongement placé verticalement ne développait les yeux de la base qu'avec une suppression des deux tiers de la longueur totale.

Prenons pour guide un quart de cercle (pl. 19, fig. 1), le premier prolongement A. ne sera pas taillé, le dernier B. sera taillé aux deux tiers ; ce sont les deux extrêmes, ils nous serviront de point de départ et de guide pour tailler tous les autres plus ou moins longs, suivant leur inclinaison (C. pl. 19, fig. 1).

Il résulte de cette démonstration, que plus une branche est inclinée, moins on supprime de bois pour obtenir le développement de tous les yeux ; plus vite l'arbre est formé, et plus vite aussi il se met à fruit. De là la nécessité d'éviter les lignes verticales dans la charpente des arbres.

Revenons à notre arbre oblique : nous avons supprimé le tiers de la longueur totale de la tige pour obtenir un bourgeon de prolongement vigoureux, et le développement de tous les yeux, de la base au sommet. Cet arbre, ne devant se composer que d'une tige garnie de rameaux à fruits dans toute son étendue, nous devons, tout en formant la charpente, nous occuper de convertir tous les bourgeons latéraux en rameaux à fruit.

Voyons d'abord comment notre prolongement va végéter après avoir été taillé.

FORMATION DES RAMEAUX A FRUIT.

Les yeux du tiers inférieur développeront seulement une rosette de feuilles (A. pl. 19, fig. 2); ceux du second tiers, des petits dards longs de un à trois centimètres (B); enfin, ceux du troisième tiers où la séve afflue avec abondance, produiront des bourgeons presque aussi vigoureux que celui de prolongement (C). Si nous laissons ces bourgeons croître librement, ils absorberont non-seulement la séve destinée au bourgeon de prolongement et nuiront à son élongation, mais encore la vigueur de ces bourgeons sera un obstacle insurmontable à leur mise à fruit. Il faut donc arrêter leur vigueur par le pincement.

Dès qu'un bourgeon latéral de poirier a atteint la longueur de dix centimètres, il faut le pincer, c'est-à-dire *couper avec les ongles* l'extrémité de ce bourgeon sans en retrancher *plus d'un* centimètre (pl. 19, fig. 3).

Le pincement, produisant une plaie contuse, déchirée, et par conséquent très longue à se cicatriser, a pour effet de suspendre momentanément la végétation du bourgeon; la déchirure de la plaie, lui imprimant une certaine souffrance. empêche le développement de ses yeux en nouveaux bourgeons. Il résulte de cette opération, quand elle est bien faite, une suspension totale d'accroissement dans le bourgeon pincé. Il ne grossit plus, reste faible par conséquent, et les six ou huit feuilles qu'il porte élaborent assez de cambium pour tuméfier et mûrir les yeux de la base, destinés à former des boutons à fruit.

Chez certaines variétés vigoureuses il pousse quelquefois un bourgeon anticipé sur le bourgeon pincé ; on soumet ce nouveau bourgeon au pincement, à sept ou huit centimètres, suivant sa vigueur.

Les vieux arbres ayant des branches tortues, végètent très irrégulièrement, et ne peuvent pas être équilibrés tout d'abord. La séve, arrêtée dans les coudes, y fait développer des bourgeons très vigoureux : dix pincements successifs n'arrêteraient pas leur végétation, et auraient l'inconvénient de fournir assez de feuilles pour faire grossir considérablement le bourgeon, qui, en raison même de sa vigueur, ne se mettrait pas à fruit. Alors, il faut pincer deux fois seulement, et dès qu'il pousse un troisième bourgeon, *casser* le premier un peu au-dessous du premier pincement.

J'ai dit *casser* et non couper, cela est très important, voici pourquoi : Le cassement produit une plaie contuse, déchirée qui ne se cicatrise pas. La surabondance de séve s'évapore par la cassure, et cette même cassure imprime au bourgeon un état de souffrance d'assez longue durée pour empêcher la naissance de nouveaux bourgeons (pl. 19, fig. 4). Cette opération produit le même effet que le pincement ; le bourgeon ne pouvant plus s'allonger, ne grossit pas, et le cambium, élaboré par les feuilles qui restent, agit sur les yeux de la base. Si au lieu de casser le bourgeon on le coupait, le remède serait pis que le mal ; la plaie de la coupure, très vite cicatrisée, faciliterait le développement d'un bourgeon très vigoureux qu'on ne pourrait plus mettre à fruit.

J'ai dit qu'en moyenne, le poirier devait être pincé à

dix centimètres, mais toutes les variétés ne végétant pas de la même manière, il y a des modifications à introduire dans le pincement pour certaines variétés. Ainsi, les doyennés d'hiver et les beurrés d'Aremberg produisent des bourgeons très feuillus, dont les yeux sont très rapprochés; il est évident que ces variétés doivent être pincées un peu plus court, à huit centimètres. Les beurrés Diel et les bergamottes Esperen produisent des bourgeons très longs et dont les yeux sont très écartés. Si on les pinçait à dix centimètres, il ne resterait pas plus de trois à quatre feuilles sur le bourgeon; il faut donc allonger le pincement pour ces variétés et le faire à douze ou quatorze centimètres pour obtenir les mêmes résultats que sur les doyennés d'hiver et les beurrés d'Aremberg pincés à huit centimètres.

Il n'y a rien d'absolu en culture, et moins encore en arboriculture, peut-être celle de toutes les cultures qui demande le plus de tact et d'appréciation de la part de l'opérateur. Parmi les variétés de poirier que j'ai indiquées, il n'en est pas deux qui végètent de la même manière, chacune a ses mérithales plus ou moins rapprochés. C'est donc à l'opérateur à examiner d'abord le mode de végéter de chaque variété et à modifier son pincement suivant l'écartement des yeux, entre 8 et 14 centimètres.

Le but du pincement est d'arrêter la végétation du bourgeon, afin de le maintenir faible, d'y conserver assez de feuilles pour nourrir les yeux de la base, tout en donnant à la sève un espace assez étendu à parcourir pour éviter le développement de bourgeons anticipés. Tout le monde pince, mais très peu de personnes pincent juste.

Je considère le pincement comme l'opération la plus importante et la plus difficile de la taille d'été : la plus importante, en ce que, bien faite, elle assure une fructification abondante et immédiate ; mal faite, elle la retarde de plusieurs années; la plus difficile, en ce qu'elle demande des connaissances physiologiques sérieuses, beaucoup de tact et une grande pratique.

10

Je ne saurais trop appeler l'attention des propriétaires
et surtout des jardiniers sur les lignes qui précèdent. Les
propriétaires qui viennent à nos leçons, sans rien connaître
à l'arboriculture, apprennent vite, parce qu'ils n'ont pas à
lutter contre la force de l'habitude et les principes faux ;
mais la plupart des jardiniers, qui ont reçu des principes
de taille déplorables et les appliquent depuis longues années, ont beaucoup plus de peine, malgré tout le bon vouloir qu'ils peuvent y mettre. C'est surtout dans les pincements qu'ils échouent, voici pourquoi :

On leur a enseigné à pincer le poirier à trois feuilles et
quelquefois à deux. Voici ce qui a lieu dans ce cas : la
séve étant circonscrite dans un espace trop restreint, fait
pression sur les deux ou trois yeux qui restent sur le tronçon du bourgeon, et les fait développer en bourgeons vigoureux (pl. 19, fig. 5). L'année suivante, au printemps,
on coupe le rameau rez de la branche (A. pl. 19, fig. 5), et
pendant l'été suivant il se développe une quantité de bourgeons tout autour du couronnement de l'amputation
(pl. 19, fig. 6). On recoupe encore ces bourgeons à la base
(A. même figure). On ne voit jamais un bouton à fruit pendant longues années sur ces productions ; mais bientôt
elles sont converties en nodosités énormes quand elles ne
meurent pas pour laisser une quantité de vides sur la
branche (pl. 19, fig. 7). Je cite ce fait, parce que tous les
propriétaires sont à même d'en reconnaître l'exactitude
en jetant un coup d'œil sur leurs poiriers.

Nous ne pouvons en vouloir aux jardiniers d'avoir reçu
de mauvais principes, nous leur en faisons voir les inconvénients pour les engager à se livrer à des études sérieuses
et à se défier des anciennes habitudes.

Parmi les yeux qui avoisinent l'extrémité du rameau
taillé, il y en a presque toujours un qui, par sa position,
reçoit une quantité de séve égale au bourgeon de prolongement (D. pl. 19, fig. 2). Le bourgeon produit par cet œil
aura une vigueur égale à celle du bourgeon de prolonge-

ment, si elle ne la dépasse pas. Les pincements seraient impuissants pour le mettre à fruit. Pour ce bourgeon seulement, il faut employer un moyen empirique qui réussit toujours.

Ce moyen consiste à couper, à 2 millimètres de sa base, le bourgeon en question, et ce, dès qu'il a atteint la longueur de 6 à 7 centimètres. Les yeux stipulaires qui existent à la base de tous les bourgeons produisent, dans le courant de l'été, deux bourgeons faibles (pl. 19, fig. 8). On supprime le plus vigoureux (A. même figure), et le plus faible, soumis au pincement, se met facilement à fruit.

Malgré tous les soins que l'on pourra prendre, il arrivera souvent, surtout sur les vieux arbres, d'oublier de pincer quelques bourgeons. S'ils ont atteint une longueur de 25 à 30 centimètres, il est trop tard pour les pincer; alors on a recours à l'opération suivante, qui produit les mêmes effets que le pincement.

On prend le bourgeon entre les doigts; on le tord à la hauteur de dix centimètres environ de la base, de manière à briser toutes les fibres ligneuses; on pince l'extrémité et on tortille le bout, la tête en bas, à la base du bourgeon (pl. 20, fig. 1.)

Si le bourgeon oublié avait atteint la longueur de 40 à 50 centimètres, il faudrait tout simplement le casser à 15 centimètres environ.

Dans le poirier, les rameaux à fruit ne sont complétement constitués que la troisième année, mais ils produisent des fruits pendant toute l'existence de l'arbre, quand on leur donne les soins nécessaires. Après avoir appliqué pendant le premier été, les soins que nous venons d'indiquer, nous trouverons, le printemps d'après, notre arbre dans l'état suivant :

Le tiers inférieur qui a développé seulement une rosette de feuilles, portera des boutons assez gros, renflés et un peu allongés, qui se mettront à fruit d'eux-mêmes et sans aucune opération (A. pl. 20, fig. 2); le second tiers porter

des petits dards longs de deux à 4 centimètres, qui se
mettront également à fruit sans le secours de la taille
(B. pl. 20, fig. 2); le troisième tiers, qui a produit les bourgeons plus ou moins vigoureux que nous avons soumis au
pincement pendant l'été précédent (C. pl. 20, fig. 2), recevra les opérations suivantes :

Les rameaux de vigueur moyenne seront cassés complétement à une longueur de 6 à 7 centimètres au-dessus
d'un œil (pl. 20, fig. 3). Les rameaux plus vigoureux seront d'abord cassés complétement à 9 centimètres environ, et recassés ensuite à moitié, à la hauteur de sept
centimètres environ de la base (pl. 20, fig. 4). Les rameaux oubliés au pincement, qui ont été soumis à la torsion ou au cassement à 15 centimètres, subiront les mêmes
opérations, suivant leur degré de vigueur.

Les cassements se font avec la lame de la serpette.
On applique le bas de la lame sur le rameau, à l'endroit
où on veut le casser, et on donne un coup sec ; cette opération se fait très vite. Pour les rameaux vigoureux que
l'on casse deux fois, on fait le cassement complet comme
je viens de l'indiquer, et pour le cassement partiel, on
coupe seulement l'écorce à l'endroit où on veut le faire,
puis on casse avec précaution pour éviter de détacher le
bout du rameau.

Le cassement est une opération analogue au pincement :
comme lui, il demande un examen sérieux des variétés,
afin de le pratiquer plus ou moins long, suivant leur manière de végéter, et suivant l'état des yeux de la base.
Moins ils sont saillants, développés, plus il faut casser court.

Le but du cassement est de renouveler une plaie déchirée ne se cicatrisant pas, et permettant, par conséquent, à l'excédent de séve de s'évaporer, imprimant
au rameau un état de souffrance assez grand pour l'empêcher de produire des bourgeons, tout en lui laissant assez
de feuilles pour nourrir convenablement les yeux de la
base et les convertir en rameaux à fruits.

Lorsque les arbres sont très vigoureux ou mal équilibrés, il naît quelquefois des bourgeons sur les rameaux cassés; on soumet ces bourgeons au pincement, comme nous l'avons indiqué précédemment.

Lorsque les rameaux ont été cassés, on taille e nouveau prolongement de l'arbre (D. pl. 20, fig. 2), et on le repalisse. Pendant l'été suivant, on soumet au pincement les bourgeons qui naissent sur les rameaux cassés, et ceux du nouveau prolongement. Le troisième printemps, la portion d'arbre que nous traitons depuis deux ans présente l'aspect suivant :

Les yeux du tiers inférieur (A. pl. 20, fig. 5) sont convertis en boutons à fruits; les dards du second tiers (B. pl. 20, fig. 5) portent tous des boutons à fruits, et enfin, les rameaux qui ont été cassés (C. pl. 20, fig. 5) montrent tous un ou plusieurs boutons à fruits à la base. Tous ces boutons à fruit fleuriront au printemps et donneront des fruits pendant l'été.

Alors on taille, avec une serpette bien tranchante, les dards sur un ou deux boutons à fruit; il vaut mieux n'en laisser qu'un, le plus rapproché de la base, puis on fait tomber tous les tronçons mutilés des rameaux en taillant sur le bouton à fruit le plus rapproché de la base, afin d'avoir les fruits sinon attachés sur la branche-mère, mais au moins sur un onglet dont la longueur n'excède pas 15 millimètres.

Dans tous les cas, on ne doit jamais laisser aucune production au-dessus des boutons à fruits.

Le bouton à fruit, complétement constitué, prend le nom de *lambourde*; lorsque la lambourde a fleuri et fructifié, elle porte à l'extrémité un renflement spongieux sur lequel les fruits étaient attachés; ce renflement s'appelle bourse (pl. 20, fig. 6). La bourse porte toujours à la base plusieurs yeux (A. pl. 20, fig. 6); la majeure partie de ces yeux produit naturellement un bouton à fruit l'année suivante. Quelques-uns donnent naissance à des bourgeons faibles

que l'on soumet au pincement (A. pl. 20, fig. 7) et au cassement s'il y a lieu, puis, dès qu'il y a un nouveau bouton à
fruit de formé au-dessous, on taille dessus (B. pl. 20,
fig. 7).

Nous remarquerons que chaque lambourde est supportée par une espèce de pédoncule couvert de rides (B et C,
pl. 20, fig. 6 et 7). Chacune de ces rides contient le rudiment de plusieurs boutons à fruits. Il y en a, dans le pédoncule de chaque lambourde, une quantité plus que suffisante pour fournir des boutons à fruits pendant toute
l'existence de l'arbre, mais à la condition de rapprocher
sans cesse la lambourde, et de ne jamais la laisser s'allonger par la production de bourgeons ou de brindilles. Dans
le cas contraire, les rudiments de boutons à fruits, contenus dans les rides, s'éteignent, et la lambourde forme une
branche tortue, incapable de produire un fruit passable.

Les lambourdes ont toujours tendance à s'allonger par
la production de bourgeons ou de nouvelles bourses, ainsi
qu'on peut le voir sur tous les vieux arbres; il y en a de
longues comme le bras. Il faut veiller sans cesse pour empêcher ces développements intempestifs, et rapprocher constamment, seul et unique moyen d'obtenir *toujours et en
grande quantité* de superbes fruits.

Il est urgent de supprimer à temps les fruits trop nombreux; il y en a toujours beaucoup trop sur des poiriers
traités comme je l'indique. Ces fruits doivent être enlevés
lorsqu'ils ont atteint le volume d'une noisette. Il est facile
de choisir alors les mieux développés, ceux qui sont bien
sains et bien attachés. On ne doit laisser qu'une poire
sur une bourse et non trois ou quatre comme on le fait
trop souvent. et ne jamais conserver plus d'un fruit par
quatre rameaux à fruits.

Le mode de formation de rameaux à fruits que je viens
d'indiquer, est aussi simple que fécond en résultats; il offre
les avantages suivants :

1º D'être le plus prompt : les rameaux à fruits sont infailliblement constitués la troisième année ;

2º D'avoir tous les ans plus de boutons à fruits qu'il n'est possible d'en conserver, précieuse ressource pour greffer les vieux arbres dont les fruits sont de mauvaise qualité ;

3º D'obtenir des rameaux à fruits, attachés sur la branche-mère, droite comme une barre de fer, à la place de ces nodosités ignobles à voir, mortelles pour les arbres et nuisibles aux fruits ;

4º De récolter toujours des fruits de premier choix ; les rameaux à fruits étant obtenus directement sur la branche-mère, sans nodosités et sans bifurcation, la séve abonde sans entraves dans le fruit, et lui fait acquérir un énorme développement ;

5º D'offrir des garanties sérieuses de longévité pour l'arbre. Il suffit du plus simple bon sens et d'un seul coup d'œil pour être convaincu que nos arbres à branches droites, à écorces lisses et à feuilles vertes presque noires, tant ils sont plein de vie et de santé, ne peuvent pas plus entrer en ligne de comparaison avec les tortus et les infirmes qui étalent leur misère dans la plupart des jardins, qu'un étalon arabe de cinq ans ne peut être comparé au roussin de vingt ans que l'on conduit chez l'équarisseur.

Notre enseignement, tout simple qu'il paraît, demande encore une certaine étude, une connaissance exacte des lois de la végétation, et un peu de pratique.

Il y a dans les pincements et dans les cassements des mesures presque insaisissables. Pour les appliquer avec fruit, il faut encore, en dehors de la théorie, posséder un tact et une sûreté d'appréciation qui viennent bien plus de l'intelligence que de la pratique.

L'opérateur ne doit jamais oublier, dans la formation des rameaux à fruits, qu'il doit *obtenir* simultanément deux résultats opposés : faire pousser très vigoureusement la charpente de l'arbre, et ne faire naître sur cette même charpente que des rameaux latéraux très faibles, pour les faire couvrir de fleurs à son gré, tout en conservant une large issue ouverte à la séve, lorsque ces mêmes rameaux seront constitués.

Nous aurons à résoudre, pour la formation de la charpente, des problèmes d'équilibre qui ne demandent ni moins d'intelligence, ni moins d'étude.

DIX-HUITIÈME LEÇON

POIRIER.

FORMATION DE LA CHARPENTE.

LES CORDONS OBLIQUES (pl. 9, fig. 6) doivent être inclinés sur un angle de 45 degrés; on les incline seulement sur un angle de 60 degrés en les plantant, et l'année suivante (A. pl. 21, fig. 1). Ce n'est que la troisième année, lorsque l'arbre, ayant fourni deux prolongements, a acquis un certain développement, qu'on l'abaisse sur l'angle de 45 degrés, où il doit rester pendant toute son existence (B. pl. 21. fig. 1).

Les plantations de cordons obliques en espalier ou en plein vent ne doivent pas laisser de lacune sur le mur ou sur le palissage. Le premier et le dernier arbre doivent combler les vides (A. et B. pl. 9, fig. 6). Il faut donc soumettre le premier et le dernier arbre à deux formes différentes. Voici comment on opère :

La seconde année, lorsqu'il est bien enraciné et qu'il a poussé un bon prolongement, on incline, sur un angle de 50 degrés environ, l'arbre (A.), puis on taille court un rameau en-dessus, situé près de la base, afin d'obtenir un

bourgeon vigoureux (A. pl. 21, fig. 2). On laisse pousser
ce bourgeon verticalement pour lui faire acquérir à la fois
un plus grand développement et plus de vigueur (B. pl. 21,
fig. 2); puis, au printemps suivant, on le courbe et on le
palisse sur la latte parallèle au corps de l'arbre (C. pl. 21,
fig. 2). Par le seul fait de la courbure, il se développe
deux ou trois gourmands sur le coude du rameau (C.). On
choisit le plus vigoureux, on supprime les autres, et on
fait subir à ce bourgeon le même traitement qu'à celui
qui lui a donné naissance, et ainsi de suite jusqu'à ce
qu'on ait atteint la dernière latte.

Le dernier arbre est soumis à un traitement différent.
La seconde année, on le couche comme un arbre en cordon (pl. 21, fig. 3), à 40 centimètres de hauteur du sol;
puis, pendant l'été, on laisse pousser autant de bourgeons
sur le dessus qu'il y a de lattes à couvrir (A. même figure).
En opérant ainsi, la plantation oblique forme un carré
parfait à chaque extrémité.

Enfin, lorsque les cordons obliques ont atteint le haut
du mur ou du palissage, on les taille chaque année à
30 centimètres environ au-dessous du haut du mur ou du
palissage, afin d'obtenir un bourgeon vigoureux dont la
végétation contribue à faire circuler la séve dans toute la
longueur du corps de l'arbre. On pince plusieurs fois ce
bourgeon dans l'été, si cela est nécessaire; puis, les années
suivantes, on retaille tantôt à 20, à 25 ou à 30 centimètres
du haut du mur ou du palissage, de manière à toujours
ménager un bourgeon terminal, qui ne sert plus à l'augmentation de la charpente, puisqu'elle est achevée, mais
à entretenir la végétation.

Quand on plante des cordons obliques et que les arbres
ont quelques rameaux à la base, ce qui a toujours lieu
pour certaines variétés, telles que les doyennés d'hiver,
beurrés d'Aremberg, bergamotte Esperen, Joséphine de
Malines, Suzette de Bavay, etc., etc., on soumet tous les
rameaux au cassement simple ou double, suivant leur

vigueur. L'année suivante, ces rameaux produisent des boutons à fruits. La tige est taillée comme je l'ai indiqué : on en supprime environ le tiers; un peu moins, le quart seulement, lorsque les rameaux de la base sont vigoureux ; si on taillait trop court, les rameaux cassés produiraient des bourgeons trop vigoureux, et la mise à fruit en souffrirait. Là, comme dans tout, l'opérateur doit observer et apprécier.

Quand on plante des cordons obliques ou verticaux, il est utile de classer les variétés par ordre de vigueur. Il faut bien se garder de les planter pêle-mêle, comme l'ont fait certaines personnes qui ont voulu planter trop vite elles-mêmes, et sans avoir suffisamment appris. Des arbres très vigoureux ont été plantés à côté d'arbres faibles, et les ont absorbés. Dans les contre-espaliers, une rangée était plantée avec des variétés très vigoureuses, et la ligne qui lui faisait face avec des arbres très faibles; tous ont péri, et ces plantations présentaient une quantité de vides, uniquement parce que les variétés n'étaient pas à leur place.

Lorsqu'on plante un espalier de cordons obliques, il faut d'abord compter le nombre d'arbres nécessaires, faire des paquets de chaque variété et les ranger par ordre de vigueur. On place les variétés les plus vigoureuses à chaque extrémité, ensuite progressivement les variétés moins vigoureuses, pour placer les plus faibles au milieu.

Pour les contre-espaliers qui ont deux rangs d'arbres, on procède de la même manière, avec cette différence qu'on partage les variétés en parties égales, afin d'en planter un nombre égal de chaque côté et en regard, conditions indispensables pour obtenir une bonne végétation.

Je ne saurais trop insister sur ces détails; ils concourent plus qu'on ne le pense au succès des plantations, et j'ai vu tant de désastres dans les contre-espaliers mal plantés, que je n'envoie jamais d'arbres pour contre-espaliers sans donner une note de plantations où la place de chaque arbre est désignée.

LES CORDONS VERTICAUX (pl. 10, fig. 1), plantés à 30 centimètres d'intervalle, à l'espalier et en contre-espalier, s'élèvent de la même manière que les cordons obliques, avec cette seule différence que les prolongements sont taillés un peu plus courts, et qu'on n'a pas deux arbres à former, le premier et le dernier, pour terminer la plantation carrément. Les rameaux à fruit sont traités de la même manière, pour toutes les formes sans exception.

Les cordons verticaux offrent une précieuse ressource pour garnir très promptement des murs fort élevés ; c'est là, suivant moi, leur meilleur emploi. Pour les contre-espaliers, je préfère les cordons obliques ; ils sont plus faciles à diriger et demandent un peu moins d'expérience de la part de celui qui les dirige. En tout, et surtout dans les formes d'arbres qui demandent une certaine habileté, mon but a toujours été de simplifier les choses et d'éviter les difficultés ; elles font perdre un temps précieux aux gens intelligents, et deviennent autant d'impossibilités pour ceux qui le sont moins.

LES CORDONS UNILATÉRAUX à un, deux et trois rangs (pl. 10, fig. 2, 3 et 4), sont d'excellentes formes pour la plupart des espèces, et pour les variétés de poiriers que j'ai indiquées pour cette forme. Ils ont l'avantage de tenir très peu de place, chose fort précieuse dans les petits jardins ; de produire dès la seconde année de la plantation ; de donner toujours, et pour toutes les espèces, des fruits magnifiques, et en outre de donner le maximum du produit la quatrième, et quelquefois la troisième année, quand ils ont été bien conduits.

On ne doit employer que des poiriers greffés sur cognassier pour cordons unilatéraux ; affranchir si le sol ne peut nourrir le cognassier, mais ne jamais employer le poirier franc, beaucoup trop vigoureux pour cette forme.

Pour les cordons à un rang, on plante les poiriers à 2 mètres dans les sols de bonne qualité, et à 1 mètre 50 centimètres dans les sols médiocres ; cependant, si on affranchit les arbres, il est urgent de conserver la distance de 2 mètres.

Pour les cordons à deux rangs, on plante les arbres à 1 mètre, et à 70 centimètres pour les cordons à trois rangs.

Lorsque les arbres sont plantés avec tous les soins que j'ai indiqués, on les taille pour obtenir des rameaux à fruits le plus vite possible. Les ramifications, s'il y en a, sont soumises aux cassements, puis on retranche environ le quart, et quelquefois le cinquième seulement de la longueur totale de la tige. J'admets que nous opérons sur des arbres replantés avec toutes leurs racines.

On taille la tige des arbres un peu plus long, d'abord parce que cette opération hâte la mise à fruit; ensuite, ces arbres, étant destinés à fournir une tige de deux mètres seulement, il n'est pas nécessaire d'obtenir des prolongements aussi vigoureux que pour les autres formes, et, en outre, il suffit de faire développer les yeux de la base seulement à 35 centimètres au-dessus du sol.

Les cordons unilatéraux à un rang seront couchés à 40 centimètres de hauteur du sol. On les place généralement beaucoup plus bas; les jardiniers, en cela comme en beaucoup de choses, ont voulu faire de la fantaisie au détriment du produit. La plupart du temps, les cordons de pommiers sont couchés à 20 ou 25 centimètres du sol. Cela a d'abord l'inconvénient de soumettre l'arbre à une courbe très courte, qui oblige à briser et à désorganiser une grande partie des filets ligneux pour les coucher; ensuite, les rameaux et les fruits placés en dessous touchent la terre. Les fruits placés ainsi, outre l'inconvénient de servir de marche-pied très commode pour les limaces et les limaçons, ne mûrissent pas bien et n'acquièrent jamais de qualité.

La hauteur de 40 centimètres est suffisante pour donner une courbe assez longue, permettant à l'arbre de végéter comme s'il n'était pas couché; les limaçons ne laissent pas leurs traces dégoûtantes sur tous les fruits, et ceux-ci,

11

mieux exposés aux influences de la chaleur et de la lumière, atteignent toujours le maximum de volume et de qualité qu'ils sont susceptibles d'acquérir.

Les cordons unilatéraux étant destinés à être greffés par approche dès qu'ils se joignent, on doit avoir le soin de classer les variétés avant de les planter, de manière à toujours placer un arbre faible devant un vigoureux.

En plaçant un arbre fort devant un faible, le fort a bientôt rejoint le faible, et dès qu'il est greffé dessus, la surabondance de la séve de l'arbre fort passant dans le faible, égalise en une saison la végétation des deux arbres. En outre, l'arbre fort dépensant la surabondance de sa séve, se met à fruit avec la plus grande facilité, et cette même séve, qui eût paralysé la fructification de l'arbre qui l'a produite, est d'un grand secours pour l'arbre faible, non-seulement pour augmenter sa charpente, mais encore pour l'aider à nourrir les fruits trop nombreux dont tous les arbres faibles sont toujours couverts.

Si au lieu de placer les arbres comme je l'indique, on plante les forts ensemble et les faibles ensemble, il arrive ce qu'on voit bien souvent : les arbres forts poussent avec une vigueur extrême et ne se mettent pas à fruit ; les faibles se couvrent d'une quantité de fruits qui les épuisent ; au bout de trois ou quatre ans, les arbres faibles sont morts, et les forts, qu'on a tenté de mettre à fruit à grands coups de sécateur, n'en valent guère mieux. Alors, le jardinier dit à son maître : Vous le voyez bien, Monsieur, voilà le *système ;* ça ne vaut rien ! Je *savais ben, moi,* que des arbres comme ça ne pouvaient pas donner de fruits.

Lorsque les arbres destinés à faire des cordons ont été convenablement classés, plantés, taillés et chaulés, on les attache avec un osier sur le fil de fer, mais de manière à ce qu'ils restent droits (pl. 21, fig. 1 *bis*). Il faut bien se garder de les coucher en les plantant, ainsi que le font à tort la plupart des jardiniers ; voici pourquoi :

La taille appliquée à l'arbre a pour but de faire déve-

lopper tous les yeux en boutons à fruits. La fructification,
nous le savons, ne peut s'accomplir sans le secours de la
lumière. Si on couche l'arbre immédiatement après l'a-
voir planté, les yeux du dessous, placés dans l'obscurité, se
développeront mal, et ceux du dessus, sur lesquels la séve
agira avec violence, produiront des bourgeons trop vigoureux pour se mettre à fruit, et la vigueur de ces bourgeons contribuera à éteindre les yeux du dessous. Ensuite,
l'arbre qui vient d'être planté doit produire un nouvel appareil de racines, si nous voulons qu'il nourrisse bien ses
fruits. La courbure immédiate est encore un obstacle à
l'émission de nouvelles racines, en ce qu'elle entrave l'ascension de la séve et paralyse la descension du cambium.
Lorsque l'arbre reste dans sa position verticale pendant le
premier été, il est également éclairé de tous les côtés,
presque tous les yeux produisent des boutons à fruits. La
position verticale, en permettant à la séve de monter sans
entraves, détermine la formation d'un prolongement vigoureux, et la descension du cambium, accomplie sans
difficultés, a produit de nouvelles racines. Vers la fin de
l'été, on a un arbre bien enraciné, pourvu d'un bon prolongement et couvert de rameaux à fruits, de la base au
sommet. On peut, en toute assurance, coucher un tel
arbre; il ne s'emportera jamais, épanouira ses fleurs et
nourrira facilement ses fruits à l'aide de son appareil de
racines bien établi et bien constitué.

On peut indifféremment coucher les arbres en cordons
au mois d'octobre, ou au printemps qui suit la plantation.
Au mois d'octobre, les boutons à fruit sont bien formés,
et il reste assez de séve pour coucher sans danger ; si on
attend au printemps, il ne faut coucher les arbres que
lorsqu'ils entrent en séve. Je n'attache aucune importance
à l'une de ces deux époques; l'opérateur choisira celle qui
lui conviendra le mieux.

Le couchage des arbres est l'épouvantail des propriétaires et l'opération *impossible* pour la plupart des jardi-

niers. C'est une opération très simple en elle-même, mais
encore faut-il savoir la faire. A chaque jardin fruitier que
je crée, je dis toujours au propriétaire : Ne vous préoc-
cupez pas du couchage des cordons et des palmettes alternes, je le ferai en temps et lieu, et quoi qu'on vous
dise, ne vous en tourmentez pas. Cet avertissement n'empêche pas la visite des propriétaires dès le mois de juillet,
et ils me disent tous invariablement : Monsieur, vous
n'avez pas voulu coucher mes arbres en les plantant, ils
grossissent énormément, et mon jardinier affirme qu'il
faudra les couper au pied l'an prochain, car il est impossible de les coucher ! — Ne vous inquiétez de rien, monsieur, il n'est pas encore temps de coucher vos arbres ;
quand le temps sera venu, je les plierai aussi facilement
que le plus faible brin d'osier ! Huit jours après, même
visite, même observation, et même réponse de ma part.
Cela se renouvelle de dix à quinze fois, en attendant l'é-
poque du couchage.

Quand ce grand jour arrive, tout le monde est sur le
pont ; il n'est personne dans la maison qui ne veuille as-
sister à la déconfiture du professeur ; le jardinier en tête,
lance des coups d'œil d'intelligence à tous les assistants et
semble leur dire : Attendez, vous allez voir de *la belle ouvrage*. L'opération commence, on entendrait une mouche
voler ; le premier arbre est couché avec facilité, le propriétaire se frotte les mains ; le jardinier regarde toujours
et semble dire : Attendez ! Le second, puis le troisième et
le quatrième sont également couchés avec la même facilité ;
le propriétaire est radieux, le jardinier ne regarde plus
que mes mains. Puis tout à coup, il dit avec humeur :
tout ça, c'est pas difficile, mais celui-là ! et il désigne
l'arbre le plus gros de la plantation. — Celui-là se couchera comme les autres ; et pour cesser de remplir le rôle
de bête curieuse, je couche immédiatement l'arbre. Tout
le monde est ravi, le jardinier disparaît ! et les assistants
disent que c'est merveilleux. La merveille consiste dans

un peu d'adresse, une planche à courber et un bout de filasse.

Si nous courbions les arbres comme la plupart des jardiniers, d'équerre, nous en casserions quatre-vingt-dix-neuf sur cent (pl. 21 fig. 2) ; non-seulement ce mode de courbure fait casser les trois quarts des arbres, mais le coude qui existe est un obstacle à l'ascension de la séve, qui y fait toujours développer quantité de gourmands pendant que la partie couchée n'est pas alimentée. Lorsque l'arbre est cassé, c'est bien pis encore. Souvent, pour éviter de casser les arbres, ils les arrachent moitié pour les coucher (pl. 21, fig. 3); cela ne vaut pas mieux, en ce que la mutilation, au lieu de porter sur la tige, désorganise les racines, et en outre, quand deux arbres couchés d'après ces deux modes sont placés à côté l'un de l'autre, c'est affreux. On a beau nous dire d'un air très capable, tout cela se regreffe, il n'en est pas moins vrai que la tige de l'un est en deux, et que la racine de l'autre est brisée. Il faut des arbres très robustes pour supporter de semblables traitements.

Il faut coucher les arbres, non pas à 20 ou 25 centimètres du sol, mais à 40, et leur faire décrire la courbe du moule à coucher (pl. 21, fig. 4). On ne *casse jamais les arbres* en leur donnant cette courbe : en outre, elle n'entrave pas l'ascension de la séve, et à l'aide du moule, tous les arbres ont la même courbe, ce qui, tout en étant plus agréable à l'œil, égalise la végétation.

Le moule peut être fait par le premier menuisier ou charron venu, et même par le jardinier. Il se compose d'une première planche assez épaisse, dont l'unique fonction est d'empêcher le moule d'entrer dans la terre quand on appuie dessus (A, pl. 21, fig. 4) ; puis d'une seconde planche de sapin ou de bois blanc, fixée dans la première avec une mortaise, et sur laquelle la courbe à donner à l'arbre est dessinée (B, pl. 21, fig. 4). Le haut de la planche C vient au niveau du fil de fer sur lequel l'arbre doit être couché.

On applique tout simplement le moule à courber au pied
de l'arbre, et on le couche dessus; on l'attache avec deux
ou trois osiers au fil de fer; on retire le moule, et l'arbre
conserve la courbe qui lui a été donnée. Quand les arbres
sont trop gros, on les entortille avec de la filasse mouillée
sur toute la longueur de la courbure. En employant ce
procédé, on peut coucher sans accident des arbres gros
comme le bras. Il faut les amener doucement, et progressivement sur le moule, sans jamais donner de secousses.
Avec un moule de 40 centimètres pour les cordons
à un rang, un de quatre-vingts pour ceux à deux rangs,
et un de 1 mètre 20, pour les cordons à trois rangs, il est
facile de courber tous les arbres possibles, quelque gros
qu'ils soient, *sans jamais en casser.*

Lorsque les cordons ont été couchés, on taille sur les
boutons à fruit tous les rameaux qui ont été soumis au
cassement, et comme le cordon est placé sur une ligne
horizontale, on n'a rien à supprimer du prolongement
pour faire développer tous les yeux; on se contente de le
tailler sur le premier œil situé de côté et en avant, ce qui
n'entraîne qu'à une suppression de deux ou trois centimètres.

Pendant l'été suivant, on soumet les bourgeons latéraux
qui se développent au pincement, pour les convertir en
rameaux à fruits, et on laisse le bourgeon de prolongement libre, afin de lui laisser acquérir plus de vigueur.
Dès que le prolongement dépasse le coude de l'arbre voisin
de 25 centimètres, environ, on le greffe dessus. La greffe
Aiton (pl. 3, fig. 5) est la meilleure pour cet objet.

Lorsque tous les arbres sont greffés les uns sur les autres, il n'y a plus qu'à s'occuper de soigner les rameaux
à fruits. On laisse un seul prolongement au dernier arbre,
à celui qui termine la ligne. On traite ce prolongement
comme je l'ai indiqué pour les cordons obliques, et la ligne,
eût-elle cent mètres de long, ce bourgeon suffit pour faire
circuler activement la sève dans toute son étendue.

Quand on couche des cordons à deux rangs, on place le premier arbre sur le premier fil de fer, le second sur le deuxième fil de fer; le troisième sur le premier fil de fer; le quatrième sur le second fil de fer et ainsi de suite (pl. 10, fig. 3), et on greffe chaque ligne par approche quand les arbres se joignent.

Pour les cordons à trois rangs, on couche le premier arbre sur le premier fil de fer; le second sur le deuxième fil de fer, le troisième sur le troisième fil de fer, le quatrième sur le premier fil de fer; le cinquième sur le second fil de fer; le sixième sur le troisième fil de fer, et ainsi de suite jusqu'au bout de la ligne. Quand on couche les arbres des cordons à plusieurs rangs, il faut toujours commencer par le rang le plus élevé (pl. 10, fig. 4).

Il faut toujours placer un arbre vigoureux en premier dans les plantations de cordons à plusieurs étages (A, pl. 10, fig. 3 et 4). On laisse pousser un gourmand sur la courbure de cet arbre, puis, lorsque ce gourmand est bien développé, on le couche sur le fil de fer de l'étage supérieur, et on le greffe sur l'arbre suivant (B, pl. 10, fig. 3 et 4). Pour les cordons à trois rangs, on laisse pousser un second gourmand qu'on traite comme le premier (C, pl. 10, fig. 4.)

Les cordons à un et deux rangs sont fréquemment employés dans le jardin fruitier; ceux à trois rangs le sont plus rarement. Je plante toujours deux espèces d'arbres pour les cordons à deux rangs, et trois pour ceux à trois rangs. Chaque étage est composé d'une espèce de fruit différente. Ce n'est pas seulement une question de fantaisie, mais aussi un calcul de culture. Ainsi, le pommier aime l'humidité et redoute la trop grande ardeur du soleil; certaines variétés de pommes demandent beaucoup de chaleur combinée avec une certaine humidité et une lumière un peu diffuse. On ne saurait mieux placer ces variétés qu'à une exposition chaude, au-dessous d'un rang de poiriers ou de toute autre espèce demandant beaucoup de chaleur et de lumière. Dans certains cas, et pour certaines espèces, le premier rang sert d'abri naturel à celui qui est placé au-dessous. Un rang de poiriers abrite un rang de pruniers placé au-dessous, comme un rang d'abricotiers placé au-dessus de cerisiers tardifs peut retarder leur maturité de quinze jours. En cela comme en tout, il faut chercher les meilleures conditions pour les espèces, et même pour les variétés, et savoir tirer un parti avantageux des formes.

Quand on plante un cordon à deux rangs avec deux espèces différentes, soit une ligne de poiriers et une de pommiers; il faut les classer de manière à ce que tous les arbres de la même espèce forment une seule ligne. Ainsi les arbres A seront des pommiers et les arbres B des poiriers (pl. 10, fig. 3).

PALMETTES ALTERNES GRESSENT. — Toutes les variétés de poiriers, sans exception, peuvent être soumises à cette forme, une des plus fertiles et des plus faciles à faire. Les palmettes alternes peuvent être plantées sur des murs de toutes les hauteurs. Pour le plein vent je les limite à cinq étages de branches; le premier à 40 centimètres du sol, et les quatre autres à 30 centimètres d'intervalle, ce qui donne une hauteur totale de 1 mètre 60 cent.

On plante les arbres à 2 mètres de distance dans les sols fertiles et à 1 mètre 50 cent. dans les sols médiocres, en ayant soin de classer les arbres de manière à ce que les faibles soient placés entre deux forts. On taille immédiatement après la plantation, comme pour les cordons; on palisse l'arbre tout droit sur les fils de fer, et soit au mois d'octobre ou au printemps suivant, on le couche comme les cordons unilatéraux (A, pl. 22, fig. 1). On laisse le prolongement libre, jusqu'à ce qu'il dépasse un peu l'arbre suivant, et on le greffe par approche, comme les cordons unilatéraux.

Par le fait de la courbure, il se développe toujours deux ou trois gourmands sur le coude de chaque arbre. On

choisit le plus vigoureux, et on favorise son développement en le palissant verticalement (B, même figure), puis
on supprime les autres. Ce gourmand, destiné à former le
second étage de branches, absorbe la surabondance de séve
de la partie couchée, et détermine sa mise à fruit de la
manière la plus complète.

Pendant tout l'été, on doit veiller à maintenir l'équilibre
entre le prolongement de la partie couchée et le bourgeon,
destiné à former le second étage de branches, et ce, jusqu'à ce que le premier étage soit greffé par approche. Une
fois greffé, on n'a plus à s'en occuper que pour soigner les
rameaux à fruit.

Dans le cas où le prolongement de la partie couchée
cesserait de pousser (A, pl. 22, fig. 2), et où le bourgeon
destiné à former le second étage s'emporterait, il faudrait
d'abord relever le bourgeon A sur la ligne B; puis, suivant la disproportion, incliner le bourgeon destiné à former une nouvelle branche en C, en D et même en E
(pl. 22, fig. 2), si la disproportion était trop grande. Cette
simple opération suffit pour rétablir l'équilibre sans rien
couper.

Au printemps suivant, on couche les nouvelles pousses
sur le second fil de fer (B, pl. 22, fig. 1), mais en sens inverse du premier étage; on choisit, comme pour les cordons, un œil placé de côté et en avant, et on taille dessus
pour former le prolongement. Au troisième printemps, on
choisit un bourgeon vigoureux sur le coude des nouvelles
pousses pour former un troisième étage de branches
(C, pl. 22, fig. 1). Pendant l'été, on soumet la ligne B au
pincement, afin de convertir les bourgeons en rameaux à
fruits; on veille à l'équilibre du second et du troisième
étage, que l'on couche à son tour, au printemps suivant,
en sens inverse du précédent, et ainsi de suite, jusqu'à ce
qu'on ait obtenu les cinq étages. On greffe successivement
chaque étage par approche, au fur et à mesure, dès que les
arbres se joignent. La cinquième année au plus tard, car

11.

on fait ordinairement les deux derniers étages en un an, le palissage présente l'aspect de la fig. 1, pl. 11.

Alors, de quelque longueur que soit le palissage, il présente cinq lignes sans solution de continuité, et d'une fertilité remarquable, parce que ces lignes sont d'égale vigueur dans toute leur étendue. Tous les arbres communiquent entre eux ; chaque ligne est par le fait un canal par où la séve se répand et se dépense également.

J'ai dit que les arbres faibles devaient être placés entre deux forts ; supposons que l'arbre B, pl. 11, fig. 1 soit faible, et les arbres A et C vigoureux, la branche 1 de l'arbre B, faible, recevra l'excédant de séve de la branche 1 de l'arbre A, vigoureux ; la branche 2 de l'arbre B, faible, recevra l'excédant de séve de la branche 2 de l'arbre C, et ainsi de suite jusqu'en haut.

J'ai dit que mes palmettes alternes ne présentaient jamais de vides. Admettons que ce même arbre B, reçoive un coup au pied, ou qu'il soit atteint d'une maladie qui fasse périr la racine. Les cinq branches de cet arbre, alimentées par l'excédant de séve des arbres A et C, ne mourront pas ; elles continueront à végéter et à fructifier comme si elles avaient encore leurs racines. On en est quitte pour couper l'arbre au point D, enlever le tronc et la racine, faire un bon trou, changer la terre, et planter un sauvageon que l'on greffe, par approche, l'année suivante au point E. L'arbre dont la racine était morte, mais qui n'a pas cessé un instant de donner des fruits, pourvu d'une racine et d'un tronc neuf, rend à son tour à ses voisins la séve qu'ils lui avaient prêtée, et est en état de leur communiquer une partie de son existence, si pareil accident leur arrivait.

CAGES GRESSENT (pl. 11, fig. 2). — Cette forme, composée de trois arbres, convient aux murs de toutes les hauteurs. Elle m'a été inspirée par les nombreux inconvénients des murs exposés au midi, contre lesquels les arbres grillent et les fruits brûlent, et par ceux des murs au nord, la plupart du temps inoccupés. En outre, cette forme, en remédiant aux inconvénients des murs au nord et au midi, double la surface fructifère ce qui a une grande importance dans les pays où les murs sont rares, et surtout pour les murs au midi.

Les cages d'espaliers ont l'avantage, pour les murs au midi, de concentrer la chaleur en préservant les arbres des coups de soleil, et pour les murs au nord, de retenir les rayons solaires qui ne font que glisser à cette exposition et de répercuter la lumière. Les cages se composent de trois arbres ; de celui du fond, palissé sur le mur et couvrant une surface de 10 à 12 mètres, les deux autres arbres forment les ailes.

Si on a plusieurs cages à établir contre un mur, on varie les formes du fond, afin d'éviter la monotonie. Toutes les formes peuvent occuper le fond des cages. Seulement quand les trois arbres seront de même espèce ou d'espèces différentes pouvant se greffer les unes sur les autres, les palmettes à branches courbées, croisées et Gressent, seront préférables, car alors, au lieu de laisser trois tire-séve (on appelle ainsi le bourgeon qui termine l'arbre, et qu'on taille chaque année, lorsque la charpente est achevée, pour entretenir l'ascension de la séve), on n'en conserve qu'un seul pour les trois arbres.

Toutes mes opérations de taille et de formation d'arbres sont basées sur ce principe :

NE JAMAIS DÉPENSER DE SÉVE INUTILEMENT AFIN D'EN GARDER UNE PLUS GRANDE QUANTITÉ POUR LES FRUITS. Un arbre produit une quantité de séve donnée, sans qu'il soit possible à l'homme de l'augmenter. Si un tiers ou un quart de cette somme de séve est dépensée à produire du bois inutile, c'est au détriment des fruits.

Prenons pour exemple une pypamide à son apogée ; lorsque la charpente est achevée, elle a 6 mètres d'élévation, et deux mètres de diamètre à la base ; cette pyramide est pourvue de 40 à 50 branches. Il faut donc, pour qu'elle végète convenablement, laisser un tire-sève à l'extrémité de chaque branche. C'est, par conséquent, 40 à 50 bourgeons que l'arbre produit chaque année, et que l'on coupe aussi à chaque taille pour recommencer l'année d'après.

Si les cinquante branches étaient greffées par approche les unes sur les autres, un seul bourgeon ferait circuler la séve avec autant d'activité que les 50, et la séve dépensée à en produire 49 serait absorbée par les fruits, qui deviendraient plus volumineux. Indépendamment de l'augmentation du volume des fruits, l'économie des tire-séve diminue d'autant les amputations, toujours nuisibles aux arbres.

Notre but étant de diminuer le nombre des tire-séve, afin d'augmenter le volume des fruits, appliquons notre principe aux cages d'espalier d'abord, puis nous l'appliquerons ensuite aux autres formes.

Admettons que la cage pl. 11, fig. 2 soit plantée avec trois arbres pouvant se greffer les uns sur les autres ; elle est composée d'une palmette à branches courbes et de deux ailes. Nous grefferons d'abord par approche chaque étage de branches de l'arbre du fond, sur le coude des branches des ailes A, même figure ; ensuite, nous relèverons chaque prolongement de l'aile verticalement et nous le grefferons sur la branche placée au-dessus, B, même figure ; puis enfin, nous palisserons les deux tire-séve des ailes C sur le fil fer qui relie la charpente de la cage, de manière à ce que ces deux bourgeons se rejoignent au milieu de la cage. Lorsque ces prolongements se dépassent de 25 centimètres environ, on les relève et on les greffe par approche D (même figure). Alors un seul et unique bourgeon E suffit pour faire circuler la sève de trois arbres.

Lorsque la cage est plantée avec des espèces qui ne peuvent se greffer les unes sur les autres, il faut laisser trois tire-séve pour les trois arbres : deux pour celui du fond et un pour les deux ailes. Dans ce cas, on traite les deux ailes comme je viens de l'indiquer, un seul tire-séve leur suffit. On relève chaque prolongement de la charpente de l'arbre du milieu, et on greffe ces prolongements les uns sur les autres (F, même figure), de manière à ne laisser qu'un tire-séve G de chaque côté.

Tout cela est très simple et très facile à faire. Il ne faut qu'un peu d'intelligence et un peu d'adresse pour obtenir de grands résultats. En traitant les arbres ainsi, on a, indépendamment de l'augmentation du volume des fruits, et de la suppression des amputations, l'avantage de former des arbres très solides et d'une régularité irréprochable. Si chaque branche des ailes des cages était pourvue d'un tire-séve, tous ces bourgeons obstrueraient les allées, et feraient le plus affreux fouillis que l'on puisse voir.

Lorsque les cages sont plantées avec des espèces qui ne peuvent se greffer ensemble, on en profite pour changer et varier la forme du fond. Toutes les formes d'espalier, sans exception, peuvent faire le fond de la cage. C'est à l'opérateur à choisir les formes suivant les espèces qu'il plante.

Dans tous les cas, on pourra se guider sur ce qui suit pour le choix des formes et pour les greffes.

Le pêcher, l'amandier, l'abricotier et le prunier peuvent se greffer ensemble. Le cerisier doit être greffé sur lui-même.

Le poirier, le cognassier et le néflier se greffent parfaitement ensemble. Le pommier doit être greffé sur lui-même.

Les cages d'espaliers peuvent être établies sur des murs de toutes les hauteurs. Leur largeur est subordonnée à la hauteur du mur.

Sur les murs excédant 4 mètres d'élévation, on donne 4 mètres de longueur à la cage, et on peut la planter en cordons verticaux.

Sur les murs de 2 mètres 50 centimètres à 3 mètres, on donne 5 mètres de longueur, et on peut planter en cordons obliques.

Ces deux formes dispensent des greffes par approche, excepté pour les obliques sur une aile seulement, celle où les cordons obliques se terminent par un arbre couché.

Pour les murs de 2 mètres, on donne 6 mètres de longueur et on choisit les formes comme je l'ai indiqué. Si les murs ont moins de 2 mètres, on augmente la longueur de la cage, afin de donner à l'arbre du fond, en largeur ce qu'il perd en hauteur.

Dans tous les cas, on établit les cages d'espaliers sur des plates-bandes de 2 mètres de large, et afin d'éviter de perdre du terrain, on plante à 25 centimètres du bord un cordon Gressent, dont on règle la longueur suivant celle de la cage, en laissant à chaque bout un passage pour soigner et cultiver les arbres.

On plantera les arbres du fond des cages au nord et au midi avec les variétés de chaque espèce désignées pour ces expositions. Les ailes au midi offrent une précieuse ressource pour les abricotiers, les pruniers, les cerisiers hâtifs, et certaines variétés de poires d'espalier : tous les doyennés et le beurrés gris. Les ailes au nord ont l'avantage de retarder encore la maturité de quelques variétés très tardives; elles sont précieuses pour les variétés de cerisiers suivantes : Duchesse de Palluau, Morello de Charmeux et cerise du Nord; pour la prune de Saint-Martin seulement; pour les néfliers, les variétés de poires et de pommes indiquées pour cette exposition.

Cordons Gressent (pl. 12, fig. 1). — Cette forme fait presque partie des cages d'espalier; elle en occupe le devant, et il fallait pour cela une forme qui donnât une certaine quantité de fruits sans porter ombre ni sur le fond ni sur les ailes de la cage. J'ai cherché cette forme dans ce but, et plus tard sa fertilité, comme le peu d'ombre qu'elle projette, m'ont fait l'adopter pour les lignes intermédiaires des gradins du jardin fruitier.

Les cordons Gressent ont une élévation de 1 mètre 40 centimètres. On commence d'abord par placer au milieu une charpente de 5 centimètres sur 5 d'équarissage, que l'on enterre de 40 centimètres environ, en ayant soin de placer une pierre plate au fond du trou, pour que le bois ne s'enfonce pas en raidissant les fils de fer (A, pl. 22, fig. 3). On enfonce ensuite deux pitons à vis pour recevoir les fils de fer (B, même figure), puis on attache d'un bout les fils de fer à l'un des colliers C, et on serre à l'autre avec des roidisseurs. On place horizontalement deux lattes de sciage, la première D, à 30 centimètres du sol; la seconde E, à 40 centimètres de la première, ensuite on forme les contours F et G avec du fil de fer n° 18.

On plante l'arbre du milieu contre la charpente. Cet arbre étant destiné à être recépé l'année suivante, on fait simplement sur la tige une suppression égale à la perte des racines, en lui conservant le plus de bois possible, afin d'obtenir la formation d'un bon appareil de racines. On plante ensuite les deux arbres H à 1 mètre 50 centimètr., 2 mètres, et même 2 mètres 50 centimètres de celui du milieu, suivant la longueur du cordon et la vigueur des espèces. On taille ces deux derniers arbres comme les cordons unilatéraux. Ils sont destinés à être couchés au mois d'octobre ou au printemps suivant sur les lignes 1 et 2.

Le printemps suivant, on coupe l'arbre du milieu à 25 centimètres du sol, et on conserve seulement un bourgeon de chaque côté. On laisse ces bourgeons dans la ligne verticale pendant le premier été pour leur faire acquérir plus de vigueur, puis au printemps suivant on couche les rameaux sur les lignes 3 et 4 qu'ils doivent occuper.

On laisse ensuite s'allonger quelques bourgeons sur les deux arbres du bout, pour remplir avec des rameaux obliques, la partie la plus élevée de la forme (A, pl. 12, fig. 1), et elle est achevée en moins de quatre années.

Cette forme, entièrement composée de lignes horizontales et courbes, est très fertile; elle donne des fruits très vite, et a l'avantage d'être très originale quand on en varie les fruits :

Ainsi, à l'exposition du nord, on plante un pommier au milieu et un néflier de chaque bout ; à l'exposition du midi, un poirier, un prunier ou un abricotier au milieu et un cognassier de chaque bout ; à celle de l'est et de l'ouest, un prunier ou un poirier au milieu et un cerisier à chaque bout.

Ce mélange de fruits si différents étonne et produit le meilleur effet dans le jardin fruitier. On peut varier à l'infini, c'est une affaire de goût et d'étude de variétés.

PALMETTES A BRANCHES COURBÉES (pl.12, fig. 2). — Pour cette forme, comme pour toutes les autres, nous planterons toujours des greffes d'un an, avec le plus de racines que nous pourrons obtenir. On supprime, la première année, une partie de la tige égale à la perte des racines, et pendant tout l'été on laisse pousser l'arbre comme il veut.

Il faut planter l'arbre soi-même, et avoir une assez grande expérience de la végétation pour supprimer juste ce qui doit tomber à la taille. Le but de cette suppression est d'obtenir des bourgeons vigoureux, afin de déterminer la formation de nombreuses racines. Si on ne retranche pas assez, la séve étant impuissante à développer des bourgeons, il n'y a pas émission de racines ; si on retranche trop de bois, on prive la tige d'une partie du cambium de réserve, des yeux les mieux constitués ; les jeunes bourgeons ne peuvent percer des écorces déjà dures, ils sont faibles, malingres, et ne produisent pas de racines.

Je ne saurais trop appeler l'attention de mes lecteurs sur cette opération, qui, lorsqu'elle est bien faite, donne lieu à une végétation luxuriante la seconde année, mais fait perdre trois années au moins, et quelquefois l'arbre quand elle a été mal exécutée.

Lorsque l'arbre est bien enraciné la seconde année, ce qui a toujours lieu quand il a produit des bourgeons vigoureux, on le coupe à 25 centimètres du sol, pour obtenir un bon bourgeon de chaque côté. Si l'arbre n'est pas enraciné, s'il n'a pas poussé de nouveaux bourgeons pendant l'été précédent, il faut rabattre sur le vieux bois, en couper environ la moitié, et attendre un an de plus, quand on n'attend que cela.

Le recépage fait à 25 centimètres du sol, on laisse pousser plusieurs bourgeons; on en choisit un vigoureux de chaque côté, lorsqu'ils ont atteint une longueur de 20 centimètres environ, et on supprime tous les autres.

On laisse pousser ces bourgeons, presque verticalement pendant tout l'été (A, pl. 23, fig. 1), et on maintient entre eux une vigueur égale, ce qui est facile avec les inclinaisons. Si l'un est plus fort que l'autre, on abaisse le fort et on redresse le faible. Au printemps suivant, on place ces bourgeons sur les lignes B; il se développe plusieurs bourgeons sur les courbures, on en choisit un bien vigoureux de chaque côté aux points C, et on les laisse pousser comme les premiers, en ayant soin de maintenir l'équilibre entre eux.

Les deux premières branches obtenues l'année précédente ont été mises en place sur un angle de 5 degrés environ, presque horizontalement; en conséquence, on n'a retranché que trois ou quatre centimètres de la tige pour obtenir le développement de tous les yeux. Ces yeux se convertiront d'autant plus facilement en boutons à fruits que les bourgeons C absorbent la surabondance de la séve. Donc, par une seule et même opération, nous augmentons la charpente de l'arbre d'un étage, et cette augmentation de charpente est un puissant auxiliaire pour la mise à fruit. En outre, il n'y a jamais de séve perdue dans ce mode de formation, elle est conservée en entier pour concourir à l'accroissement des fruits.

Le troisième printemps, on place les pousses C sur la ligne D, et on continue de la même manière la formation de la charpente jusqu'à parfait achèvement.

Lorsque les trois premiers étages sont formés, ce qui demande trois années, l'arbre est très vigoureux, et la base solidement établie; alors on peut gagner du temps en formant deux, trois et quelquefois quatre étages dans une année, suivant la vigueur des variétés.

On laisse d'abord pousser les bourgeons tout à fait droit, E ; ils acquièrent très promptement une grande vigueur. Vers le mois de juin, on les incline sur les lignes F. Cette courbure est suffisante pour faire développer un nouveau bourgeon sur les coudes ; on favorise l'accroissement de ces nouveaux bourgeons à l'aide de la ligne verticale ; on veille à maintenir l'équilibre entre les quatre, et au printemps suivant on met tout en place.

Lorsque chaque branche a atteint la limite qui lui est assignée, on relève le prolongement, et on le greffe par approche sur la branche qui est au-dessus, et ainsi de suite, jusqu'au haut de l'arbre, où un seul tire-séve de chaque côté est suffisant pour entretenir l'ascension de la séve.

Il résulte de ce mode de formation des arbres une économie de temps très grande, une augmentation de produit notable, et une grande amélioration dans les produits. On forme ainsi un grand arbre, sans lui avoir coupé un mètre de longueur de bois ; les pincements eux-mêmes sont moins fréquents ; un seul est suffisant, tant l'arbre végète également. Grâce aussi à cette égalité de végétation, les fruits sont d'égale grosseur, et ils deviennent d'autant plus gros lorsque la charpente est entièrement formée, que les branches sans nœuds, comme sans cicatrices, ne présentent aucun obstacle à la circulation de la séve, qui, emprisonnée dans la charpente de l'arbre, abonde dans les fruits.

PALMETTE A BRANCHES CROISÉES (pl. 13, fig. 1). Cette forme est excellente pour les variétés infertiles. Le croisement des branches est un obstacle suffisant à l'ascension trop brusque de la séve, pour déterminer la fructification. On forme la palmette à branches croisées de la même manière que la précédente, mais avec cette différence que le bourgeon de droite forme la branche de gauche, et celui de gauche la branche de droite A et B, même figure.

PALMETTE DU BREUIL (pl. 13, fig. 2). Lorsqu'on recèpe
l'arbre la seconde année de la plantation, on conserve
trois bourgeons au lieu de deux : deux pour former les
branches A et B, et le troisième C, incliné à moitié pendant
l'été, fournit un nouveau bourgeon, qui forme avec lui le
second étage de branches, et ainsi de suite jusqu'en haut
du mur ou du palissage.

PALMETTE GRESSENT (pl. 14, fig. 1). Cette forme convient surtout aux murs peu élevés; elle demande au
moins 6 mètres de développement. On partage ce que
l'arbre doit occuper en trois parties égales A, B et C (pl. 23,
fig. 2); puis, comme pour toutes les autres formes, on dessine l'arbre sur le mur avec des petites baguettes bien
droites, ou, ce qui est préférable, avec des lattes de sciage
en bois blanc, ayant seulement 12 millimètres carrés. Ces
lattes sont d'un prix peu élevé et elles durent assez longtemps pour élever l'arbre.

On recèpe l'arbre la seconde année, et on choisit deux
bons bourgeons, un de chaque côté pour établir la charpente. On élève ces bourgeons avec les soins que j'ai in-
indiqués, puis, au printemps suivant, on les couche sur les
lignes A. L'année suivante, on favorise le développement de
deux bourgeons au point B, et on les couche sur les lignes
C, et ainsi de suite jusqu'en haut, puis lorsque les quatre
premiers étages des côtés sont formés, on taille 6 rameaux, 3 de chaque côté, sur un bon œil à bois aux
points D, E, F, pour former l'intérieur, et l'année suivante,
on termine le dedans en formant six autres branches, en
même temps que le dernier étage des côtés; comme pour
toutes les formes, on relève les prolongements de chaque
extrémité, et on les greffe par approche, afin d'avoir le
moins de tire-séve possibles.

Cette forme est très productive, et elle a en outre l'avantage d'être très vite faite.

EVENTAIL (pl. 14, fig. 2). C'est l'éventail de Montreuil modifié par M. Du Breuil. Aujourd'hui encore, une grande

partie des pêchers de Montreuil sont soumis à cette forme, mais les branches du dessus au lieu d'être obliques sont verticales, immense inconvénient, surtout pour les pêchers. M. Du Breuil a supprimé les lignes horizontales. L'éventail convient non-seulement au pêcher, mais encore à toutes les espèces vigoureuses. Les variétés de poiriers très vigoureuses donnent d'excellents résultats, soumises à cette forme.

Nous formerons l'éventail d'après le même principe que les autres formes, par inclinaisons, et sans amputations. On obtient deux bourgeons très vigoureux que l'on couche sur les lignes A ; le second bourgeon est couché sur les lignes B, et ainsi de suite jusqu'en haut du mur ; puis on forme le dedans comme je l'ai indiqué pour la forme précédente.

Candélabre (pl. 15, fig. 1). Très jolie forme, mais longue à obtenir. Le candélabre, également originaire de Montreuil, a été aussi modifié par M. Du Breuil qui a converti les lignes verticales en lignes obliques. Pour gagner du temps sur sa formation qui est désespérante de lenteur, quand on veut obtenir en entier les deux branches mères avant de commencer le dedans (cela demande 5 ans), nous éléverons nos deux branches mères en deux ans, et nous les courberons au point A, sur la ligne B, puis en taillant des rameaux sur un œil, nous obtiendrons les branches C, D, E, F, en même temps que les branches G, H, I, qui seront formées par gourmands, et sans amputations.

Palmette Leverrier (pl. 12, fig. 2). Excellente forme surtout pour le poirier, mais très longue à obtenir ; il faut opérer par les anciens procédés, et on ne peut guère espérer former une palmette Leverrier en moins de seize à dix-huit ans. C'est la seule forme qui puisse être faite convenablement avec un tronc droit. L'étendue des branches latérales est telle qu'elles conservent parfaitement l'équilibre grâce à leur développement et aussi à la ligne verticale qui les termine.

Lorsque l'arbre a été recépé, on conserve trois bourgeons, deux de chaque côté, pour les deux premières branches et un pour la tige. Il faut attendre trois ans, et quelquefois quatre avant de pouvoir commencer le second étage de branches, car il faut pour cela que les deux premières branches aient atteint les points A. Pendant ce temps, on taille constamment le prolongement au-dessous du point B, où doivent naître les secondes branches. Ce second étage demande encore au moins deux années avant de commencer le troisième, et enfin à partir du troisième on peut en obtenir un tous les ans.

CONTRE-ESPALIER OBLIQUE (pl. 16, fig. 1). C'est la pierre fondamentale du jardin fruitier de propriétaire. Les contre-espaliers obliques fournissent à eux seuls autant de fruits que le reste du jardin, et, ne l'oublions pas, ils donnent une bonne récolte la première année après la plantation. Rien n'est plus beau, pour terminer les deux gradins d'un jardin, que deux contre-espaliers; car, lorsqu'ils ont été bien plantés, quand chaque variété est à sa place, ils offrent le type le plus parfait de la fertilité.

J'ai une préférence marquée pour les contre-espaliers obliques, je les trouve plus fertiles et plus faciles à conduire que les cordons verticaux. Dans ce cas, comme toujours, je m'efface pour me mettre à la place d'un jardinier peu expérimenté en arboriculture, et je cherche toujours à éviter les difficultés. La majeure partie des jardiniers, et je parle ici des meilleurs, de ceux qui n'ont plus rien à apprendre en floriculture et en culture maraîchère, sont très faibles en arboriculture. Pourquoi! est-ce l'intelligence qui leur manque? non, car ils font en floriculture des choses plus difficiles que de bien soigner des arbres; mais le temps et l'enseignement leur ont fait défaut. Quand un jardinier sait la floriculture, il a déjà travaillé nombre d'années; il a appris avec cela la culture maraîchère, qui lui a pris encore quelques années; l'arboriculture est et sera toujours un accessoire pour lui. Le jardinier pourvu de connais-

sances exactes en floriculture et en culture maraîchère est
une providence pour une grande maison; il se place facilement sur sa renommée bien méritée et bien justifiée. On
lui donne des arbres fruitiers à soigner, il n'y avait même
pas pensé. La plupart du temps, il va à un cours quelconque, ou plutôt trouver le premier professeur venu. Le
plus souvent, il revient en riant du professeur, et il n'a
pas tort, car, lorsque nous aurons retiré quatre ou cinq
hommes qui savent et enseignent l'arboriculture en France,
le reste de ce qui s'intitule professeur est composé de jardiniers qui n'ont pu rester nulle part, et qui, à l'aide d'un
certain *verbiage* et d'une grande quantité de vin bleu, se
font une popularité parmi les jardiniers, et leur enseignent ce qu'ils ignorent eux-mêmes. Cela est déplorable,
mais cela existe à Paris et dans ses environs. Espérons
qu'un jour le gouvernement, qui a tant fait pour l'agriculture, réglera l'enseignement d'arboriculture, ou du
moins fera subir un examen à ceux qui, au lieu d'enseigner, propagent des erreurs funestes, préjudiciables aux
propriétaires et aux jardiniers. Avant d'enseigner, il faut
savoir. Pourquoi ne pas mettre l'enseignement au concours et ne le permettre qu'à des individus ayant subi un
examen et munis de brevets de capacité? Les lois de la
nature ne s'étudient pas au cabaret, et on n'a jamais
trouvé la solution d'un problème au fond d'un litre de pi-
quette ou de vin bleu.

Le jardinier studieux, qui éprouve le besoin d'apprendre, revient de ces bouges avec dégoût, et se demande
s'il existe quelque chose d'exact pour tailler les arbres.
Le plus souvent, il est plus intelligent que les professeurs
qu'il a été voir; il se sent tellement au-dessus d'eux, qu'il
n'y retourne plus, et il soigne ses arbres comme il peut.
ou plutôt comme son bon sens le lui indique.

Revenons à nos contre-espaliers obliques. On pose d'a-
bord les palissages et les lattes comme je l'ai indiqué à la
création du jardin fruitier. On ouvre ensuite une tranchée

de chaque côté, et, après avoir classé les variétés comme je l'ai indiqué pour les cordons obliques en espalier, on procède à la plantation. On taille de manière à obtenir très vite le plus de boutons à fruits possibles. L'arbre qui commence chaque rangée et celui qui la finit sont traités comme pour les cordons obliques d'espalier, de manière à finir carrément le contre-espalier à chaque bout. On plante sur un angle de 60 degrés, et la troisième année on incline sur 45.

CONTRE-ESPALIERS VERTICAUX (pl. 16, fig. 2). Ce contre-espalier, recommandé par M. Du Breuil, l'inventeur des plantations rapprochées, commence et finit carrément, sans le secours d'une forme. On plante les cordons verticaux à 30 centimètres; ils poussent assez vigoureusement, mais on est obligé de tailler les prolongements beaucoup plus courts, pour faire développer les yeux de la base. L'ascension de la séve est trop brusque dans la ligne verticale; le haut des arbres pousse vigoureusement, mais le bas, lorsqu'ils ne sont pas conduits par un homme expérimenté, a toujours tendance à s'éteindre. Je donne, je le répète, une préférence marquée aux contre-espaliers obliques, et je ne me sers des cordons verticaux que pour les murs dépassant 4 mètres de hauteur, ou pour masquer très vite un objet désagréable à voir dans le jardin, pour cacher un puits ou une pompe.

DOME A CINQ AILES (pl. 17, fig. 1). Cette forme, aussi fertile que régulière, est appelée à remplacer les pyramides.

Elle demande des soins pendant sa formation, mais une fois achevée; elle est d'abord très belle, ensuite d'un produit remarquable, d'une fertilité soutenue et d'une solidité qui brave tous les ouragans, de plus susceptible d'être abritée et, par conséquent, de donner une récolte égale chaque année.

Les principaux inconvénients de la pyramide sont de donner prise à tous les vents; d'être improductive sur le tiers inférieur de toutes les branches, toujours ombragées par celles qui sont au-dessus; de demander énormément de temps pour espacer les branches ; de nécessiter une foule d'amputations, et enfin d'être inabritable et par conséquent de rentrer dans les conditions des arbres du verger, c'est-à-dire de donner des récoltes accidentelles.

Ce sont ces inconvénients réunis qui m'ont fait adopter le dôme et le cône à cinq ailes, qui offrent toutes les garanties possibles de fertilité, de durée et d'égalité de récoltes. On ne doit choisir pour cette forme que des espèces très vigoureuses, greffées sur franc, telles que les Beurré d'Amanlis, Angleterre, Catillac, Curé, Beurré d'Anjou, etc., etc. On place au pied de l'arbre une perche de 6 mètres 10 centimètres d'élévation ; on trace ensuite un cercle de 2 mètres de diamètre ; on divise ce cercle en cinq parties égales, en ayant le soin de placer une des divisions au midi, et on enfouit une pierre pourvue d'un collier à chacune des cinq divisions (A, pl. 24, fig. 1). On attache cinq fils de fer d'un bout au sommet de la perche, et de l'autre à chacun des colliers enterrés dans le sol, puis on les raidit. Chaque fil de fer servira de support à une aile de l'arbre (pl. 24, fig. 2). Il est urgent de placer une aile au midi pour donner aux autres les expositions du sud-est, sud-ouest, nord et nord-ouest, et chacune des ailes, ayant au bord un écartement de 1 mètre 20 centimètres, est parfaitement éclairée.

On plante, comme toujours, une greffe d'un an, qu'on laisse bien enraciner la première année ; puis, au printemps suivant, on la recèpe à 40 centimètres du sol. On laisse pousser une dizaine de bourgeons, et lorsqu'ils ont atteint environ 20 centimètres de longueur, on choisit les six, les plus vigoureux, cinq pour former les ailes, et un pour le prolongement, puis on supprime les autres. Pendant tout l'été, on palisse ces bourgeons sur une latte placée dans un angle de 60 degrés, afin de leur donner tout le développement possible (pl. 24, fig. 3), et on soumet le bourgeon A, qui doit servir de prolongement, à des pincements successifs pour favoriser la végétation des cinq autres ; si, à la fin de l'année, les cinq bourgeons sont vigoureux et ont au moins 1 mètre de longueur, on les met en place sur la ligne A (pl. 24, fig. 4) — (je ne dessine qu'une aile dans cette figure, pour la rendre plus intelligible), en ayant soin de laisser le prolongement libre pour lui fair acquérir plus de vigueur. Les cinq branches étant placées sur un angle de 5 degrés, il n'y a pas de suppression à faire pour obtenir le développement des yeux de la base ; il suffit de tailler alternativement sur un œil de côté. Lorsque les cinq branches formant le premier étage sont mises en place, on taille le prolongement à 35 centimètres environ du premier étage pour obtenir un second étage à 30 centimètres du premier, et un prolongement.

On élève le second étage comme le premier; on le met en place au printemps suivant, et ainsi de suite jusqu'à ce qu'on en ait obtenu vingt. On dépense trois années à former les trois premiers étages de branches, et à partir de la quatrième année on forme de trois à cinq étages par an, suivant la vigueur de l'arbre. On taille le prolongement dans l'été ; chaque taille fait développer des bourgeons latéraux, et on obtient autant d'étages qu'on le veut.

Au fur et à mesure de la mise en place des branches, on traite pour cette forme, comme pour toutes, les bourgeons qu'elles produisent par les moyens que j'ai indiqués pour les convertir en rameaux à fruits. Lorsque les prolongements de chaque étage de branches dépassent de 40 centimètres environ la limite qui leur est assignée, on les relève et on les greffe par approche les uns sur les autres, jusqu'en haut de l'arbre (pl. 17, fig. 1 et 2.), puis enfin, lorsque l'arbre est achevé, on greffe les cinq tire-séve ensemble, afin de n'en conserver qu'un pour les cinq ailes (A, pl. 24, fig. 5). Lorsque l'arbre est entièrement formé, on enlève la perche et les fils de fer; il est d'une solidité à toute épreuve et peut se passer de supports. Lors-qu'on veut abriter, il suffit de planter quatre grandes perches solidement en terre, de les relier ensemble en haut

12

par un fort lien, et de placer dessus une toile qui descende
jusqu'à 80 centimètres du sol.

CONE A CINQ AILES (pl. 17, fig. 2). Cette forme se fait exactement comme la précédente; elle ne diffère que dans les
contours du haut. Quand on plante plusieurs arbres à cinq
ailes à côté les uns des autres, il est bon de faire des
dômes et des cônes pour varier.

VASE (pl. 18, fig. 1). C'est une forme très jolie et excellente,
surtout dans les jardins exposés aux vents, auxquels son
peu d'élévation ne donne pas de prise. Les vases doivent
réunir les conditions suivantes pour donner des résultats
certains :

Avoir un diamètre égal à la hauteur, pour permettre
aux rayons solaires, venant dans un angle de 45 degrés,
de pénétrer jusqu'à la base, et avoir un diamètre égal à
la base et au sommet.

On plante une greffe d'un an, que l'on recèpe l'année
suivante, puis, lorsque les bourgeons sont bien développés, on en choisit cinq de même longueur et placés à égale
distance. On laisse pousser ces bourgeons presque verticalement, puis, vers le mois de juin, lorsqu'ils ont atteint
une longueur de 60 centimètres environ, on les taille aux
points A (pl. 24, fig. 6). pour obtenir cinq bifurcations,
qui nous donnent dix branches.

Au printemps suivant, on incline les branches presque
horizontalement et on taille aux points B (pl. 24, fig. 7)
pour obtenir vingt branches, nombre nécessaire pour garnir un vase de 2 mètres de diamètre, en les espaçant de
30 centimètres. Dès que les bourgeons dépassent le cercle
qui est à la base du vase, on les relève presque vertical-
ment, et on les conduit ainsi jusqu'à ce qu'ils aient atteint
le second cercle qui termine la forme.

Lorsqu'on a planté des variétés qui ne poussent pas très
vigoureusement, on forme le vase avec douze branches
au lieu de vingt. Elles sont plus espacées, et on remplit
les vides avec des ramifications qui forment dessin (pl. 24,
fig. 8).

Quand on veut aller très vite et qu'on forme un vase avec des espèces très vigoureuses, on l'établit sur trois branches. La seconde année, on couche ces trois branches horizontalement à 40 centimètres du sol, sur un cercle de 2 mètres de diamètre ; on laisse pousser les prolongements jusqu'à ce qu'ils se rejoignent, et on les greffe par approche aux points A (pl. 25, fig. 1). On laisse pousser sur le dessus de ces branches des bourgeons, tous les 40 centimètres, aux points B. Vers la fin de l'année, ces bourgeons ont atteint une longueur d'un mètre environ ; on les couche à 50 centimètres de leur base pour former un second cercle, qu'on greffe également par approche (C, même figure), et ainsi de suite jusqu'à ce que l'arbre présente l'aspect de la fig. 2, pl. 25.

Il est urgent, lorsqu'on taille les prolongements des arbres à tige ou des branches qui ne sont pas palissées sur les murs, de faire chaque année la section des prolongements du côté opposé, afin d'obtenir une branche bien droite, comme le montre la fig. 3, pl. 25. Si on taillait toujours du même côté, la branche serait toute de travers. Pour les arbres à tige, on doit faire la première taille du côté opposé à la greffe.

Je termine ici la série des formes à donner au poirier et aux autres espèces. Il en est beaucoup d'autres que l'on peut faire. J'en ai donné assez pour éviter la monotonie dans les jardins, et d'ailleurs quand mes lecteurs auront fait toutes ces formes, il leur sera facile de les varier et même d'en inventer de nouvelles.

DIX-NEUVIÈME LEÇON

—

POIRIER.

RESTAURATION. — MALADIES.

Rien n'est plus simple ni plus facile que d'élever les poiriers et de soigner leurs rameaux à fruits comme je viens de l'indiquer. On obtiendra toujours, à l'aide de ces soins, des arbres vigoureux et d'abondantes récoltes de beaux fruits, cependant les arbres traités ainsi sont rares, et nous compterons à peine un jardin sur cinq cents où les arbres sont traités d'une manière rationnelle.

Cela tient à plusieurs causes : l'enseignement d'abord a manqué dans beaucoup d'endroits; il est quantité de départements où il n'a jamais pénétré; ensuite dans les endroits où l'enseignement n'a pas fait défaut, voici ce qui s'est produit. Les propriétaires, las de planter sans cesse sans obtenir de résultat, ont travaillé sérieusement; le plus grand nombre a suivi nos cours avec la plus grande assiduité; la majorité est venue se fortifier de nos conseils, et même solliciter notre coopération pour la création de jardins fruitiers. Ces jardins fruitiers créés par nous, et soignés par les propriétaires, ont tous donné d'abondantes récoltes de très beaux fruits la première année après la plantation. A partir de ce moment, l'impuissance des jardiniers a été révélée, et les moyens dont ils se servent pour soigner les arbres condamnés sans rémission.

Les jardiniers capables ont compris qu'ils avaient fait fausse route ; ils ont travaillé et j'ai eu la satisfaction de compter parmi eux d'excellents élèves ; mais les jardiniers capables, ceux qui ont fait quelques bonnes études, sont rares, c'est la minorité.

La majorité, composée de praticiens *pur sang*, de gens convaincus que le maniement de la bêche et du rateau est l'expression suprême de la science, et qu'un académicien voulant s'occuper de culture ne peut leur venir à la cheville, a déclaré nos théories impossibles. Il en est même qui ont refusé leur concours aux plantations que nous dirigions et ont préféré quitter leurs places que d'adopter un ordre d'idées qui blessait la corporation des *vrais jardiniers*.

Les propriétaires qui avaient profité de nos leçons et vu les résultats obtenus dans nos jardins, désireux de créer des jardins fruitiers chez eux, éprouvaient des difficultés sérieuses dans l'exécution, par la résistance et le mauvais vouloir de quelques-uns de leurs serviteurs. C'était à qui les entraverait et compromettrait leurs plantations par de continuelles modifications. Le résultat était presque toujours une mauvaise plantation, et une dépense faite pour obtenir des demi-succès. Devant un tel état de choses, il n'y avait pas à hésiter, il fallait venir au secours des propriétaires en leur créant des jardins fruitiers, autant pour leur donner des résultats certains que pour convaincre les incrédules par une application en grand, donnant des résultats identiques dans tous les sols et dans tous les pays.

Dès la seconde année de cette décision de créer des jardins fruitiers avec des ouvriers à moi, un matériel à moi et un choix d'arbres fait par mes soins, je pouvais montrer dans plusieurs départements, et dans chaque, une trentaine de jardins fruitiers donnant les mêmes résultats dans tous les sols et dans des sols de natures opposées, même dans ceux où on avait déclaré la culture des arbres fruitiers impossible. Dans certaines localités, beaucoup de jardi-

12.

niers se sont convertis devant le fait accompli; dans d'autres, les jardiniers entrepreneurs, furieux de voir accomplir en quelques semaines des travaux qu'ils n'eussent pas
exécutés en plusieurs mois, par un homme qu'ils considé-
raient comme *un avocat* et non comme un cultivateur, ont
fermenté une espèce de ligue avec les jardiniers, en fesant
appel à leur orgueil et à leur cupidité. Le professeur, disaient-ils, accaparait tous les travaux et ferait mourir de
faim les ouvriers. Si l'orgueil stupide et la cupidité aveugle de ces gens-là ne les empêchaient de rendre hommage
à la vérité, ils reconnaîtraient que mes travaux ont fait
distribuer chaque année plusieurs mille francs à la classe
ouvrière, et cela pendant l'hiver, où le travail manque
aux plus laborieux; ils reconnaîtraient en outre que si, au
lieu de dépenser leur temps en inutiles déblatérations, ils
l'eussent employé à étudier l'arboriculture que je me suis
souvent fait un plaisir de leur enseigner gratuitement, au
lieu d'éloigner d'eux les propriétaires, ils se les fussent
attirés, et que moi, le premier, je me serais empressé de
leur donner à d'excellentes conditions, l'entretien de mes
jardins fruitiers. Cela leur sera prouvé plus tard, mais
trop tard pour eux; car leurs menées stupides, comme
leurs paroles insensées leur ont fermé à tout jamais la
porte des propriétaires qui ont quelques connaissances en
arboriculture.

Cela est déplorable assurément, et d'autant plus déplorable que pour ma part, il n'est pas de sacrifice de temps
et d'argent que je n'aie fait pour éclairer ces insensés. Et
s'ils pouvaient être de bonne foi, ils conviendraient que
j'ai beaucoup plus pris leurs intérêts que les miens. Ils fer-
ment les yeux à la lumière, soit! qu'ils ne se plaignent
pas de la position qu'ils se font eux-mêmes. La lumière est
visible pour tous, la vérité triomphera toujours du men-
songe.

La colère des princes de la routine était grande lorsqu'ils
ont vu mes jardins fruitiers; cette colère s'est con-

vertie en rage devant mes restaurations d'arbres, lorsqu'ils
m'ont vu en une seule année couvrir de fruits des arbres
qui n'en avaient jamais produit, ou qui n'en donnaient plus
depuis plusieurs années. La restauration des vieux arbres
a écrit sur leur front en caractère indélébiles les mots d'*impuissance* et d'*incapacité*.

Sans cesse appelé par des propriétaires qui me montraient des arbres de quinze à vingt ans n'ayant encore
rien produit; quelquefois des arbres tellement mutilés que
toute fructification était devenue impossible; souvent des
arbres très vigoureux, poussant bien, mais ne donnant que
des fruits avortés, parce que les variétés de plein vent
étaient en espalier, et celles d'espalier en plein vent; j'ai
dû, plus que tout autre, chercher à tirer parti des plantations faites. Il est douloureux d'arracher un arbre de vingt
ans, bien venu, et bien portant, pour en planter un autre.
Une étude de plusieurs années m'a donné le moyen de
rendre très fertiles, et ce, en moins de trois ans, les arbres
les plus stériles.

Posons d'abord, en principe, avant d'aborder la restauration des vieux arbres, qu'il est beaucoup plus difficile de
restaurer un arbre mal conduit et mal taillé, que d'en former un jeune. La restauration est possible sur tous les
poiriers, dès l'instant où ils sont pourvus de bonnes racines
et d'un tronc sain, exempt de chancres et de carie ; mais
je ne saurais trop le répéter, ces restaurations demandent une profonde connaissance de l'organisation des
arbres, et une certaine expérience de leur culture et de
leur taille.

Afin de rendre mon enseignement fructueux pour mes
lecteurs et de faciliter leurs opérations, commençons par
diviser la restauration des poiriers en plusieurs séries :

1º Les arbres ayant une forme à peu près régulière, de
bonnes racines, des branches saines, mais offrant des vides,
couvertes de têtes de saule, donnant peu ou point de
fruits, de mauvais fruits, ou des fruits placés à une exposition qui ne leur convient pas.

2° Les arbres d'espalier n'ayant aucune forme, pourvus de bonnes racines et de mauvaises branches, rendues infertiles par les mutilations. .

3° Les arbres de plein vent, les quenouilles ou pyramides, pourvus d'une bonne racine et d'une mauvaise tige, ne produisant pas de fruits ou des fruits qui ne viennent pas en plein vent.

Notre but est non-seulement de conserver ces arbres et de les restaurer, mais encore de leur faire produire des fruits immédiatement. Nous opérerons contrairement à tous les principes de restauration enseignés et consignés dans tous les ouvrages sur l'arboriculture. Jusqu'à présent, on restaurait les vieux arbres en coupant toutes les branches rez le tronc, et on attendait patiemment que les branches fussent repoussées pour obtenir des fruits. Dans ce cas, il y avait presque autant d'avantage à planter un jeune arbre. Toutes mes restaurations se font sans interruption de récolte, quand les arbres produisent, et je les fais produire l'année suivante quand ils ne sont pas en rapport.

Commençons par les arbres ayant une forme à peu près régulière, de bonnes racines, des branches saines, mais dénudées et couvertes de têtes de saule (pl. 25, fig. 4). Je choisis la palmette à tige droite et à branches obliques, parce que c'est la forme qu'on rencontre le plus souvent dans les anciens jardins.

Comme dans tous les arbres à tronc vertical le haut pousse avec beaucoup de vigueur, tandis que le bas a tendance à s'éteindre. Il faut commencer par distribuer également la séve dans toutes les branches, à l'aide des entailles faites avec la petite scie à main. On fera deux entailles en chevron, très profondes aux deux branches A, les plus faibles, afin de leur répartir une grande quantité de séve et de les faire pousser vigoureusement. Il sera utile de relever un peu l'extrémité de ces deux branches en B, pour faciliter l'ascension de la séve ; si ces branches

offrent une trop grande disproportion avec les autres, il
faudra les dépalisser et les attacher le plus verticalement
possible à un échalas piqué en terre à un mètre en avant
du mur.

Les branches C, un peu moins faibles, seront entaillées
un peu moins profondément; les extrémités seront également relevées, mais en D, un peu moins haut que celles
de dessous.

Les branches E, de vigueur moyenne, resteront en place
et ne recevront pas d'entailles.

Les branches F, trop vigoureuses, recevront à la base
une entaille en sens inverse G, pour détourner la séve et
arrêter leur accroissement.

Les branches H, plus vigoureuses que toutes les autres,
seront profondément entaillées en I, pour détourner la
séve et suspendre leur accroissement disproportionné. De
plus, ces deux derniers étages de branches, les plus hautes,
et par conséquent les plus vigoureuses, seront sévèrement
palissées contre le mur.

En moins de deux ans, l'équilibre se rétablira dans un
arbre ainsi traité. Avant d'indiquer les opérations de taille
nécessaires à l'établissement d'une nouvelle fructification,
un mot sur la théorie des entailles est nécessaire.

Nous savons que les vaisseaux séveux sont placés dans
les couches les plus extérieures de l'aubier; nous savons
en outre que ces vaisseaux sont percés d'ouvertures latérales par lesquelles ils communiquent entre eux (pl. 1,
fig. 2), et que la séve contenue dans un vaisseau qui est
coupé passe par ces ouvertures dans le vaisseau voisin, et
ainsi de suite, jusqu'à la partie la plus élevée. Donc, si
nous voulons rétablir l'équilibre entre les branches A et B
(pl. 26, fig. 1), il faudra donner une grande quantité de
séve à la branche A, et en supprimer une quantité non
moins grande à la branche B, opération des plus faciles en
pratiquant deux entailles en sens inverse.

La séve de tous les vaisseaux séveux des parties C, C

aboutira au point D et sera absorbée en entier par la branche A ; celle des vaisseaux coupés de l'entaille F sera dirigée sur les points E, E, et sera entièrement détournée de la branche B, dont l'accroissement restera stationnaire, tandis que celui de la branche A augmentera de toute la quantité de séve supplémentaire qu'elle recevra par le fait de l'entaille. Ces entailles ont une action très énergique ; elles sont faites avec une petite scie toute spéciale ; la plaie déchirée met deux ans à se cicatriser ; leur action se fait donc sentir pendant deux années au moins quand elles sont bien faites, et ce laps de temps est suffisant pour rétablir l'équilibre entre leurs branches, quelque grande que soit la disproportion qui existe entre elles.

Les entailles faites avec la scie ne sont applicables qu'aux arbres à fruits à pépins ; elles détermineraient la gomme chez les espèces à noyaux, sur lesquelles on fait les entailles avec la lame de la serpette.

Lorsqu'on a pratiqué les entailles pour rétablir l'équilibre entre les branches, le premier soin est de les nettoyer complétement, c'est-à-dire d'enlever avec l'émoussoir toutes les mousses et toutes les écorces desséchées qui nuisent à l'accroissement de l'arbre et servent de refuge à des milliers d'insectes qui, plus tard, se logent dans les fruits. Tout ce qui existe d'écorces inertes doit être enlevé. Il faut ensuite ramasser, avec soin, toutes les parcelles d'écorce et les brûler immédiatement pour détruire les œufs et les larves qu'elles contiennent.

On procède ensuite à l'examen des branches ; si elles sont pourvues de bons prolongements, on taille ces prolongements très longs, au point A (pl. 26, fig. 3) ; si la branche se termine, comme souvent, par une tête de saule, il faut l'enlever, couper la branche en biseau, à une place bien saine A (pl. 26, fig. 2), et poser une greffe en couronne Du Breuil à l'extrémité du biseau, au point B, pour fournir un prolongement vigoureux.

On s'occupe après de faire disparaître les têtes de saule et de combler les vides. Lorsque les têtes de saule sont mortes, il faut les enlever complétement; on les scie d'abord en D (pl. 26, fig. 2), on unit ensuite la plaie avec la lame de la serpette, de façon à faire disparaître complétement la protubérance et on recouvre de mastic à greffer. Lorsque les têtes de saule sont encore vivantes et qu'elles portent plusieurs bourgeons (pl. 26, fig. 4), on choisit le bourgeon le plus faible et le plus rapproché de la base pour le convertir en rameau à fruit, le bourgeon A, puis on enlève complétement la nodosité et les autres bourgeons en B, avec la scie et la serpette, puis on recouvre de mastic. Le bourgeon conservé est soumis au cassement simple ou double, suivant sa vigueur.

Dans tous les cas, il faut toujours enlever la tête de saule, complétement, et couper jusqu'à ce que la branche soit bien unie, autant pour la redresser et lui faire acquérir une nouvelle vigueur, que pour éviter la production de nouveaux bourgeons qui dérangeraient l'équilibre de l'arbre.

Lorsque les écorces de la branche peuvent être soulevées, ce qui sera possible quatre-vingt-dix-neuf fois sur cent; quand cette branche aura été bien nettoyée et chaulée, on comblera ensuite les vides, près des têtes de saules mortes, et sur toutes les parties dénudées avec des greffes de boutons à fruits E (pl. 26, fig. 2). Si le fruit de l'arbre doit être changé, on enlève les têtes de saule et tous les bourgeons, et on pose des greffes sur toute la longueur de la branche, de manière à la garnir complétement C, (pl. 26, fig. 4.) Lorsque la branche doit être complétement greffée, et qu'on ne veut pas conserver le fruit de l'arbre, on commence la restauration, au mois de septembre, par la greffe de la moitié des boutons à fruits qu'elle doit porter; on coupe les têtes de saule à la fin de l'hiver suivant, avec tous les rameaux de l'arbre, et au mois de septembre suivant, on pose le reste des greffes de boutons à fruits afin d'éviter un trop grand nombre de cicatrices à la fois. Il faut toujours maintenir les prolongements longs, jusqu'à ce que la branche soit complétement restaurée et qu'elle ait atteint la longueur qui lui est assignée. Si le fruit de l'arbre peut être conservé, cette taille longue accélère la mise à fruit ; si le fruit de l'arbre doit être changé, on enlève tous les rameaux à fruits et on les remplace par des greffes de boutons à fruit.

Chez certaines variétés vigoureuses, comme les crassanes, les bon-chrétien d'hiver, etc., les mutilations réitérées produisent d'énormes têtes de saule et une quantité de bourgeons vigoureux tout autour ; il y en a quelquefois huit ou dix (pl. 26, fig. 5). Il serait inutile de traiter ces productions comme je viens de l'indiquer ; la séve affluant en abondance dans ces endroits, le bourgeon conservé serait trop vigoureux pour le mettre à fruit. Dans ce cas, on tire parti de la vigueur des bourgeons en posant, au mois de septembre, à la base de chacun, aux points A, une greffe de boutons à fruits, puis on taille en B le printemps suivant, après avoir enlevé avec un ciseau de menuisier, très tranchant, toute la nodosité dans la ligne C, puis on recouvre la plaie de mastic à greffer. Les greffes fleurissent au printemps et donnent des fruits d'autant plus beaux qu'ils ont une grande quantité de séve pour les nourrir.

Je crois devoir rappeler au lecteur qu'il peut greffer les boutons à fruits d'autant de variétés qu'il le jugera à propos sur le même arbre. Les boutons à fruit greffés seront traités comme ceux qui sont nés sur l'arbre et donneront des fruits pendant toute son existence.

Lorsque les arbres sont complétement restaurés, que l'équilibre est rétabli dans toute leur charpente, que les têtes de saule ont été enlevées et les vides bouchés avec des greffes de boutons à fruit, ils ne demandent plus que les soins indiqués pour les rameaux à fruit, et peuvent vivre et fructifier encore pendant de longues années en leur donnant les soins de culture et les engrais nécessaires.

Vient ensuite la série des arbres d'espalier, pourvus de bonnes racines, de mauvaises branches, et n'ayant aucune forme. On peut également restaurer ces arbres, et leur donner une forme, sans cesser de récolter des fruits, quand toutefois les racines sont bonnes et que le tronc est sain jusqu'aux parties A.

Dans cet état de délabrement, il faut refaire l'arbre en entier, que le fruit soit bon ou non. Voici comment on opère :

Pendant le repos de la végétation, de novembre à février, il faut d'abord découvrir les racines dans toute la partie B, enlever toute la terre et la remplacer par de la terre prise dans le milieu d'un carré de potager, et la fumer abondamment avec des engrais très consommés. Lorsqu'on est arrivé à l'extrémité des racines on ouvre une tranchée circulaire C C, de 1 mètre de profondeur et de 80 centimètres de large. On enlève toute la terre, et on la remplace par de la terre neuve et abondamment fumée. On choisit pour cette opération un temps doux, un ciel couvert, et un jour où il n'y ait ni vent ni pluie, ni gelée à redouter. Cette préparation de sol achevée, on procède ainsi à la formation d'un nouvel arbre.

Admettons que nous voulions faire une palmette à branches courbées de ce vieil arbre informe et ruiné. Nous commencerons par dessiner sur le mur, avec des lattes de sciage, la forme que nous voulons faire (pl. 27, fig. 2). Nous pratiquerons avec l'égohine, sur le tronc de l'arbre, et au-dessus de deux branches latérales au point D (pl. 26, fig. 1 et 2), une incision circulaire assez profonde pour couper tous les vaisseaux séveux formés l'année précédente, afin de concentrer une grande partie de l'action de la séve sur les deux branches A et B (fig. 2), puis nous couperons ces deux branches en biseau à 15 centimètres du tronc, et nous poserons sur chacune une greffe en couronne Du Breuil, d'une variété très vigoureuse C (fig. 2); nous laisserons pousser ces greffes presque verticalement pour leur laisser acquérir plus de vigueur D (même figure). A la fin de la saison ou au printemps suivant, nous placerons ces deux pousses sur les lattes E, nous taillons comme il est indiqué pour les palmettes à branches courbées; nous élevons un second étage de branches sur les premières, et ainsi de suite pendant trois ans.

Le quatrième printemps, notre palmette à branches courbées, formée sur le pied de notre vieil arbre, se compose de trois étages de branches; le premier est à fruit, et en donnera dans l'été. Pendant trois saisons, nous avons récolté des fruits sur le vieil arbre, et des fruits en quantité d'autant plus grande, que l'incision faite sur le tronc, pour favoriser le développement des greffes, a eu pour effet, en diminuant l'action de la séve sur le vieil arbre, d'augmenter le nombre des fleurs. Notre nouvel arbre va produire des fruits, nous coupons notre vieux tronc au point F (fig. 2), nous l'enlevons, et nous avons un arbre régulier, bien portant, formé sur l'ancien, sans avoir cessé une seule année de récolter des fruits.

Nous savons comment se forme la tige; examinons maintenant ce qui se passe en terre pendant la formation de notre nouvel arbre. Les premières pousses des greffes ont produit deux nouvelles racines aux points (D, pl. 27, fig. 1); le second étage de branches a produit deux nouvelles racines aux points (E); le troisième, deux nouvelles racines encore aux points (G). Les nouveaux étages qui seront obtenus ramifieront encore ces nouvelles racines, qui ont fonctionné avec d'autant plus d'énergie qu'elles sont placées dans une terre neuve, abondamment fumée. La quatrième année, notre vieil arbre est non-seulement pourvu d'une tige neuve, mais aussi de racines neuves, il n'en reste que la partie comprise dans la ligne (H, fig. 1). Un arbre ainsi restauré peut vivre et fructifier pendant cinquante ans.

Si on ne trouvait pas à la base de l'arbre les deux branches indispensables pour établir la charpente, il faudrait les y mettre à l'aide de la greffe Agricola ou de la greffe Richard, cela serait un peu plus long, mais le résultat serait le même.

Restent les quenouilles ou pyramides, dont on a tant abusé dans tous les jardins. Elles peuvent être restaurées et laissées en pyramide, la place qu'elles occupent empêche quelquefois de leur donner une autre forme. Dans ce cas, la restauration ne porte que sur les rameaux à fruits; on les rétablit commé je l'ai indiqué précédemment, et on peut changer le fruit à l'aide de greffes de boutons à fruits comme je l'ai également indiqué. Mais le premier acte de restauration doit être de supprimer complétement les branches trop rapprochées, de manière à ce que la lumière puisse pénétrer jusqu'à la naissance de chacune d'elles, et de les équilibrer à l'aide des entailles. Lorsque ces arbres ont été mal conduits, ils sont presque toujours trop fourrés, et l'opérateur ne doit pas oublier que toute branche, ou toute partie de branche soustraite à l'action des rayons solaires, restera toujours infertile.

Lorsque l'emplacement le permet, le meilleur parti que l'on puisse tirer des pyramides est d'en faire des vases dans les endroits exposés aux vents, et des arbres à cinq ailes dans les endroits abrités. Cette restauration peut se faire sans interruption de récolte, et il y a toujours bénéfice à l'accomplir.

Voici comment on procède pour les vases : On change la terre comme je l'ai indiqué; ensuite on pratique une incision annulaire avec l'égohine à 40 centimètres environ au-dessus du sol, et au-dessus de quatre ou cinq branches également espacées sur le périmètre de l'arbre. On coupe ces branches en biseau, et on applique une greffe en couronne Du Breuil sur chacune d'elles. On donne au produit de ces greffes les mêmes soins qu'aux branches de la charpente des vases, et la quatrième année, lorsque le dessous du vase est entièrement formé, et à fruit, on scie le tronc au-dessus des quatre ou cinq branches qui ont fourni la charpente du nouvel arbre, et on enlève l'ancien.

Il est facile de former des arbres à quatre ou à cinq ailes avec les pyramides; elles ont toujours plus de branches qu'il n'en faut pour cela. On choisit quatre ou cinq lignes de branches superposées et espacées de 30 centimètres au moins, et on sacrifie impitoyablement toutes les autres. S'il manque quelques branches, rien n'est plus facile que de les mettre avec les greffes Agricola ou Richard; puis on équilibre bien l'arbre avec les entailles; cette opération demande du soin, car, presque toujours, les branches du bas sont faibles et celles du haut trop vigoureuses. Il est urgent de tailler toutes les branches du bas sur de bons yeux, susceptibles de fournir des prolongements vigoureux. Si ces branches sont terminées par des têtes de saule, il faut les enlever, couper à une place bien lisse et bien saine et poser une greffe, puis redresser les branches trop faibles pour leur faire acquérir de la vigueur.

Les têtes de saules doivent être enlevées complétement, afin de permettre aux branches de se redresser, ce qui a lieu en trois ou quatre ans quand l'arbre est habilement dirigé; les bourgeons conservés seront convertis en rameaux à fruits si le fruit de l'arbre doit être conservé, ou coupés et remplacés par des greffes de boutons à fruit, si le fruit de l'arbre est mauvais.

Lorsque toutes les branches sont à peu près d'égale vigueur, et pourvues de bons prolongements, on les remet en place, et on procéde à la confection des ailes, en relevant les prolongements et en les greffant par approche, comme je l'ai indiqué à la formation des arbres à cinq ailes.

Lorsqu'on conservera le fruit des arbres, il faudra apporter le plus grand soin à rapprocher les lambourdes, qui la plupart du temps ont atteint des proportions énormes sur les arbres mal soignés; il n'est pas rare d'en trouver de 50 centimètres de longueur (pl. 26, fig. 6). Ces productions n'ayant pas été soignées se sont allongées et ramifiées à l'infini; la première fructification a eu lieu au point A, deux boutons à fruits se sont ensuite formés aux points B B, puis aux points C C C, et les bourses formées sur ces points s'allongeraient indéfiniment si on n'y apportait remède.

De semblables lambourdes offrent d'immenses inconvénients ; elles jettent d'abord de la confusion et de l'obscurité dans l'arbre, ensuite elles produisent bien une grande quantité de fleurs, mais rarement des fruits, voici pourquoi : l'arbre, déjà épuisé par une floraison trop abondante, n'a plus de force pour nourrir ses fruits ; joignez à cela la difficulté que la séve éprouve à passer au travers de ces nombreuses bifurcations pour arriver jusqu'au fruit, et vous ne serez pas surpris de ne voir sur ces lambourdes que des fruits imparfaitement formés, qui tombent, se fendent ou deviennent pierreux lorsqu'ils ont atteint à peine le tiers de leur volume. De plus, les rudiments de boutons à fruits, contenus dans les rides de la première bourse (D, pl. 26, fig. 6), sont éteints.

Dans cet état de choses, état qui se rencontre sur tous les arbres négligés, il n'y a pas à hésiter, il faut rabattre les lambourdes, non pas tout de suite et du premier coup, mais progressivement, d'année en année, pour éviter le développement de bourgeons vigoureux, et obtenir petit à petit des boutons à fruit à la base. Ainsi, la première année nous taillerons la lambourde de la figure 6, pl. 26, en E sur deux boutons à fruit ; l'année suivante en F, et ainsi de suite jusqu'à ce qu'on ait obtenu des boutons à fruits tout à fait à la base.

Indépendamment des soins que j'ai indiqués, il ne faut jamais négliger d'enlever les onglets laissés sur les branches ; comme toutes les parties inertes et desséchées, qui ne font qu'entraver la végétation et paralyser l'accroissement, et toujours chauler les arbres restaurés pendant deux années au moins, autant pour détruire les insectes que pour stimuler les forces végétatives.

Toutes les restaurations que je viens d'indiquer réussissent toujours quand elles sont bien faites ; mais c'est de la chirurgie végétale, et il faut une certaine expérience, jointe à des connaissances exactes en anatomie et en physiologie végétale, pour les tenter avec succès.

Il ne faut pas oublier non plus que les arbres restaurés ont besoin d'autant d'engrais et de culture que ceux qu'on élève dans le jardin fruitier. Je me suis assez étendu sur les engrais et sur leur emploi pour n'y pas revenir; restent les cultures d'entretien, qui s'appliquent à tous les arbres fruitiers sans exception, et que je traite en dernier.

POIRIER.

MALADIES.

Les arbres, comme tous les êtres vivants et organisés, sont sujets à de nombreuses maladies, mais comme jusqu'à présent on n'a guère considéré un poirier comme un être vivant et organisé, on s'est, la plupart du temps, contenté de dire : ce poirier est malade, et on l'a laissé mourir sans plus chercher la cause de la maladie que le remède à y apporter.

Constatons tout d'abord, avant d'examiner les maladies du poirier et les remèdes à y apporter, que les six dixièmes de leurs maladies sont causées par les tailles vicieuses et par les amputations mal faites; un dixième par l'appauvrissement du sol; un dixième par les excès de la température, et les deux derniers dixièmes par les insectes, qui vivent à leurs dépens.

D'après ce calcul, basé sur l'expérience, l'homme est le plus dangereux ennemi de l'arbre, quand il ne sait pas le soigner; il en tue plus à lui seul avec des tailles vicieuses que le mauvais sol, la gelée, la chaleur, et toutes les maladies et les insectes réunis. J'appelle sérieusement l'attention de ceux qui taillent au sécateur, et de ceux qui tourmentent sans cesse leurs arbres sans nécessité sur ce calcul.

Les maladies causées par les amputations mal faites

sont : la nécrose, les bourrelets, les ulcères, la carie et les chancres.

La NÉCROSE est une des maladies les plus fréquentes des arbres fruitiers, chaque coup de sécateur la produit. Cette maladie consiste dans une portion de bois mort, plus ou moins étendue, qui se trouve enchâssée dans les parties vivantes, ainsi qu'on le voit sur la fig. 1, pl. 28, sur une portion de branche fendue en long. La pression et la déchirure du sécateur ont commencé par entraîner la mort de l'onglet, puis la nécrose est descendue du point A au point B. Si on laissait subsister cet état de chose, la nécrose pourrait descendre dans une grande partie de la branche et la faire périr.

Admettons, ce qui arrive quelquefois, que la mortalité s'arrête au point B et qu'on enlève l'onglet en E. Les couches du liber recouvriront la nécrose et l'enfermeront dans le centre de la branche ; mais elle n'aura aucune solidité, et le premier coup de vent la brisera lorsqu'elle sera chargée de fruits. Dans ce cas, il n'y a pas à hésiter, il faut enlever tout le bois mort et rabattre sur un rameau vigoureux placé au-dessous. Si on ne trouve pas un rameau propre à former un nouveau prolongement, il faut couper au-dessous de la nécrose, à une place bien saine, en C, et poser une greffe en D, au sommet du biseau.

La nécrose, je ne saurais trop le répéter, existe quatre-vingt-dix fois sur cent sur tous les onglets laissés par le sécateur. Il est assurément regrettable de perdre la pousse de l'année pour l'enlever ; mais il faut choisir entre la perte d'un rameau et celle d'une branche, et quelquefois aussi celle de l'arbre, car souvent cette maladie détermine la carie, et l'arbre tout entier en meurt.

Les BOURRELETS sont toujours causés par la négligence. Lorsque les branches grossissent pendant l'été et qu'on ne prend pas le soin de visiter les liens, ils entrent bientôt dans le corps ligneux, et il se forme un bourrelet tout autour (pl. 28, fig. 2). Dans ce cas, la formation des filets

ligneux et corticaux est entravée, le cambium amassé à
ce point ne peut plus descendre. Bientôt le lien est empri-
sonné dans les nouvelles écorces; il y fermente, y pourrit,
et décompose la branche, qui casse toujours dès qu'on la
dépalisse.

Il est donc urgent de veiller à tous les liens d'osier pendant l'été, afin de les remplacer dès qu'ils marquent sur
l'écorce, et plus urgent encore de dépalisser complétement
les arbres avant de les tailler. J'appelle l'attention de tous
sur cette opération négligée le plus souvent, car une quantité de branches ont péri uniquement parce qu'elles étaient
étranglées par les liens. Ces étranglements apportent la
perturbation dans la végétation de la branche; la fructification ne s'établit pas, et l'équilibre de l'arbre est rompu.

Les ULCÈRES sont le fléau des arbres fruitiers; les poiriers
en sont quelquefois atteints, mais moins souvent que les
arbres à fruits à noyaux, le pêcher surtout. Les ulcères
sont presque toujours produits sur la tige par les amputations mal faites, et sur les racines par les coups de bêche.

L'ulcère est d'autant plus dangereux que, loin de se
cicatriser, il s'étend en largeur et en profondeur, amollit les
tissus, les décompose et détermine un écoulement liquide.
Dès que la surface blessée commence à couler et que le
tissu ligneux est ramolli, le mal va toujours en augmentant, entretenu par les insectes et par le développement de
champignons qui hâtent la décomposition totale de la partie malade.

Quelquefois les ulcères ne causent pas la mort de l'arbre; les liquides s'évaporent au contact de l'air, et le bois,
pénétré de mycelium de champignon, passe à l'état d'a-
madou blanc ou fauve; dans ce cas, c'est une maladie qui
succède à l'ulcère et tue l'arbre un peu plus lentement.

Le traitement de l'ulcère demande de grands soins; cependant on le guérit assez facilement quand on le prend
au début. Il faut alors le convertir en plaie. Dès que l'é-
coulement se manifeste, il faut aviver toute la partie ma-

lade avec un instrument bien tranchant. Si l'ulcère est superficiel et s'étend en largeur, on cautérise la partie avivée avec un peu d'acide oxalique étendu d'eau, on laisse sécher pendant quelques jours et on recouvre la plaie de mastic à greffer si l'écoulement n'a pas reparu. S'il reparaît, il faut aviver et cautériser encore jusqu'à ce qu'il ait disparu.

Lorsque l'ulcère s'étend en profondeur, il faut enlever tout le bois attaqué et cautériser avec un fer rouge, puis boucher la cavité avec du ciment romain, jusqu'à l'orifice de l'excavation, puis on avive les écorces de façon à ce qu'elles puissent recouvrir le tout.

Le traitement de l'ulcère sur les racines est plus simple, mais le mal est plus difficile à découvrir. Lorsqu'un ulcère se produit sur une racine par suite d'un coup de bêche ou de pioche, il apparaît sur la branche correspondante à cette racine des symptômes de souffrance et de maladie qui révèlent toujours la présence du mal. Les feuilles sont pâles, petites, et tombent avant les autres. Alors il faut découvrir la racine malade pendant le repos de la végétation et la couper au-dessus de l'ulcère à une place bien saine, avec un instrument très tranchant, et de manière à ce que la section du biseau repose sur le sol, afin d'obtenir très promptement l'émission de nouvelles racines. Ensuite on enlève avec soin toute la terre qui environnait l'ulcère, et on la remplace par de la terre neuve bien fumée avec des engrais très consommés.

La CARIE vient toujours à la suite des ulcères; elle commence quand ils se dessèchent naturellement; le bois se corrompt, pourrit et tombe en poussière. La décomposition marche à grands pas, elle envahit bientôt tout le cœur de la branche malade, pénètre jusqu'au tronc et quelquefois jusqu'au collet de la racine. Alors, si on veut conserver l'arbre, il faut le traiter comme je l'ai indiqué page 115.

Les CHANCRES apparaissent le plus souvent à la suite de coups et de contusions; on les reconnaît aux caractères

13.

suivants : la surface contuse prend d'abord une teinte brune, l'écorce bientôt désorganisée se déchire et découvre un renflement spongieux de couleur foncée. Le corps ligneux est souvent attaqué jusqu'à la moelle. Il faut traiter les chancres comme l'ulcère ; quand on opère au début de la maladie on les guérit souvent.

Les maladies causées par la mauvaise qualité du sol sont : la chlorose, la brûlure et la langueur.

La CHLOROSE se manifeste par la décoloration des feuilles qui deviennent jaune soufre. Cette maladie a deux causes, l'insuffisance des engrais, qui produit une espèce d'atonie du tissu cellulaire des feuilles, ou la mauvaise qualité du sous-sol.

Quand la chlorose est déterminée par le manque d'engrais, il est facile de la guérir radicalement en quelques semaines, en aspergeant deux ou trois fois les feuilles à huit jours d'intervalle avec une dissolution de sulfate de fer (2 grammes par litre d'eau), et en fumant le sol assez abondamment.

Lorsque cette maladie est produite par la mauvaise qualité du sous-sol, où les racines ne peuvent trouver leur nourriture, il ne faut entreprendre de la guérir que lorsque les arbres en valent la peine. On commence d'abord par les traiter au sulfate de fer, on asperge deux ou trois fois les feuilles avec la dissolution que je viens d'indiquer et lorsqu'elles commencent à reverdir, on donne alternativement, tous les quinze jours, sur les racines, un arrosement au sulfate de fer et un à l'engrais liquide, afin de conserver la santé de l'arbre jusqu'à la fin de la saison, à l'aide d'un stimulant et d'un tonique administrés à tour de rôle.

Pendant le repos de la végétation, par un temps doux et couvert, on découvre toutes les racines, comme l'indique la ligne A (pl. 28, fig. 3), on enlève la terre, et on la remplace par de bonne terre neuve, bien fumée ; ensuite, on ouvre une tranchée circulaire, de 1 mètre de profondeur et de 1 mètre au moins de largeur, à l'extrémité des racines de l'arbre, de manière à isoler complétement la motte qui les renferme (B, pl. 28, fig. 3). On amène de la bonne terre, puis on fouille la motte partiellement avec un déplatoir, en prenant garde d'endommager les racines, on retire la mauvaise terre et on la remplace par de la bonne. On entame d'abord la ligne C; quand la mauvaise terre est remplacée par de la bonne, on enlève la ligne D, et ainsi de suite jusqu'à ce que toute la mauvaise terre ait été enlevée et remplacée par de la bonne, et on termine en remplissant toute la tranchée avec de la bonne terre.

Une semblable opération est longue, demande beaucoup de soin, et une certaine dépense; elle réussit toujours quand elle a été bien faite; mais pour l'entreprendre, il faut que les arbres en valent la peine. Dans le cas contraire, on a plus de bénéfice à les arracher, à bien préparer le sol et replanter.

La chlorose se déclare quelquefois lorsque les vers blancs mangent les spongioles, et souvent lorsque les arbres ont été mal plantés. Dans le premier cas, il est bon de découvrir les racines partiellement et avec précaution; on prend toujours une certaine quantité de vers en fouillant, et on éloigne les autres en plaçant à l'extrémité, au-dessus et au-dessous des racines, une abondante fumure de déchets de laine. L'odeur du suint fait fuir le ver blanc. Dans le second cas, il est préférable d'arracher, de défoncer et de replanter.

Les cas de chlorose, si fréquents dans les vieux jardins, sont très rares dans ceux que nous créons. Cette maladie disparaîtrait entièrement si on appliquait à tous les jardins les soins que j'ai indiqués.

La BRULURE est la compagne inséparable de la chlorose; elle apparaît presque toujours lorsque celle-ci est à son apogée et se manifeste par la dessiccation complète de la majeure partie des bourgeons des prolongements. Il faut qu'un arbre soit bien précieux pour tenter de le sauver quand il a atteint ce degré de décrépitude. Le traitement, si on veut en essayer, sera le même que le précédent.

La LANGUEUR se traduit par un dépérissement progressif et continu. Elle se manifeste souvent sur les poiriers greffés sur coignassier, dans les sols qui ne sont pas assez substantiels. Dans ce cas, on obtient les meilleurs résultats en affranchissant ces arbres, comme je l'ai indiqué à la page 164, mais si cette maladie est causée par la mauvaise qualité du sol, il faut l'amender, y introduire les éléments qui lui manquent et le pourvoir abondamment d'humus.

Les maladies causées par les intempéries sont : la gélivure et les coups de soleil.

On appelle GÉLIVURES les fentes produites sur le tronc des arbres par un froid très intense. La gélivure est simple ou compliquée.

Dans la gélivure simple l'écorce seule est fendue verticalement en plusieurs endroits, il y a désorganisation partielle des couches du liber; mais elles se reforment si promptement qu'il suffit d'aviver les écorces de chaque côté de la fente, avec un instrument bien tranchant, pour réparer le dommage en quelques mois.

La gélivure compliquée est plus dangereuse, en ce que l'aubier est également fendu à une certaine profondeur, et que les vaisseaux séveux sont en partie désorganisés. Alors, il faut entailler le bois et l'écorce jusqu'aux parties bien saines, et remplir les plaies de mastic à greffer.

Les COUPS DE SOLEIL sont à redouter sur le tronc des arbres placés en espalier au midi; la chaleur y est tellement élevée qu'elle dessèche complétement, par places, les couches du liber. Dans ce cas, il faut enlever l'écorce desséchée, et recouvrir de mastic à greffer. Il est prudent d'abriter, pendant les grandes chaleurs, le tronc des arbres en espalier au midi, avec une planche ou une tuile.

Avant d'aborder les maladies occasionnées par les insectes, disons aussi que les arbres, comme tous les êtres organisés, subissent l'influence des poisons, qu'ils les

absorbent à l'état gazeux par les feuilles, et à l'état de dissolution dans l'eau par les racines. Dans ces deux cas,
l'absorption des poisons cause toujours la mort des arbres;
elle est plus ou moins prompte, mais elle a toujours lieu.

Les substances suivantes sont reconnues délétères : les
sels d'arsenic, de mercure, de baryte; l'acétate de cuivre;
les prussiates de soude et de potasse; les sels ammoniacaux, le sulfate de quinine, les oxydes solubles d'étain et
de cuivre, l'ammoniaque, la chaux vive, la potasse caustique; les acides sulfurique, nitrique, muriatique, oxalique,
prussique; les éthers, les huiles et les liqueurs alcoo-
liques. D'après des expériences positives, on a reconnu
que l'opium, la coque du levant, l'extrait de morelle, de
ciguë, de digitale, de belladone, de stramoine, de jusquiame
noire, et de concombre sauvage, étaient des poisons pour
les arbres.

Le voisinage des fabriques de soude, de produits chimiques, où l'air se trouve mélangé à de l'acide nitreux,
sulfureux, à de l'ammoniaque ou à des sels ammoniacaux,
est dangereux pour les arbres. On ne devra jamais faire
de grandes plantations dans le voisinage de ces fabriques.
En outre, lorsqu'on achètera des engrais provenant de
fabriques, on devra s'assurer s'ils ne contiennent aucune
des substances que je viens d'indiquer.

Les maladies causées par les insectes sont : la rouille et
la brûlure des feuilles.

La ROUILLE DES FEUILLES apparaît sur le poirier sous la
forme de taches couleur rouille; ces taches grandissent et
produisent bientôt de petits exostoses à la face inférieure
des feuilles, qui jaunissent et tombent bien avant la saison.
Cette maladie est produite par la piqûre d'un insecte
presque imperceptible.

Il est facile de détruire ces insectes dès que les taches
apparaissent, en trempant toutes les feuilles dans la *sauvegarde des arbres* n° 1.

La BRULURE DES FEUILLES est produite par une très petite

teigne qui pénètre dans les tissus de la feuille, dont elle ronge le parenchyme entre les deux épidermes. Les feuilles attaquées se couvrent de taches brunes, et tombent bien avant leur époque. Cette maladie est plus difficile à guérir que la précédente, cependant on obtient de bons résultats en la traitant de la même manière.

Indépendamment de ces deux maladies, il est une foule d'autres accidents produits par les insectes de toutes les familles. Frappé des dégâts qu'ils commettent, et de l'insuffisance des moyens de destruction, j'avais songé depuis longtemps à chercher des moyens énergiques à opposer à leurs ravages dans le jardin fruitier ; mais il était impossible d'accomplir seul une aussi lourde tâche. Je fis part de mes projets à M. Gaucheron, professeur de chimie à Orléans, et bientôt, aidé de la collaboration aussi savante que dévouée de l'habile professeur, nous sommes arrivés, après bien des essais et des expériences, à détruire instantanément et d'une manière complète les insectes les plus redoutables dans le jardin fruitier : les pucerons, les fourmis, la majeure partie des chenilles, les kermès et le puceron lanigère.

Après quatre mois consécutifs, passés en essais et en expériences de toute nature, et devant des résultats qui ne nous laissent aucun doute, nous nous sommes arrêtés à la composition de trois liqueurs portant le même nom : SAUVEGARDE DES ARBRES, Nº 1, Nº 2 ET Nº 3.

Le nº 1 détruit instantanément et d'une manière infaillible les pucerons verts et noirs sur tous les arbres où on les rencontre, et le tigre sur les feuilles de poiriers. Cette liqueur n'altère pas les feuilles ; il suffit de faire tremper dedans les bourgeons couverts de pucerons, et les feuilles attaquées par le tigre, pendant quatre ou cinq secondes, pour détruire tous ces insectes.

Le nº 2, que l'on applique avec un pinceau moelleux, sert à détruire les nombreux nids de chenilles que l'on rencontre au printemps dans les pommiers, et à protéger les jeunes bourgeons des atteintes du charançon gris, communément appelé *lisette* ou *coupe-bourgeon*. Il suffit d'humecter avec le pinceau les toiles de chenilles pour détruire à la fois les chenilles et leurs œufs, et de tremper dans cette liqueur les jeunes bourgeons pour les préserver de l'atteinte du charançon gris.

Le n° 3, plus caustique, est destiné au puceron lanigère et aux kermès. Il suffit de frotter avec une brosse mouillée de liqueur toutes les parties attaquées par les pucerons lanigères ou les kermès, et de pratiquer ensuite un chaulage général avec la même liqueur pour en être complétement débarrassé.

M. Gaucheron, auquel nous devons la composition de ces trois liqueurs, a rendu un immense service à l'horticulture. Les nombreuses expériences que nous avons faites ensemble, je ne saurais trop le répéter, ne nous laissent aucun doute sur l'efficacité et sur l'infaillibilité, car tous les insectes sont foudroyés, sans que la liqueur attaque même les feuilles les plus tendres. Le savant professeur, voulant en outre que tout le monde pût profiter de sa belle découverte, a fixé à deux francs le prix de la bouteille de liqueur.

Les insectes les plus redoutables pour le poirier sont :

Le TIGRE, presque imperceptible, vivant sur la face inférieure des feuilles ; il ronge l'épiderme, et bientôt la feuille meurt. Les œufs de cet insecte sont déposés sur les branches de l'arbre ; on le détruit en grande partie en trempant d'abord les feuilles dans la *sauvegarde des arbres* n° 1, pendant l'été, et d'une manière complète, en délayant de la chaux éteinte avec le n° 3, et en en barbouillant complétement l'arbre à la chute des feuilles.

Les PETITS KERMÈS, qui se collent contre la tige et les branches des arbres, ressemblent à des petites lentilles ovales de couleur grise ; ils sont si nombreux qu'ils forment une espèce de croûte sur les branches. Ces insectes se nourrissent des fluides contenus dans les tissus ; quand on ne les détruit pas, ils épuisent totalement les arbres, et les font périr.

Pour détruire ces insectes, il faut d'abord frotter les branches des arbres avec une brosse dure, afin d'en détacher le plus grand nombre, puis ensuite appliquer un chaulage avec la liqueur nº 3. Il faut balayer soigneusement la place où ils sont tombés, et y brûler de la paille pour être sûr de tout détruire.

Les CHARANÇONS GRIS et VERTS apparaissent au printemps et coupent les jeunes bourgeons, accident des plus fâcheux lorsqu'il se produit sur les bourgeons de prolongement : on peut en détruire quelques-uns en les cherchant, mais le moyen le plus sûr d'éviter leurs ravages est de tremper les bourgeons dans la *sauvegarde* nº 1, dès qu'on s'aperçoit de leur présence.

Les CHENILLES de diverses espèces qui dévorent les feuilles, on les détruit avec la *sauvegarde* nº 2.

Les FOURMIS qui viennent toujours après les pucerons sont détruites avec eux par la *sauvegarde* nº 1.

Les fourmis causent toujours de grands dégâts dans le jardin fruitier ; elles attaquent les feuilles et les fruits. On doit toujours chercher à les détruire par tous les moyens possibles. On en prend une assez grande quantité en suspendant des fioles remplies d'eau miellée après les branches des arbres ; attirées par l'odeur du miel, elles viennent se noyer dans la fiole.

Quand on s'aperçoit de la présence d'une assez grande quantité de fourmis sur une plate-bande, on les détruit facilement en y créant des fourmilières. On choisit une place éloignée des racines, on la laboure profondément, et on l'humecte bien avec l'arrosoir, puis on la recouvre avec un grand pot à fleur ; huit jours après, il y a une fourmilière sous le pot ; on l'enlève et on jette une marmite d'eau bouillante sur la fourmilière. En répétant cette opération on détruit des quantités considérables de fourmis.

Après la série des insectes vient celle des animaux rongeurs, dont il faut défendre les arbres et les fruits ; les lapins, les loirs et les mulots.

Dans les parcs où il y a des lapins, les arbres sont très exposés à leurs ravages, surtout en temps de neige. Ne trouvant plus d'herbe à manger, ils dévorent les écorces des arbres fruitiers et les font quelquefois périr. Lorsque les lapins peuvent pénétrer dans le jardin fruitier, il faut avoir soin de chauler les arbres tous les ans, au mois de novembre, jusqu'à la hauteur d'un mètre. Ce simple enduit de chaux suffit pour les préserver.

Les loirs sont des animaux redoutables dans le jardin fruitier. Ils y apparaissent quand les fruits commencent à mûrir, et en entament vingt à la fois. Quand il y en a une certaine quantité, ils rongent tous les fruits en quelques jours. On prend bien quelques loirs avec des piéges pendant l'été, mais on ne les détruit pas ; le meilleur moyen est de les guetter le soir au crépuscule, moment où ils sortent, et de les fusiller sur le haut des murs. Avec un peu de persévérance on les détruit en une semaine.

Lorsqu'il y a des loirs dans un jardin, il faut non-seulement boucher, avec le plus grand soin, tous les trous des murs qui peuvent leur donner asile, mais encore visiter les bâtiments voisins, les plus vieux surtout, où ils se retirent pendant l'hiver, et boucher tous les trous ; indépendamment de cette précaution, il est bon de tendre, pendant tout l'hiver, dans ces bâtiments, des ratières amorcées avec du lard grillé ; c'est un appât dont le loir est très friand, et on en prend souvent de grandes quantités pendant l'hiver à l'aide de ce moyen.

Les mulots causent aussi des dégâts dans le jardin fruitier, surtout dans l'hiver, où, ne trouvant plus de nourriture, ils attaquent les racines des arbres et les coupent souvent en entier. Leur trou n'est jamais profond, on les prend facilement en fouillant avec la bêche dès qu'on aperçoit un trou.

VINGTIÈME LEÇON

—

POMMIER.

Tout ce que j'ai dit de la taille du poirier peut s'appliquer au pommier, pour la formation des rameaux à fruits, avec cette seule différence qu'il faut pincer le pommier un peu plus sévèrement, et faire les cassements un peu plus courts.

Le pommier peut, comme le poirier, être soumis à toutes les formes, mais cet arbre étant moins difficile sur la qualité du sol et sur l'exposition, doit céder le pas au poirier, le roi du jardin fruitier.

La meilleure forme à donner au pommier, celle qui produit le plus vite et donne les plus beaux fruits, est le cordon unilatéral, à un, deux et trois rangs. Les cordons à trois rangs superposés feront bientôt disparaître de tous les jardins ces affreux fouillis de buissons informes que l'on décore du nom de normandie, et qui semblent n'avoir été plantés que pour offrir un asile confortable à tous les limaçons du département.

Quand il y a dans le jardin fruitier un endroit bas, humide, et peu visité par le soleil, il est profitable d'en faire une normandie, mais une normandie produisant des pommes, et non un repaire pour les insectes. Voici, dans ce cas, comment on opère : on établit des lignes droites

orientées du nord au midi, et séparées par un intervalle
de 1 mètre 20 centimètres. On pose sur chacune de ces
lignes un palissage de 1 mètre 20 centimètres de hauteur,
portant trois rangs superposés de fil de fer distants de 40
centimètres ; puis on plante des pommiers sur chaque
ligne, tous les 70 centimètres, et on leur donne tous les
soins indiqués à la page 180, pour la formation des cordons
unilatéraux.

Une normandie ainsi installée donne de superbes résultats, et offre un coup d'œil magnifique par sa fertilité ; elle
porte de véritables guirlandes de pommes du plus gros
volume.

Le pommier peut être avantageusement utilisé pour former les ailes des cages d'espalier au nord, pour l'espalier
contre des murs au nord, ou pour contre-espaliers de clôture aux expositions froides et humides.

Le pommier se greffe sur trois sujets : sur pommier
franc, sur doucin et sur paradis.

Le pommier franc doit être banni du jardin fruitier, il
n'est bon qu'à produire des arbres à haute tige dans les
vergers. Les pommiers greffés sur doucin et sur paradis
sont les seuls qui doivent être cultivés dans le jardin fruitier, soit pour cordons unilatéraux, espaliers obliques ou
verticaux et formes moyennes.

Le pommier greffé sur paradis est celui qui donne les
fruits les plus gros, mais les récoltes ne sont pas toujours
assurées. Le pommier paradis, sujet très faible, ne peut
servir qu'à former des cordons unilatéraux à un rang. Le
peu de vigueur de cette espèce oblige à planter les arbres
à 1 mètre 50 centimètres de distance seulement, et encore
faut-il au moins trois ans pour qu'ils puissent se rejoindre
et être greffés par approche. En outre, le pommier paradis
est très délicat ; il lui faut un sol de première qualité, très
substantiel, et surtout très plat. Il donne les plus mauvais
résultats sur les terrains inclinés, où les pluies un peu

abondantes déchaussent ses racines toujours placées à fleur de terre.

Le pommier doucin donne des fruits aussi beaux que le paradis quand il est bien soigné; il est beaucoup plus vigoureux, et moins difficile sur la qualité du sol. Le pommier greffé sur doucin produit des arbres excellents dans presque tous les sols, même dans les sols calcaires où il prospère lorsque le poirier y meurt. Le pommier doucin est le sujet que l'on doit toujours préférer pour greffer le pommier dans le jardin fruitier. Avec lui, on est toujours assuré de réussir.

Le pommier demande un sol frais, et même humide. Presque toutes les variétés donnent les meilleurs résultats aux expositions du nord, nord-est, nord-ouest, excepté les calvilles, le canada et ses congénères, et les apis qui ne donnent de résultats certains qu'aux expositions chaudes, mais un peu ombragées. Toutes les variétés de pommiers greffés sur doucin se défendent même dans les sols siliceux.

Il résulte de ce que je viens de dire, que la plupart des variétés de pommiers peuvent être placées dans le jardin fruitier aux expositions les moins favorables; les calvilles, les canada et les apis à des expositions plus chaudes, mais un peu ombragées. Ces variétés donnent les plus beaux résultats à l'est et à l'ouest, au sud-est et au sud-ouest, en premier rang de cordons unilatéraux, au-dessous d'un rang de poiriers, d'abricotiers, de pruniers ou de cerisiers.

Cette courte explication me dispense d'indiquer l'exposition à laquelle il faut placer, et les formes auxquelles il faut soumettre les variétés que je vais désigner. Comme pour les poires, j'indiquerai peu de variétés, mais les meilleurs, celles que je cultive habituellement, en laissant aux collectionneurs la faculté de choisir parmi les autres variétés, où on rencontre de très bons fruits, mais donnant des résultats moins positifs.

VARIÉTÉS DE POMMES MURISSANT DANS LES MOIS DE :

Août.

ÉCARLATE. — Fruit moyen, rouge écarlate, de bonne qualité, mûrissant dans les premiers jours d'août. Sa précocité, jointe à l'éclat de son coloris, le font rechercher pour l'ornement des desserts. Cependant, les pommes hâtives, n'ayant qu'un mérite très secondaire, il faut être très sobre de cette variété dans le jardin fruitier, un ou deux arbres au plus en cordons sont suffisants. Arbre de vigueur moyenne.

CALVILLE D'ÉTÉ. — Fruit moyen, à côtes, blanc lavé de rouge, d'assez bonne qualité; mûrissant quelques jours après le précédent. Il faut également en planter très peu. Arbre faible.

CALVILLE ROUGE D'ÉTÉ. — Fruit petit, conique, d'un rouge foncé, à chair un peu colorée, excellente et très parfumée. Se conservant jusqu'en mai, mais devenant cotonneux dès qu'il mûrit trop. L'époque la plus favorable pour le manger bon, est fin d'août et septembre. Arbre de vigueur moyenne.

JÉRUSALEM. — Fruit moyen, conique, de couleur rose, excellent et se conservant jusqu'en janvier. L'arbre est très fertile et de vigueur moyenne.

Septembre.

RAMBOURG D'ÉTÉ. — Fruit très gros, aplati, à côtes, jaune rayé de rouge, un peu acide, excellent cuit. Arbre vigoureux.

MONSTROUS PIPPIN. — Superbe et excellente variété anglaise. Fruit monstrueux, jaune coloré de rouge. Très précieuse pour les desserts, dont il fait un des plus beaux ornements. Arbre vigoureux.

Octobre.

BELLE DUBOIS. — Fruit monstrueux, à peau jaune verdâtre, l'une des plus grosses pommes que nous possédions. D'assez bonne qualité. Arbre de vigueur moyenne.

Novembre.

REINETTE D'ESPAGNE. — Fruit gros, allongé, à côtes, d'excellente qualité, et se conservant jusqu'en mars. C'est une précieuse variété, trop rare dans le commerce, et qui manque souvent dans le jardin fruitier.

CALVILLE SAINT-SAUVEUR. — Fruit gros à côtes, jaune pâle lavé de rouge, excellent et se conservant tout l'hiver. Arbre vigoureux et fertile.

BELLE JOSÉPHINE. — Fruit très gros, jaune clair, un peu acidulé. L'une des plus grosses pommes connues. Arbre très vigoureux et très fertile.

EMPEREUR ALEXANDRE. — Fruit magnifique et excellent, peau jaune rayée de rouge, faisant très bon effet dans les desserts. Arbre de vigueur moyenne.

REINETTE D'ANGLETERRE. — Fruit gros, jaune, rayé de rouge, d'excellente qualité et se conservant jusqu'en mars. Arbre vigoureux et fertile.

Décembre.

REINETTE DORÉE. — Fruit moyen, à peau jaune tachée de gris, d'excellente qualité. Arbre très fertile et de vigueur moyenne.

BEDFORSHIRE. — Fruit très gros, jaune verdâtre, de bonne qualité. Arbre vigoureux et fertile.

REINE DES REINETTES. — Fruit moyen, jaune, taché de gris et coloré de rouge. L'une de nos meilleures pommes, se conservant jusqu'en mars. Arbre fertile et de vigueur moyenne.

FENOUILLET ANISÉ. — Fruit moyen, couleur fauve, très parfumé, l'une de nos meilleures pommes. Arbre très fertile et de vigueur moyenne.

REINETTE DU CANADA. — Superbe et excellent fruit à peau jaune, coloré de rouge, et se conservant jusqu'en mars. Cette variété est précieuse en ce que les fruits sont excellents crus et cuits. Il n'y en a jamais trop dans le jardin fruitier. Arbre vigoureux et fertile.

RAMBOURG D'HIVER. — Semblable à celui d'été, mais plus acide, excellent cuit. Il se conserve jusqu'en mars. Arbre vigoureux.

REINETTE DE BRETAGNE. — Très beau et excellent fruit, jaune et rouge, pas assez connu et trop rare dans le jardin fruitier. Arbre vigoureux et fertile.

De janvier à mars.

CALVILLE BLANC. — Fruit excellent, côtelé, à peau jaune verdâtre, très estimé et très recherché. Il n'y en a jamais trop dans le jardin fruitier. Arbre vigoureux et fertile.

CALVILLE ROUGE D'ANJOU. — Fruit superbe et délicieux, peu connu et trop rare dans les jardins. Fruit très gros, à forme de calville, d'un rouge brun, à chair rosée, parfumé de framboise. Arbre faible et très fertile.

REINETTE DE CHINE. — Superbe variété et excellent fruit, très gros, à peau jaune lavé de rouge. Arbre très faible et très fertile.

API ROSE. — Charmant petit fruit, jaune pâle, fortement coloré de rouge, de bonne qualité et de longue garde. Arbre de vigueur moyenne, très fertile.

API NOIR. — Fruit pareil au précédent, mais d'un rouge brun très foncé; il est très recherché pour son coloris et la diversité qu'il apporte dans les desserts. Arbre très fertile, de vigueur moyenne.

DOUX D'ARGENT. — Joli et excellent fruit, de grosseur moyenne, à peau jaune verdâtre, coloré de rouge, chair très fine et très blanche. Arbre fertile, de vigueur moyenne.

GROS-PAPA. — Fruit très gros, à chair tendre, excellent cuit. Arbre fertile, mais peu vigoureux.

REINETTE THOUIN. — Fruit moyen, mais d'une qualité remarquable; l'une de nos meilleures pommes, pour manger crue. Arbre faible et très fertile.

ROYALE D'ANGLETERRE. — Fruit très gros, à peau jaune rayée de rouge. Remarquable par son volume et par son coloris. C'est une des plus belles variétés connues. Arbre fertile et vigoureux.

De février à mai.

REINETTE DE CAUX. — Fruit très gros, à forme irrégulière, d'un vert jaune, excellent et de très longue garde. C'est une variété précieuse dans le jardin fruitier. Arbre vigoureux et d'une fertilité remarquable.

REINETTE GRISE DE GRANVILLE. — Fruit moyen, excellent et de longue garde. Arbre assez fertile et de vigueur moyenne.

REINETTE FRANCHE. — Fruit moyen, jaune, taché de gris, d'une qualité remarquable, et se conservant *un an*. On doit toujours planter au moins dix pommiers de reinette franche dans le jardin fruitier. C'est un des derniers fruits qui reste au fruitier. Arbre très fertile et de vigueur moyenne.

REINETTE GRISE HAUTE BONTÉ. — Fruit gros, aplati, gris marbré de jaune orange, d'une qualité remarquable et se conservant un an. Arbre vigoureux et fertile auquel on doit faire une large place dans le jardin fruitier.

CANADA GRIS. — Superbe et excellent fruit, se gardant jusqu'en juillet, et n'ayant que le défaut de n'être pas assez connu. Arbre vigoureux et fertile.

POMME-POIRE. — Fruit moyen, gris foncé, de bonne qualité, et se conservant indéfiniment. Arbre vigoureux et très fertile.

Je termine ici ma liste de variétés de pommes; il en est beaucoup d'autres dont je suis loin de déprécier les mérites, mais que je place après celles-ci. Le point capital pour moi est de donner des résultats certains et surtout des récoltes régulières. On peut choisir des variétés en dehors de celles que j'indique, mais elles ne donneront pas toutes des résultats aussi satisfaisants comme volume, comme qualité, et surtout comme fertilité.

J'ai indiqué la vigueur de chaque variété, afin de faciliter la plantation aux personnes qui ne les connaissent pas. Lorsqu'on plante des cordons de pommiers, destinés à être greffés par approche, il faut toujours avoir le soin de placer les arbres faibles devant les forts, afin qu'une fois la greffe par approche opérée, l'excédant de séve de l'arbre fort puisse passer dans l'arbre faible, et lui faire acquérir une vigueur égale.

Tout cela demande du soin, de l'attention et de l'étude; mais lorsqu'un propriétaire aura pris la peine d'exécuter une plantation et de la soigner comme je l'indique, il sera bien récompensé de ses peines par une végétation luxuriante, une fertilité soutenue et d'abondantes récoltes de fruits hors ligne.

La végétation des jardins que je crée n'est aussi belle, et leurs produits ne sont aussi prompts et aussi abondants que parce que je n'abandonne rien au hasard. Tout est compté et calculé à l'avance; chaque arbre est placé dans des conditions spéciales qui doivent infailliblement produire les résultats attendus. Tous ceux qui voudront bien se donner la peine de me suivre pas à pas et d'appliquer à la lettre les moyens que j'enseigne, obtiendront les mêmes résultats, mais je ne saurais trop le répéter, à la condition de ne rien changer, de ne rien modifier, et surtout de rester sourd aux conseils comme à la malveillance de la routine. Elle n'est aussi acharnée après nous et après la science que parce qu'elle a reconnu son impuissance, et est certaine que, le jour où la science de l'arboriculture sera connue de tous, la routine sera mise de côté sans rémission.

Les maladies du pommier sont à peu près les mêmes que celles du poirier; ils sont attaqués par les mêmes insectes, mais avec plus d'acharnement que le poirier. En outre, les pucerons verts et noirs, et surtout le puceron lanigère sont les plus redoutables ennemis de cet arbre.

Les maladies se traitent comme celles du poirier et par les mêmes moyens. Les insectes, les pucerons noirs et verts, qui s'attachent aux feuilles, se détruisent avec la *sauvegarde des arbres* numéro 1 ; les charançons gris et verts, et les chenilles avec le numéro 2, et enfin le puceron lanigère, le plus redoutable ennemi du pommier, avec le numéro 3.

Dès qu'on s'aperçoit de la présence du puceron lanigère, qui se révèle par un duvet blanc sur les rameaux, et par les exostoses que leurs piqûres y produisent, il faut frotter toutes les parties attaquées avec une brosse un peu dure, trempée dans la *sauvegarde* numéro 3, et, à la chute des feuilles, appliquer sur toutes les parties de l'arbre un chaulage général délayé avec la *sauvegarde* numéro 3.

L'année suivante, le puceron lanigère aura complétement disparu.

VINGT ET UNIÈME LEÇON

—

PÊCHER.

Je pourrais appeler le pêcher l'arbre de la discorde, tant il a donné lieu, depuis quelques années, à des discussions animées, à des colères, et même à des haines, et tout cela uniquement parce que des hommes intelligents et remplis de bon vouloir ont travaillé avec ardeur pour augmenter la fertilité de cet arbre, et rendre sa taille plus à la portée de tous. Il en est, du reste, ainsi en France pour toutes espèces de choses : dès qu'un novateur paraît, tout le monde se lève pour l'écraser, sans même prendre la peine d'examiner la valeur de la chose qu'il apporte.

Avant d'examiner les principales tailles qu'on a appliquées au pêcher, et d'en enseigner une qui m'appartient exclusivement, fesons un choix de variétés à cultiver, parmi les plus rustiques, les plus belles, les meilleures, celles qui sont le moins exposées aux maladies, et peuvent fournir une récolte assurée du 15 juillet à la fin d'octobre.

Variétés de pêches mûrissant dans le mois de :

Juillet.

DESSE HATIVE, la première de toutes les pêches, murissant vers le 15 juillet. Fruit moyen, rond, un peu aplati en-dessous, marqué d'un large sillon. Chair blanc verdâtre, très fondante et d'une qualité supérieure. Cet excellent fruit, très précieux dans le jardin fruitier, autant pour sa bonté que pour sa précocité, a été obtenu par M. Desse, horticulteur distingué, aujourd'hui propriétaire à Orléans. L'arbre, de vigueur moyenne, est assez fertile, et peut être soumis aux formes moyennes à l'exposition de l'est et du sud-est.

Août.

GROSSE MIGNONNE HATIVE. — Fruit gros, arrondi, un peu aplati, creusé par un large sillon; peau jaune fortement colorée de rouge du côté du soleil. Chair délicieuse. Cette variété est la plus précieuse que nous possédions. L'arbre, vigoureux et d'une fertilité remarquable, vient à toutes les expositions, et donne les meilleurs résultats pour les plus grandes formes d'espalier.

GROSSE MIGNONNE TARDIVE.—Fruit magnifique et excellent, un peu plus coloré que le précédent, et mûrissant vers la fin d'août. Cette remarquable variété a été obtenue par M. Alexis Lepère, le cultivateur le plus habile de Montreuil. L'arbre, vigoureux et d'une grande fertilité, peut être soumis aux plus grandes formes d'espaliers à l'exposition de l'est, du sud-est, du sud-ouest, et même de l'ouest.

Les mignonnes sont les variétés les plus rustiques et les plus fertiles; elles doivent former le fond des plantations de pêcher, car, indépendamment de ces qualités, leur fruit est un des meilleurs.

BELLE BEAUCE.— Fruit superbe et excellent, ayant beaucoup d'analogie avec la grosse mignonne tardive, mais mûrissant quinze jours plus tard, vers la fin d'août et dans la première quinzaine de septembre. Arbre vigoureux et fertile, propre aux plus grandes formes.

14.

Septembre.

ADMIRABLE JAUNE. — Fruit gros, à chair jaune, coloré de rouge; excellent quand il mûrit bien, mais cotonneux dans les années froides. Arbre de vigueur moyenne, propre aux formes moyennes, à l'exposition du midi seulement.

REINE DES VERGERS. — Fruit aussi remarquable par son coloris que par sa qualité; vert jaune, fortement coloré de rouge, chair excellente. Arbre très vigoureux, pouvant être soumis aux plus grandes formes d'espalier, à l'exposition du sud-est.

BRUGNON STANWICK. — Le meilleur de tous les brugnons, mûrissant vers le 15 septembre. Arbre très fertile, de vigueur moyenne, bon pour les petites formes d'espalier à l'exposition du sud-est et du sud-ouest.

Quand on veut manger les brugnons très bons, il faut les cueillir un peu avant leur complète maturité, et les laisser mûrir pendant cinq ou six jours dans un endroit obscur.

Octobre.

BELLE DE VITRY. — Fruit très gros, rond, jaune clair, coloré de rouge. Chair excellente. Arbre très vigoureux et très fertile, propre aux plus grandes formes d'espalier. Cette variété remarquable, autant par la qualité et le volume de ses fruits que par la rusticité de l'arbre, vient à toutes les expositions; elle doit former le fonds des plantations de pêchers tardifs.

CHEVREUSE TARDIVE. — Fruit moyen, d'excellente qualité. Arbre très fertile, mais peu vigoureux, bon pour les petites formes d'espalier à l'exposition du midi.

TÉTONS DE VÉNUS. — Fruit gros et d'excellente qualité dans les sols légers, mauvais et mûrissant mal dans les sols argileux. Arbre assez vigoureux, fertile, propre aux formes moyennes à l'exposition du midi seulement.

POURPRÉE TARDIVE.— Fruit moyen, très coloré, de seconde qualité, mais mûrissant fin octobre, et premiers jours de novembre au fruitier. Arbre de vigueur moyenne, assez fertile, propre aux petites formes d'espalier à l'exposition du midi.

Le pêcher doit toujours être cultivé à l'espalier, aux expositions que j'ai indiquées; il peut être soumis à toutes les formes, sans exception, car c'est l'arbre le plus complaisant et le plus docile quand on sait le conduire. Mais il ne faut jamais oublier que cet arbre est, entre tous, celui qui a le plus de tendance à s'emporter par le haut. Il faut donc choisir, pour le pêcher, des formes qui facilitent le développement de la base et paralysent celui du sommet, et surtout éviter, plus que dans toute autre espèce, les lignes verticales.

Quand on veut récolter vite et beaucoup, la forme préférable est le cordon oblique (pl. 9, fig. 6); c'est même celle qu'il faut toujours choisir pour les petits jardins, ou quand on a peu de murs à planter. Indépendamment de l'avantage de récolter vite et beaucoup, la multiplicité des arbres permet d'augmenter le nombre des variétés, et par conséquent de prolonger la récolte le plus possible.

Lorsqu'on possède une grande étendue de murs, il est plus économique et plus agréable à l'œil de créer des grandes formes. Dans ce cas, il ne faut pas planter plus d'un arbre de chaque variété, à moins de vouloir vendre les pêches. Un éventail ou un candélabre bien tenus donnent en moyenne mille pêches au moins par an. Même en plantant un certain nombre de pêchers en grandes formes, qui feront attendre leurs fruits trois ou quatre ans, il sera toujours utile de planter une trentaine de mètres de murs, en cordons obliques, autant pour récolter des fruits très vite que pour parer aux accidents. Un pêcher soumis à une grande forme et portant mille ou douze cents pêches, peut être attaqué par le blanc des racines, et périr en un jour. Il est toujours prudent, en ce cas, d'avoir une réserve, autant pour n'être pas privé de fruits que pour conserver les espèces.

Toutes les variétés de pêchers indistinctement pourront être soumises à la forme en cordons obliques contre les murs de 2 mètres 50 centimètres à 3 mètres d'élévation, et en cordons verticaux contre les murs dont l'élévation excédera 4 mètres. Les cordons obliques seront plantés à 40 centimètres de distance, et les cordons verticaux à 30 centimètres. En outre, il faudra, comme pour les poiriers, classer les variétés par ordre de vigueur, et de manière à placer les plus vigoureuses aux extrémités et progressivement les plus faibles au milieu.

Pour les murs ayant moins de 2 mètres 50 centimètres d'élévation, on pourra soumettre le pêcher à la forme de palmettes alternes Gressent (pl. 11, fig. 1). Cette forme donne des fruits aussi promptement que les cordons obliques, et convient à toutes les espèces. Il faudra, en plantant, avoir soin de placer les arbres faibles entre deux forts, afin de les faire profiter de l'excédent de sève des arbres vigoureux lorsqu'ils seront greffés par approche.

Les grandes formes les plus convenables pour les variétés de pêchers les plus vigoureuses, sont :

L'éventail (pl. 14, fig. 2);

Le candélabre à branches obliques (pl. 15, fig. 1);

La palmette à branches croisées (pl. 13, fig. 2), pour les variétés les moins fertiles;

Les fonds de cage d'espalier sur les murs au midi;

Et enfin la palmette Leverrier (pl. 15, fig. 2), mais cette dernière forme comme fantaisie, car il ne faut pas oublier qu'elle est plus longue à faire que toutes les autres, et aussi plus difficile à équilibrer.

Les formes moyennes et petites auxquelles on peut soumettre les variétés de pêchers plus faibles sont :

La palmette à branches courbées (pl. 12, fig. 2);

La palmette Du Breuil (pl. 13, fig. 2);

La palmette Gressent (pl. 14, fig. 1).

Toutes ces formes d'arbres seront exécutées pour le pêcher, comme je l'ai indiqué à chacune, pour le poirier page 177 et suivantes. La taille et la formation des rameaux à fruits seront seules différentes, et, contrairement aux autres espèces, le pêcher devra être recépé, coupé au pied en le plantant, et cela pour toutes les formes sans exception. Voici pourquoi :

Lorsque les yeux qui existent à la base des rameaux du pêcher ne se sont pas développés la seconde année, ils s'éteignent irrémissiblement. De cette loi, la nécessité de rabattre sur les yeux de la base pour les faire développer.

La qualité des pêchers à planter gît dans le nombre d'yeux latents qui existent à la base. Lorsqu'on destine un pêcher à une forme qui ne demande que deux branches latérales, on le coupe très bas, à 25 centimètres du sol, pour obtenir seulement deux bons bourgeons ; mais s'il est destiné à former un cordon oblique ou vertical, pourvu d'une seule branche, et qu'il y ait plusieurs yeux à la base, on coupe l'arbre à 40 centimètres du sol, pour aller plus vite et tirer parti des bourgeons qui naîtront de ces yeux. Quand on n'a besoin que de deux bourgeons latéraux, on en laisse pousser cinq ou six, et quand ils ont atteint la longueur de 25 centimètres à 30 centimètres, on choisit les deux plus vigoureux et mieux placés, et on supprime tous les autres.

Le pêcher se greffe sur quatre sujets différents : sur amandier, sur pêcher franc, sur prunier, et sur épine noire.

L'amandier est le sujet le plus communément employé ; il donne lieu à des arbres plus vigoureux que les trois autres. On emploie pour greffer le pêcher l'amandier doux à coque dure, c'est le moins sujet à la gomme ; mais l'amandier demande un sol substantiel, très profond, pas trop compacte et exempt d'humidité ; il donne également de bons résultats dans les sols caillouteux lorsqu'ils sont de bonne qualité, et surtout assez profonds, pour que ses racines pivotantes puissent y trouver leur nourriture à une grande profondeur.

Dans les sols humides, l'amandier pousse d'abord très vigoureusement, mais il est toujours ruiné par la gomme la troisième ou la quatrième année.

Le pêcher franc est un excellent sujet pour greffer le pêcher, il produit des arbres un peu moins vigoureux que l'amandier ; il demande comme lui un sol substantiel, perméable et exempt d'humidité ; mais les racines étant moins pivotantes que celles de l'amandier, il réussit bien dans les sols moins profonds, où l'amandier souffrirait.

Le pêcher franc, malgré tous ses avantages, n'est pas répandu dans le commerce ; la difficulté que les pépiniéristes éprouvent à se procurer des noyaux en assez grande quantité les empêche de le cultiver. Le propriétaire seul peut en élever dans son jardin, en choisissant pour ses semis les noyaux des espèces les plus vigoureuses.

Le prunier est employé pour greffer les pêchers destinés à être plantés dans des sols où l'amandier ne pourrait prospérer. On emploie communément pour cela le Damas ou le Saint-Julien, dont les racines traçantes peuvent trouver leur nourriture dans les sols peu profonds ou plus humides ; mais ces sujets ont l'inconvénient de pousser une quantité de drageons qui affaiblissent considérablement les arbres. Le prunier myrobolan serait bien préférable : les racines moins traçantes ne produisent pas de drageons, et, toutes choses égales d'ailleurs, il donne lieu à des arbres plus vigoureux que le Damas et le Saint-Julien. Quelques pépiniéristes éclairés en ont essayé ; les résultats ont été des plus satisfaisants ; mais comme ce sujet avait été recommandé par nous, c'était à qui n'en voudrait pas parmi les jardiniers chargés d'acheter les arbres. C'était *des arbres à système*, disaient-ils, et pour tout au monde ils ne voulaient *pas planter de ça*. Ce début a momentanément fait abandonner la culture du meilleur prunier pour greffer le pêcher ; mais je suis moralement convaincu qu'avant vingt ans d'ici on ne greffera plus de pêchers que sur pruniers myrobolans.

L'épine noire, qui pousse toute seule dans tous les fossés, est au pêcher ce que l'épine blanche est au poirier. C'est la ressource suprême, dans les sols où rien ne veut pousser ; grâce à l'épine noire, on peut récolter d'excellentes pêches indistinctement dans la craie ou dans la glaise. La découverte de ce précieux sujet est due à M. le curé d'Auxonne qui, comme beaucoup d'ecclésiastiques, consacre ses loisirs aux travaux de l'horticulture.

M. le curé d'Auxonne a eu la pensée de greffer des pêchers, arbres difficiles à élever dans certains sols, sur l'épine noire, le plus rustique et le plus vivace de tous les sujets ; le succès le plus complet a couronné l'entreprise de ce vénérable ecclésiastique, et il a obtenu des arbres de petite dimension il est vrai, mais donnant des fruits magnifiques. Confiant dans cette découverte, car ayant eu l'honneur de compter plusieurs prêtres parmi mes auditeurs, je les ai vus tous égaler le maître, quand ils ne l'ont pas dépassé, je me suis livré à des essais, non-seulement pour le pêcher, mais encore pour l'abricotier et le prunier, qui tous trois m'ont donné les résultats les plus satisfaisants.

La culture du pêcher, du prunier et de l'abricotier sont possibles dans les plus mauvais sols, en les greffant sur épine noire, comme celle du poirier greffé sur épine blanche dans les sols réputés impossibles.

Suivant la nature du sol, on choisira les pêchers greffés sur amandier, sur pêcher franc, sur prunier ou sur épine noire. C'est une question d'appréciation pour la personne qui veut planter. L'opérateur choisira également les formes suivant son goût, la hauteur de ses murs, et les sujets qu'il plantera. Ceci posé, occupons-nous de la création des rameaux à fruits sur le pêcher.

Disons tout d'abord que le berceau de la culture du pêcher est Montreuil; disons aussi que les cultures de Montreuil sont les plus parfaites et les plus productives, surtout lorsqu'elles sont dirigées par des hommes de la valeur
de MM. A. Lepère et F. Malot. Montreuil doit sa richesse à la
culture du pêcher; il n'y a qu'une profession pour les habi-
tants de ce village : cultivateurs de pêchers! ils vivent avec
leurs arbres; ils s'identifient à eux; les aiment et les soignent comme des enfants, et ils ont ma foi raison, car ce
ne sont pas des enfants ingrats. Je connais plusieurs cultivateurs de pêchers qui étaient loin d'être riches il y a
vingt ans, et qui aujourd'hui possèdent des fortunes très
respectables, sans avoir fait autre chose que de tailler et
palisser leurs pêchers et vendre leurs pêches.

J'ai dit à tous mes élèves, et je le répète aujourd'hui à
mes lecteurs, si vous voulez voir la culture du pêcher à
son apogée, une fructification et une production féeriques,
allez visiter les cultures de M. Alexis Lepère ou de M. Félix
Malot. Mais ces messieurs sont de grands maîtres, ils sont
cultivateurs de pêchers comme Horace Vernet et Gudin sont
peintres. L'un et l'autre produisent des effets magiques
d'un coup de brosse; dix mille individus gâchent des cou-
leurs et abîment des toiles depuis vingt ans, sans avoir
encore soupçonné le coup de brosse des grands maîtres.

Un bourgeon de pêcher est-il rebelle, et menace-t-il de
rester stérile, ces messieurs le palissent, et en quelques semaines il se couvre de fleurs. Le commun des martyrs qui
a assisté à cette opération trouve que rien n'est plus facile
que de fixer un bourgeon sur le mur avec un chiffon et un
clou, et s'en va en disant : *c'est pas malin!* Pauvres aveugles qui regardez tout sans rien voir; là où vous n'avez vu
qu'un clou, un chiffon et un marteau, il s'est dépensé en
quatre secondes plus de science que vous n'en acquerrez
dans toute votre existence. Le bourgeon que vous avez vu
attacher sur le mur a été plié de manière à ce que l'action de la séve se concentre en partie sur les yeux de la

base, et que la surabondance se dépense par l'extrémité. Dans le palissage de ce bourgeon, il y avait toute la physiologie d'un pêcher, et vous n'avez vu que le clou et le marteau!

Si ce que je dis ici du palissage d'un bourgeon semblait exagéré à un propriétaire, et même à certains élèves des deux grands maîtres que j'ai cités, qu'ils examinent scrupuleusement les pêchers qu'ils trouveront dans les vingt premiers jardins venus, j'entends ici des pêchers soignés par des jardiniers qui ont la prétention de savoir, et non des arbres abandonnés à des mains inhabiles, et qu'ils me disent de bonne foi ce qu'ils ont vu. Ils avoueront que, dans dix-neuf de ces jardins, ils n'ont trouvé autre chose que des têtes de saules; des coursonnes avec des talons de vieux bois, longs de 20 à 25 centimètres; partout une quantité de bourgeons ficelés comme des carottes de tabac, mais dépourvus de fleurs, ou s'ils portaient quelques rares fleurs, c'était à l'extrémité des rameaux.

Je passe sous silence les pêchers complétement dénudés par la base; ceux qui n'étalent sur le mur qu'une charpente totalement dégarnie, et ne possèdent, en fait de parties vivantes, que deux ou trois branches qui passent pardessus le mur, dont la fonction n'est pas de produire des pêches, mais uniquement d'attester que l'arbre n'est pas encore mort, et ceux-là composent la majorité.

Si vous dites à l'un des jardiniers qui soignent ces arbres que ses pêchers ne sont pas beaux, il vous répondra que le terrain ne vaut rien. Ce terrain est souvent meilleur que celui de Montreuil, et si on le donnait à planter à MM. Lepère ou Malot, ils couvriraient en peu de temps ces mêmes murs de pêchers d'une végétation luxuriante et de pêches magnifiques. La culture du pêcher comme ces messieurs la font n'est pas à la portée des jardiniers, ou si elle est comprise par les plus capables, le soin de la serre, la culture des fleurs et les travaux du potager s'opposent à ce qu'ils soignent convenablement leurs pêchers, sans négliger les autres cultures.

Ces lignes froisseront beaucoup de jardiniers, je le sais, mais en ma qualité de professeur je dois la vérité à tous : au propriétaire d'abord, qui la plupart du temps n'a récolté en fait de fruits que des paroles et des promesses, ensuite au jardinier studieux qui veut apprendre et bien faire. Celui-là comprendra qu'il ne peut dépenser qu'une somme de temps limitée à la culture de ses pêchers, et que cette somme de temps ne lui permet pas de donner à ses arbres la moitié des soins qu'ils réclament. Quant aux jardiniers qui veulent tout savoir sans avoir jamais rien appris, je ne m'occupe pas plus de leur personne que de leur opinion; tout ce que je puis faire pour eux, est de les inviter à regarder leurs pêchers et à méditer un peu sur les effets de la taille qu'ils leur ont appliquée.

Le pêcher ne fructifie que sur le bois formé l'année précédente, et tout rameau qui a fructifié ne porte jamais d'autres fruits. La fructification de l'année suivante doit être établie sur des bourgeons nouveaux. La grande difficulté est d'obtenir des bourgeons nouveaux à la base du rameau qui porte des fruits et d'obtenir non-seulement des fleurs à la base de ces nouvelles productions, mais encore des bouquets de mai.

Voici comment s'obtiennent les rameaux à fruits à Montreuil.

Le rameau fig. 4, pl. 28, est né l'année précédente; il porte des fleurs, A, et a été taillé sur celles qui étaient situées le plus près de la base. Les yeux B sont destinés à fournir le rameau qui devra fructifier l'année suivante. Si l'opération est bien conduite, l'œil C fournira le rameau de remplacement, et la branche qui aura produit des fruits sera coupée le printemps suivant en D. Dans ce cas, un nouveau rameau remplacera l'ancien, et tout est pour le mieux.

Si l'opération a été mal conduite, que l'œil E fournisse le bourgeon de remplacement et que les yeux de la base soient éteints, il faudra forcément tailler en F, et conserver à la base un talon de vieux bois, long de 10 centimètres, dont tous les yeux seront éteints. C'est en opérant ainsi que l'on crée ces énormes talons que l'on voit sur la plupart des pêchers, talons noueux, mutilés, qui offrent autant d'obstacles au passage de la séve, et empêchent les fruits de se développer.

Là n'est pas encore toute la difficulté; il faut que le nouveau bourgeon ait des fleurs le plus près possible de la base. Pour obtenir ce résultat il faut que le bourgeon A (pl. 28, fig. 5) soit pincé à 35 ou 40 centimètres, suivant l'état de ses yeux, et ce, au moment opportun, ou l'opération est manquée (B. fig. 5, pl. 28). Il faut en outre qu'à un moment donné, sous peine de voir le succès compromis, le même bourgeon soit palissé plus ou moins horizontalement, suivant sa vigueur et l'état de ses yeux, de manière à concentrer assez de séve sur ceux de la base pour leur faire produire des fleurs; quand le palissage est mal fait, les yeux se développent en bourgeons anticipés; dans ce cas, il n'y a pas de fleurs, on coupe tout et on recommence l'année suivante.

Le plus souvent les fleurs sont à l'extrémité des rameaux; on taille très long pour avoir quelques fruits, et l'effet de ces tailles longues est toujours d'éteindre les yeux de la base, et d'allonger démesurément les talons des coursonnes. Il est inutile de faire une figure, ceux qui veulent être convaincus n'ont qu'à regarder leurs arbres, ils ne manqueront pas d'exemples,

Indépendamment de tous ces inconvénients, cette taille demande énormément de temps, et exige des opérations réitérées :

1° Taille et palissage d'hiver;

2° Taille après la floraison pour rabattre les rameaux dont les fruits n'ont pas noué;

3° Taille en vert pour supprimer les bourgeons trop

nombreux et régler le nombre des bourgeons de remplacement ;

4° Pincement des bourgeons de remplacement;

5° Deuxième taille en vert.

6° Palissage des bourgeons de remplacement fait en quatre ou cinq fois.

Toutes ces opérations sont difficiles ; elles demandent une justesse d'appréciation qu'il n'est pas donné à tout le monde d'acquérir, témoin les pêchers que nous voyons presque partout.

C'est devant les nombreux inconvénients inséparables de ces opérations délicates, qu'un amateur d'arboriculture distingué, aussi laborieux que modeste, M. Grin aîné, de Chartres, a eu la pensée de chercher un autre mode de taille pour les rameaux à fruits du pêcher.

Le but de M. Grin était d'obtenir une grande quantité de fruits par des moyens plus simples et surtout plus à la portée de tous. L'honorable amateur, dont l'unique ambition était d'être utile à tout le monde, s'est mis au travail avec une persévérance des plus louables. Il a commencé par supprimer les palissages d'hiver et d'été, et toutes les tailles d'été, qu'il a remplacées par des pincements.

M. Grin est l'homme du pincement; il l'a étudié, et y a consacré une partie de son temps pendant plusieurs années; aussi l'a-t-il amené à un degré de perfection assez grand, et a-t-il obtenu des résultats assez brillants pour déterminer le professeur d'arboriculture le plus distingué de notre époque, M. Du Breuil, à accepter et enseigner sa méthode à l'exclusion de toute autre.

La méthode de M. Grin présentait de prime abord les avantages suivants : la suppression des palissages d'hiver et d'été, et des tailles en vert. Ensuite, au lieu de conserver un intervalle de 60 centimètres entre les branches de la charpente, une distance de 30 centimètres suffit pour les rameaux à fruits. Cela permet de doubler le nombre des branches de la charpente, et nous devons le dire à l'honneur de M. Grin, le nombre des branches de la charpente étant doublé, celui des fruits l'est aussi, car les bourgeons pincés de M. Grin portent au moins autant de fruits que les coursonnes de Montreuil.

Il y avait là une école nouvelle qui s'élevait à côté de celle de Montreuil, école dont M. Grin est le fondateur, et qui dès son début simplifiait beaucoup les opérations les plus difficiles en augmentant le produit. Les résultats obtenus par M. Grin sont incontestables, aussi ont-ils ému les praticiens comme les amateurs d'arboriculture. Toutes les personnes qui s'occupent de tailler les pêchers ont été visiter les arbres du novateur, qui a reçu tout le monde avec affabilité, montré ses arbres, et même enseigné sa méthode à chacun avec le plus louable empressement. M. Grin voulait rendre un service à l'arboriculture, son but était rempli, et il se consacrait tout entier à l'accomplissement de son œuvre.

Les succès de M. Grin étaient trop complets pour ne pas exciter l'envie des ineptes et des incapables; bientôt une espèce de ligue s'est formée contre sa méthode; elle a amené des discussions brûlantes entre les rétrogrades et ceux qui voulaient se convaincre par l'application, et juger des résultats qu'ils obtiendraient avant de se prononcer d'une manière positive. Cela paraîtra tout simple et tout naturel, mais en horticulture, il n'en est pas ainsi, surtout quand il y a des jardiniers de la partie. Lorsqu'on apporte une chose neuve dans une réunion de savants, chacun l'étudie et se prononce après mûr examen. Quand on présente un moyen de culture nouveau dans une réunion de jardiniers, ces messieurs craignant de voir la réputation, qu'ils voudraient se faire, compromise par plus habile qu'eux, commencent par *crier* et rejeter sans examen, et répondraient assez volontiers par des injures si on se laissait intimider par eux. La méthode de M. Grin, l'homme le plus pacifique et le meilleur, méthode créée uniquement pour être utile à tous, a excité les passions les plus incroya-

bles, et a fait porter certaines gens aux actes les plus ré-
préhensibles envers ceux qui voulaient l'expérimenter. La
majeure partie a cédé devant l'orage ; il en est souvent ainsi
en horticulture, pour les procédés les plus utiles.

Les choses en étaient là lorsque je suis allé voir pour la
première fois les pêchers de M. Grin ; c'était dans le mois
de juillet ; toutes les branches de ses arbres étaient de véritables guirlandes de pêches, et je suis heureux ici de
rendre hommage à la vérité en ajoutant que les pêches de
M. Grin étaient toutes magnifiques ; les branches étaient
palissées à 30 centimètres d'intervalle et le mur littérale-
ment couvert de pêches. Il y avait là, je le répète, une
école nouvelle, école créée par M. Grin, qui dès le début
montrait les plus brillants résultats.

Sourd, par profession et par habitude, aux dires malveillants des rétrogrades, j'ai immédiatement appliqué
la méthode de M. Grin à quelques centaines d'arbres ; j'ai
obtenu les plus beaux résultats, surtout dans la restauration
des vieux pêchers. Depuis six ou sept ans, je modifie
d'année en année, et si cette année, 1862, j'apporte une taille
de pêchers, enseignée pour la première fois, mais expéri-
mentée par moi depuis trois ans sur des milliers d'arbres,
taille plus simple, plus facile à exécuter que celle de M.
Grin, et donnant les mêmes résultats, une grande partie
des honneurs de cette taille, appelée je le crois à un avenir
sérieux, revient à M. Grin, car elle m'a été inspirée par sa
méthode ; c'est en l'expérimentant que je l'ai trouvée, et
si j'apporte quelques modifications dans l'application, le
point de départ comme le but sont les mêmes : suppression des palissages d'hiver et d'été ; branches de la charpente palissées à 30 centimètres, comme dans les autres
espèces ; fruits attachés à la branche mère, ou sur des
onglets très courts.

Voici comment M. Grin opère :

Dès qu'un bourgeon de pêcher a atteint la longueur de
5 centimètres environ, il est pincé sur les deux premières

feuilles de la base (A, pl. 29, fig. 1). Il se développe bientôt de nouveaux bourgeons à l'aisselle des deux feuilles ; ces bourgeons sont pincés à une feuille seulement lorsqu'ils ont atteint une longueur de 5 centimètres (AA, pl. 29, fig. 2), et jusqu'au mois d'août, on pince successivement à une feuille seulement, toutes les productions qui apparaissent sur les bourgeons pincés ; arrivé à cette époque, on laisse allonger un peu les derniers bourgeons, en en pinçant toutefois l'extrémité s'ils dépassaient une longueur de 10 à 12 centimètres. L'effet de ces pincements successifs, lorsqu'ils sont bien faits, est de produire pour l'année suivante une lambourde, comme le montre la fig. 3, pl. 29. Alors on taille en A ; les yeux B, situés à la base, se développent l'année suivante. On choisit le bourgeon le plus rapproché de la base pour le soumettre aux pincements et fournir une nouvelle lambourde, puis on supprime tous les autres.

Très souvent, les pincements réitérés ont pour effet de faire développer en bouquets de mai les yeux de la base (A, pl. 29, fig, 4). Ces bouquets fournissent toujours les plus beaux fruits ; alors on enlève tout le produit des pincements, et on taille en B, même figure.

Les branches du pêcher étant palissées à 30 centimètres, il fallait empêcher sur les prolongements le développement des bourgeons anticipés. On appelle ainsi les bourgeons qui naissent sur les prolongements de l'année, et chez le pêcher qui a toujours tendance à s'emporter par le haut, ces bourgeons poussent avec une vigueur extrême. Le moyen le plus simple était de les pincer en A (fig. 5, pl. 29) dès qu'ils montraient leur seconde paire de feuilles ; on pinçait ensuite les bourgeons qui naissaient à l'aisselle de ces feuilles à une feuille, et on obtenait une lambourde courte et portant plusieurs fleurs ; mais, pour atteindre ce résultat, il fallait que le premier pincement fût fait à temps. Les bourgeons anticipés poussent du matin au soir au mois de juin et de juillet ; lorsque le premier pincement était fait trop

tard, on obtenait bien une lambourde, mais elle était per-
chée au bout d'un long talon (pl. 29, fig. 6).

Pour obvier à cet inconvénient, M. Grin a employé plusieurs moyens : il s'est servi d'incisions et d'entailles, dont
je ne puis pas bien préciser les résultats. Toutes deux lais-
saient d'assez grandes cicatrices sur la branche ; craignant
la gomme, j'ai cherché un autre mode de traiter les bourgeons anticipés.

Le moyen que j'emploie et qui m'a toujours donné d'excellents résultats est fondé sur ce fait anatomique : La déviation naturelle des vaisseaux du canal médullaire donnant naissance aux feuilles et aux bourgeons, il doit être
possible de faire naître des yeux et, par conséquent, des
bourgeons où il n'en existe pas en provoquant artificiellement une déviation de ces vaisseaux.

Après bien des expériences, je suis arrivé à opérer cette
déviation et à obtenir, à la base des bourgeons anticipés
développés, la naissance d'yeux qui s'allongent très peu, et
produisent la plupart du temps des bouquets de mai (A, pl. 29,
fig. 7). La même opération appliquée aux yeux des prolongements (pl. 29, fig. 8), avant le développement des bourgeons anticipés, produit encore des bouquets (pl. 29, fig. 9).

L'opération consiste à piquer avec une lancette faite exprès (pl. 29, fig. 10) l'œil non développé du prolongement
A (fig. 8, pl. 29), et la base du bourgeon anticipé développé (A, fig. 7, pl. 29), de manière à blesser les vaisseaux
déviés du canal médullaire sans atteindre le corps ligneux.
Cette piqûre très légère, et qui laisse à peine de trace, produit l'effet suivant : Les vaisseaux coupés (A, pl. 29, fig. 11),
donnent lieu à un épanchement de cambium à l'intérieur ;
il en résulte un amas de tissu cellulaire qui ne tarde pas
à donner naissance à un œil, et bientôt cet œil produit la
petite lambourde de la fig. 9, pl. 29.

Enchanté de ma découverte, après des expériences réitérées et des résultats exacts, je me suis empressé de l'enseigner. Tout le monde a écouté, personne n'a compris. Les ap-

plications ont été déplorables ; les uns martyrisaient du bois
de dix ans ; les autres prenaient des serpettes, et éventraient
les prolongements, coupaient et désorganisaient tout, excepté les vaisseaux déviés du canal médullaire, qu'il fallait
seuls atteindre, ce qui pouvait, à la rigueur, se faire avec
la pointe d'une aiguille, et ce qu'on n'avait pu faire en
mutilant tout. Et, cependant, chaque jour, je répétais l'o-
pération devant mes adeptes, et je leur en faisais voir les
résultats.

Cette opération, sur laquelle j'avais fondé les plus grandes
espérances, est impraticable pour les masses ; elle ne rendra
de services réels qu'à ceux qui voudront sérieusement travailler, se donner la peine de chercher où sont les vaisseaux
déviés du canal médullaire et acheter une lancette.

Si la multitude pouvait pardonner l'intelligence et le savoir, elle apprendrait peut-être ; mais la multitude veut
être supérieure à tous, et mettrait volontiers, sous son sa-
bot tout ce qu'elle ne peut ni ne veut comprendre. Pour
lui faire accepter la science, il faudrait la réduire à l'état
mécanique. L'habitude de l'enseignement, celle de parler à
un certain public, nous ont fait une nécessité de simplifier
la science, de la dissimuler, mais nous ne pouvons l'anéan-
tir pour l'enseigner.

L'addition de ma piqûre aux pincements de M. Grin for-
mait un tout donnant d'excellents résultats ; j'ai enseigné
ce tout, moins compliqué que la taille de Montreuil ; les
propriétaires ont réussi, mais les jardiniers ont échoué. Ils
ont échoué parce qu'il faut être physiologiste pour pratiquer ce pincement juste, et que la majorité se demande à
quoi peuvent servir les leçons d'anatomie et de physiologie
végétale qui commencent tous mes cours.

J'avais accepté avec enthousiasme le principe qui régit
la taille de M. Grin, parce qu'il est normal, en harmonie
avec les lois de la végétation et de la fructification. L'application de cette taille a très fréquemment produit à la
base des rameaux des bouquets de mai (A, pl. 29, fig. 4).

15.

La présence de ces bouquets a été une révélation pour moi, et, me demandant si, à l'aide d'une taille plus simple encore que la méthode de M. Grin, il ne serait pas possible d'obtenir cinquante fois sur cent des bouquets de mai à la base des rameaux, et cinquante autres fois des fleurs très rapprochées de la base, je me suis répondu qu'il fallait essayer.

Je me suis mis à l'œuvre avec ardeur, en expérimentant ma taille nouvelle dans soixante jardins à la fois; la première année m'a donné de bons résultats; j'ai augmenté le nombre des expériences; la seconde, les résultats ont été excellents; j'étais fixé dès lors, mais j'ai voulu attendre encore les résultats de la troisième avant d'enseigner cette taille. A l'exemple de mon éminent collègue, M. Du Breuil, j'avais enseigné la formation des rameaux à fruit de M. Grin avec quelques modifications, en disant à mes élèves : « c'est une nouvelle école qui s'élève, appliquez toujours cela, vous obtiendrez de meilleurs résultats que par les procédés connus; je travaille sans cesse et sans relâche, et bientôt, j'en ai l'espérance, je pourrai vous enseigner quelque chose de moins compliqué et donnant d'aussi bons résultats. »

La troisième année (1861), j'ai traité les pêchers de tous les jardins que je soigne, sans exception, par ma nouvelle taille, et je puis montrer partout, pour le printemps prochain, une floraison remarquable. Fort de mes résultats et de l'autorité de trois années d'expérimentation, je livre au public ma taille, plus facile que celle de Montreuil, demandant moins d'assiduité que les pincements, produisant autant de fruits, et donnant plus de vigueur aux arbres.

Tout ce que j'ai dit de la formation de la charpente et du recépage, en plantant les pêchers, s'applique à ma taille comme à toutes les autres. Les modifications portent seules sur les rameaux à fruits.

Supposons un prolongement de la charpente de l'année précédente, taillé de manière à développer tous ses yeux (pl. 30, fig. 1). La première opération, avant de palisser ce

prolongement, sera d'*éborgner* avec la lame du greffoir tous
les yeux placés du côté du mur. Cette opération consiste à
couper l'œil à sa base ; ensuite, et seulement lorsque
les yeux conservés, ceux du dessus, du dessous et du milieu
du prolongement, auront produit des bourgeons de 2 à 3
centimètres de longueur, il faudra enlever les bourgeons
doubles ou triples, aux endroits A, en les coupant à leur
base avec la lame du greffoir. Il ne faut en conserver qu'un
seul à chaque endroit, le plus vigoureux en dessous de la
branche, et le plus faible en dessus et au milieu.

On laisse tous les bourgeons conservés se développer
librement, jusqu'à ce qu'ils aient atteint la longueur de 12
à 14 centimètres, et alors seulement on les pince une fois
pour toutes, à 12 ou 14 centimètres, suivant leur vigueur
et suivant les variétés. Celles qui ont les mérithalles très
longs seront, comme pour le poirier, pincées un peu plus
long que celles qui les ont très rapprochés.

J'ai dit qu'il fallait pincer quand les bourgeons avaient
atteint une longueur de 12 à 14 centimètres. J'insiste sur
ce point, parce que je connais l'impatience de certains propriétaires, qui pincent toujours trop tôt, et avant que le
bourgeon ait acquis de la consistance ; il en résulte souvent
la mort de celui-ci et un vide sur la branche. Pour pratiquer le pincement avec fruit sur le pêcher, il faut que
le bourgeon soit déjà coriace et ait acquis un peu de consistance ligneuse. Ce pincement est le seul à appliquer au
pêcher, mais il est urgent de le faire à temps.

Il faut éviter de pincer à la fois tous les bourgeons d'un
pêcher ; d'abord parce que, dans ce cas, il y aurait des bourgeons trop tendres, et d'autres, trop longs, et que l'opération serait mauvaise ; ensuite, parce que le temps d'arrêt occasionné dans la végétation par le pincement de tous
les bourgeons pourrait déterminer la gomme.

Le pincement doit être fait au fur et à mesure de la maturité des bourgeons, lorsqu'ils ont acquis de la consistance
et que les yeux de la base sont bien formés (A, pl. 30, fig. 2).

Le but de ce pincement est de suspendre momentanément la végétation du bourgeon, de l'empêcher de devenir trop vigoureux et de concentrer pendant un temps donné l'action de la séve sur les yeux de la base, assez longtemps pour les bien constituer et y faire naître des fleurs ou des bouquets de mai, pas assez pour leur faire produire des bourgeons.

Quelque temps après, il pousse un bourgeon anticipé à l'extrémité du bourgeon pincé. On laisse pousser ce nouveau bourgeon jusqu'à ce qu'il ait atteint une longueur de 20 centimètres environ, ce qui nous mènera jusqu'au mois de juillet pour les bourgeons de vigueur moyenne; puis, à cette époque, si les yeux de la base sont bien développés, on taillera en vert avec la serpette, au-dessus du pincement, en A, ou en B si les yeux de la base ne sont pas suffisamment constitués. Au printemps suivant, le bourgeon taillé en vert en A présentera l'aspect de la figure 5, pl. 30 ; on le taillera en B, sur un onglet de deux centimètres, portant plusieurs fleurs, et l'année suivante, pendant que le rameau que nous venons de tailler produira des fruits, l'effet de la taille courte que nous lui avons appliquée sera non-seulement de concentrer une grande quantité de séve sur les fruits, et de leur faire acquérir un volume remarquable, mais encore de faire développer à la base de ce rameau, aux points AA, (fig. 4 et 5, planche 30), les yeux latents en bourgeons. On conservera le plus faible pour le soumettre au traitement que je viens d'indiquer, et fournir un rameau fructifère pour l'année suivante, et on coupera le rameau qui a fructifié en C, et ainsi de suite chaque année, sans jamais laisser allonger les talons et sans craindre de voir sur les pêchers ces productions de vieux bois inerte, aussi longues que nombreuses.

Si la taille en vert a été faite en C (fig. 3, pl. 30), le rameau présentera au printemps suivant l'aspect de la figure 4, pl. 30. La séve, circonscrite dans un espace plus restreint, a opéré une pression plus forte sur les yeux de la base, et les a fait développer en bouquets de mai ; alors on taille en B, et il se développe un bourgeon de remplacement au point A. Dans ce dernier cas, il est urgent de laisser pousser librement le bourgeon C (fig. 4, pl. 30), jusqu'à ce qu'il ait atteint une longueur de 15 à 20 centimètres ; il absorbe la séve surabondante et contribue puissamment à la formation des bouquets de mai. Si ce même bourgeon C devenait trop vigoureux, il serait utile de lui appliquer une taille à quelques centimètres de longueur, suivant l'état des yeux. Si le rudiment des bouquets est formé, il faut laisser la séve se dépenser ; s'il n'est pas bien formé, il faut déterminer leur formation en concentrant momentanément l'action de la séve sur eux, opération facile, en coupant le bourgeon à trois ou quatre centimètres, suivant l'état des yeux. Le temps d'arrêt occasionné par l'amputation est suffisant pour développer les yeux de la base ; le nouveau bourgeon qui pousse au-dessous de la section, absorbant la séve surabondante, arrête leur élongation et détermine leur mise à fruit.

Les tailles en vert, comme les pincements, ne doivent pas être faites toutes en même temps, mais partiellement. Elles fournissent à l'opérateur, en pratiquant ainsi, le moyen le plus énergique d'équilibrer ses arbres.

Si les arbres sont mal équilibrés, il se produira inévitablement une certaine quantité de gourmands ; on les soumet au pincement à 10 centimètres environ (A, fig. 6, pl. 30), puis, lorsqu'ils ont produit un nouveau bourgeon B, de 15 à 20 centimètres de long, on rabat ce bourgeon sur le premier ou le second œil de la base C, même figure, puis, dans le courant de juillet ou vers les premiers jours d'août, suivant la température et l'état de la végétation, on taille le premier bourgeon en D ; la séve a encore assez d'action pour faire développer les yeux de la base, assez pour les convertir en bouquets de mai, trop peu pour les faire développer en bourgeons.

Les bourgeons anticipés qui se développeront sur les prolongements seront pincés très court, à deux feuilles, et ce dès que la troisième paire de feuilles sera visible. Le bourgeon qui naîtra après ce pincement sera traité comme je l'ai indiqué précédemment, et si la taille en vert a été bien faite, le rameau résultant du pincement présentera, le printemps suivant, l'aspect de la figure 7, pl. 30; il portera un bouquet de mai A, et sera taillé en B.

Cette nouvelle taille des rameaux à fruits du pêcher offre les avantages suivants :

1° De dispenser des palissages d'hiver et d'été, les opérations les plus longues et les plus difficiles dans la taille du pêcher ;

2° De ne demander qu'un intervalle de 30 centimètres entre les branches de la charpente, ce qui permet d'en doubler le nombre et de diminuer de moitié l'espace occupé par les arbres ;

3° D'obtenir une grande quantité de fruits attachés sur des onglets très courts et de permettre à la séve de parvenir jusqu'à eux sans entraves ;

4° De ne jamais donner lieu à la naissance de talons ni de têtes de saule, qui empêchent les fruits de grossir, en entravant la circulation de la séve ;

5° D'être la taille la plus simple et le plus à la portée de tous.

Cette taille est en effet celle qui peut donner les meilleurs résultats lorsqu'elle sera médiocrement exécutée, en ce que le mal produit par une opération mal faite peut être réparé par l'opération suivante, ce qui ne peut avoir lieu ni pour la taille des coursonnes, ni pour les pincements.

Ainsi admettons que les pincements aient été mal faits : s'ils ont été faits trop longs, on sera toujours à même d'y remédier par une taille en vert; on taillera un peu plus court ; s'ils sont trop courts, cela pourra nuire à la vigueur de l'arbre, surtout s'ils ont été faits trop tôt; ils produiront des vides, mais on aura encore des fleurs, et en taillant bien en vert, le mal pourra être réparé.

L'immense avantage de cette taille, je le répète, est de pouvoir remédier à une opération mal faite, ou faite en temps inopportun. La taille en vert est une ressource inappréciable; elle permet toujours de remédier à tout et de produire des fleurs quand même, et où l'opérateur voudra les obtenir, toutes les fois qu'elle sera bien exécutée et appliquée du 15 juillet au 5 août.

Que personne ne prenne en mauvaise part le souci que je prends des opérations mal comprises et mal appliquées. L'expérience de l'enseignement m'autorise à parler ainsi, et, devant la vérité à tous, je considère comme un devoir de la dire. Tout le monde taille des arbres, très peu de personnes les taillent bien. Peu comprennent, ou plutôt se donnent la peine de comprendre. Ce fâcheux état de choses est dû aux enseignements empiriques, qui tous ont indiqué aux jardiniers *un système*, une opération quelconque appliquée quand même à toutes les époques et dans tous les cas, tandis que la taille des arbres est une science réelle, basée sur des principes immuables; c'est de la chirurgie végétale, demandant presque autant de savoir, de tact, d'appréciation et d'adresse, que la chirurgie humaine. Le jour où les jardiniers seront convaincus de cela, ils apprendront. Ce jour viendra à n'en pas douter ; c'est une question de temps, et il est toujours très difficile et très long de détruire une erreur propagée depuis des siècles, surtout lorsqu'elle a été perpétuée dans la classe ouvrière.

Ces fâcheuses erreurs ne peuvent se détruire que progressivement, au fur et à mesure que les résultats obtenus par la science *crèvent les yeux à tous*. Il est donc du devoir de ceux qui enseignent de simplifier les choses et de mettre la science à la portée de tous. C'est ce que j'ai fait pour la taille du pêcher.

Cette nouvelle œuvre, appelée, j'en suis convaincu, à un grand retentissement, va exciter l'envie de ceux qui ne

pardonnent pas aux autres de travailler avec fruit; la colère des rétrogrades de parti pris, qui savent que tous *leurs*
systèmes, comme leurs moyens empiriques, doivent céder
le pas au travail et au savoir. Qu'importe! laissons bour-
donner les frelons; on se garantit toujours de leurs piqûres venimeuses; de tout temps, il a existé des frelons, et
leur bourdonnement n'a jamais empêché les abeilles d'accomplir leur laborieuse et bienfaisante tâche.

J'ai passé trois années entières à accomplir mon œuvre,
et je n'ai voulu la livrer au public qu'après trois expériences consécutives, non pas des expériences sur quelques
arbres, dans un seul jardin, mais sur des centaines d'arbres,
dans plus de cinquante jardins, créés dans tous les sols et
sous plusieurs climats différents. Le résultat de mes nombreuses expériences me donne *la certitude la plus absolue*
sur les résultats, et pour cette nouvelle taille, comme pour
tout ce que j'ai créé, je fais appel à tous, et leur dis : ve-
nez, regardez et jugez. Ma porte est ouverte à tout le monde
dans l'intérêt de la science, même à ceux qui viennent
chez moi pour casser et arracher mes arbres, seulement
je les accompagne ou les fais accompagner et surveiller.

Ma taille de pêcher, bien appliquée par ceux qui ont
travaillé, produira les résultats les plus prompts et les
plus féconds. Le pincement bien fait détermine la fructification; la taille en vert, appliquée juste, fait naître les
fleurs où on veut les avoir. La taille en vert est la clef de
la fructification ; elle l'établit d'une manière certaine, sans
trouble pour la végétation, sans danger pour l'arbre, et
place les fruits dans les meilleures conditions pour acquérir toute la qualité et tout le volume possible, puisqu'ils
sont attachés sur des onglets très courts, nés eux-mêmes
sur la branche mère, et qu'il n'y a jamais de nodosités ni
de talons à la base pour entraver la circulation de la sève.

Appliquée imparfaitement, cette taille donnera encore
des résultats; elle produira des fruits quand même, et
aura surtout l'immense avantage de maintenir l'arbre en

équilibre et d'éviter les nombreux gourmands qui perdent tous les pêchers mal soignés.

On m'objectera qu'il faut pratiquer un pincement en plusieurs fois ; faire une ou deux tailles en vert également à plusieurs reprises, et que tout cela demande du temps. On objectera encore que les pincements sont difficiles à faire, que les tailles en vert demandent un certain savoir et exigent une appréciation sûre de la part de l'opérateur. Cela est vrai, mais je répondrai :

Ces diverses opérations demandent du temps et du travail, mais beaucoup moins que la taille en coursonnes, et moins aussi que les pincements. En outre, si la première opération est mal exécutée dans l'une comme dans l'autre de ces deux tailles, tout est manqué et à recommencer l'année d'après, tandis qu'avec ma taille on peut réparer une et même deux erreurs.

Cette nouvelle taille, comme toutes les opérations basées sur l'anatomie et la physiologie végétales, les seules qui puissent donner des résultats exacts, demande un certain savoir et de l'intelligence de la part de l'opérateur ; cela est encore vrai, mais rien ne peut se faire en quoi que ce soit sans savoir et sans intelligence. Toutes les tailles, même les plus simples, demandent de l'étude, et ne peuvent être réduites à l'état mécanique. C'est aux personnes qui veulent des récoltes de fruits assurées et égales chaque année, à travailler et à apprendre. Celles qui ne voudront ni travailler ni apprendre devront s'abstenir de créer des jardins fruitiers, et planter des vergers avec des arbres à haute tige, non soumis à la taille et donnant des fruits quand la saison le permet.

RESTAURATION DU PÊCHER.

Le pêcher est plus difficile à restaurer que les autres arbres, parce qu'il est d'abord presque entièrement dégarni quand il a été mal conduit, et qu'ensuite il est assez difficile d'obtenir de nouveaux bourgeons sur cet arbre quand ses branches sont dégarnies depuis longtemps.

Un moyen très énergique de restaurer les vieux pêchers, et qui donne d'excellents résultats, quand toutefois les branches sont saines, est celui-ci :

Rabattre les branches de la charpente, c'est-à-dire. en supprimer le tiers ou le quart, suivant l'état de l'arbre, et avoir le soin de couper sur un bourgeon vigoureux, propre à fournir un bon prolongement (A, pl. 31, fig. 1). Favoriser le développement de bourgeons vigoureux aux points B, en les palissant verticalement, jusqu'à ce qu'ils soient assez longs pour couvrir toutes les parties dénudées, alors on les couche sur la branche dégarnie et on pratique des greffes herbacées Jard (page 56) avec ces bourgeons, sur toutes les parties dénudées. Puis, pendant la première année seulement, on soumet au pincement de M. Grin, à deux feuilles d'abord, et à une ensuite tous les autres bourgeons latéraux. Ces pincements ont pour effet de concentrer l'action de la séve sur les prolongements, de leur faire acquérir une grande longueur, et ensuite ils font souvent naître de nouveaux bourgeons sur le vieux bois.

La seconde année, on peut récolter une assez grande quantité de fruits; on applique la taille que j'ai indiquée, et, en moins de quelques années, on fait encore avec un mauvais pêcher un arbre susceptible de produire d'abondantes récoltes, mais en ayant toujours le soin de conserver des bourgeons pour pratiquer des greffes sur les parties dénudées. C'est, il est vrai, une œuvre de patience; mais, lorsqu'on fait une restauration avec intelligence, on est bien récompensé de ses peines par la production; car, toutes choses égales d'ailleurs, un vieil arbre restauré produit toujours plus et plus vite qu'un jeune.

Chaque fois qu'on restaure un pêcher, il est urgent d'enlever une partie de la terre qui recouvre les racines, pendant le repos de la végétation, et de la remplacer par de a terre neuve, prise au milieu d'un carré de potager, de la bien fumer avec des engrais très consommés, et de mêler à l'engrais quelques poignées de plâtre ou de cendres. Le plâtre est toujours préférable quand on peut s'en procurer. On peut employer pour cet usage des plâtras provenant de démolitions, en ayant le soin de les réduire presque en poudre.

Dans tous les cas, quand on plantera des pêchers, sur quelque sujet qu'ils soient greffés, il sera toujours bon d'additionner les engrais de calcaire, et d'en ajouter une petite proportion aux engrais qu'on leur distribue tous les ans.

ABRIS.

Le pêcher fleurissant de très bonne heure a besoin d'abris plus complets que les autres espèces. Disons d'abord que les pêchers non abrités ne donnent jamais de récoltes certaines ; avec les abris, on peut compter sur une récolte égale tous les ans, à un dixième près.

Le pêcher exige impérieusement un chaperon mobile, de 40 centimètres de saillie pour les murs de 3 mètres d'élévation environ, et d'un mètre de saillie pour ceux dont la hauteur excède 5 mètres. Ce chaperon, en simples paillassons ou en carton bitumé, doit être posé incliné, pour faciliter l'écoulement des eaux (A, pl. 31, fig. 4), et posé sur des consoles en fer galvanisé, scellées dans le mur (B, même figure), ou sur des supports mobiles en bois, reliés entre eux par une tringle solide en bois ou en fer. On pose ces chaperons vers le 20 février, et on les laisse jusqu'au 20 mai, époque à laquelle il n'y a plus de gelées à redouter.

Ces chaperons sont à la rigueur les seuls abris nécessaires pour le pêcher. Ce sont les seuls usités à Montreuil ; mais les murs, très rapprochés, y forment déjà un abri naturel. Il n'en est pas de même dans les jardins fruitiers de propriétaires, où il n'y a que des murs de clôture, par conséquent fort éloignés les uns des autres. Dans ce cas, le chaperon mobile n'est pas un abri suffisant; il est nécessaire d'y ajouter une toile très claire (on en fabrique exprès pour cet usage), que l'on attache d'un bord sur la tringle C (même figure) qui relie les consoles, et que l'on fixe de l'autre à un fil de fer tendu sur des piquets au milieu de l'allée D (même figure).

Les pêchers sont enfermés dans une espèce de serre, et les trois quarts des fleurs viennent par tous les temps. En outre, un abri ainsi installé permet de placer au bord de a plate-bande un double cordon d'abricotiers C (même figure), qui est abrité sans dépense aucune, et donne les meilleurs résultats, grâce à cet abri.

MALADIES.

Le pêcher est plus sujet que tous les autres arbres à des maladies graves, tellement graves qu'elles le font périr en quelques heures quand on ne le soigne pas ou qu'on le taille mal; en outre, le pêcher est attaqué avec une telle fureur par certains insectes que souvent il succombe à leurs piqûres.

Les principales maladies du pêcher sont : la gomme, la cloque, la lèpre, le blanc des racines et le rouge.

La GOMME, qui a tous les caractères de l'ulcère et en est un par le fait, est quelquefois causée par les changements brusques de température; mais, quatre-vingts fois sur cent, elle est produite par les mauvaises amputations, par les onglets laissés, ou par la déchirure des sections faites avec de mauvais instruments. Chaque fois que la gomme apparaîtra, cherchez dans le voisinage de l'écoulement gommeux, vous trouverez toujours une amputation mal faite, cause première de la maladie.

J'ai recommandé l'emploi d'excellents instruments de

taille ; cette recommandation est applicable au pêcher surtout, non-seulement il doit être taillé avec des instruments
très tranchants, mais encore toutes les sections doivent
être faites de manière à ce que le biseau soit du côté du
mur et non en avant. Elles se cicatrisent plus vite et sont
moins exposées aux intempéries.

La gomme se manifeste par le déchirement des écorces
(A, pl. 31, fig. 2).

La séve décomposée s'échappe bientôt par les déchirures, et produit tout autour des bourrelets d'une substance
épaisse, ressemblant à la gomme arabique (B, même figure).
Les plaies grandissent, l'écoulement augmente, et la branche tout entière mourrait si on n'y apportait remède.

Quand on s'y prend à temps, on guérit la gomme assez
facilement. Aussitôt qu'elle apparaît, on avive toute la partie endommagée, on frotte la plaie avec un peu d'acide
oxalique étendu d'eau ou tout simplement avec des feuilles d'oseille, on laisse sécher pendant quelques jours, et
on recouvre de mastic à greffer.

Les vieilles écorces produisent aussi quelquefois la
gomme, lorsqu'elles sont trop dures pour céder à la dila-
tation de l'accroissement en diamètre, alors il faut pratiquer plusieurs incisions en long, du côté du mur avec la
pointe de la serpette ; la branche grossit et la maladie disparaît, mais il vaut mieux ne pas attendre qu'elle se manifeste pour faire les incisions quand on voit des écorces
trop dures.

Si on pratiquait toujours la taille avec de bons instruments ; si les amputations étaient faites de manière à ce
que les écorces pussent facilement les recouvrir, et si on
avait le soin de mettre du mastic à greffer non-seulement sur les plaies du pêcher, mais encore sur celles de
toutes les espèces, on éviterait les trois quarts des maladies qui tuent les quatre-vingt-dix centièmes des arbres
fruitiers. Toute plaie excédant un centimètre de diamètre
doit être couverte de mastic à greffer.

La CLOQUE est produite par les changements de température. On la voit presque toujours apparaître quand il survient du froid après quelques journées chaudes. Cette maladie attaque les feuilles, qui se boursoufflent, se crispent et deviennent très épaisses. Le parenchyme est entièrement décomposé (pl. 31, fig. 3). Cette affection est d'autant plus dangereuse, qu'en décomposant les feuilles elle les empêche de fontionner; l'accroissement en diamètre est suspendu; il pourrait en résulter de graves dommages pour l'arbre si on ne s'empressait d'y porter remède.

Lorsque la maladie n'est pas très intense; c'est-à-dire quand une partie des feuilles seulement est atteinte, il suffit d'enlever immédiatement les parties malades pour obtenir la guérison, mais lorsque, comme dans la majorité des cas, toutes les feuilles des bourgeons sont atteintes, il n'y a pas à hésiter, il faut immédiatement rabattre ces bourgeons sur un ou deux yeux, afin d'obtenir très vite de nouveaux bourgeons qui, poussant très vigoureusement, ne se sentent pas des atteintes de la maladie. Dans ce cas, elle est radicalement guérie, mais il ne faut pas hésiter: il faut trancher dans le vif, sans quoi on s'expose à prolonger la maladie pendant presque tout l'été, et les arbres peuvent en mourir.

La LÈPRE, appelée aussi *meunier* et *blanc* des feuilles, est due au développement d'un champignon invisible à l'œil nu, qui envahit les feuilles et les couvre d'une poussière blanche. Quelques praticiens ont conseillé de rabattre les bourgeons attaqués; ce moyen est impuissant; les bourgeons qui repoussent sur la taille sont également atteints; les feuilles se crispent et cessent de fonctionner.

Il n'y a qu'un remède efficace, c'est le soufrage, comme pour la maladie de la vigne. A l'aide de ce seul moyen, la maladie disparaît en quelques jours.

Le BLANC DES RACINES, maladie terrible, en ce qu'elle tue en vingt-quatre heures des arbres de vingt ans, n'est autre chose qu'un champignon qui envahit les racines et les décompose en quelques heures. Cette maladie apparaît toujours pendant les grandes chaleurs, à la suite d'une pluie d'orage. Les arrosements donnés non-seulement aux pêchers, mais encore à tous les arbres fruitiers pendant les grandes chaleurs déterminent souvent le blanc des racines.

Il est très difficile de remédier à cette maladie, car la plupart du temps, quand on s'aperçoit de sa présence, l'arbre est mort. Cependant, lorsqu'on veille les arbres de près, il est possible d'en sauver quelques-uns, mais pour cela il faut être sur les lieux et visiter attentivement tous les arbres après les pluies abondantes qui surviennent dans les mois de juillet et d'août, après les plus fortes chaleurs. Dès qu'un arbre semble souffrir, aussitôt que les feuilles paraissent fatiguées, il faut immédiatement découvrir les racines et appliquer au collet un mélange de fleur de soufre, de charbon pilé et de sel. Prenons pour exemple une mesure de capacité ; la fleur de soufre entrera pour sept dixièmes, la poudre de charbon pour deux, et le sel égrugé bien fin pour un, on mêle bien le tout ensemble, et après avoir saturé le collet de la racine, on découvre avec précaution les racines, et on leur applique le même traitement ; puis on mélange la même composition avec le sol.

Je n'ai pas la prétention de dire ce remède infaillible, mais j'affirme avoir sauvé plusieurs arbres en l'employant. Cela ne demande qu'un peu de peine, on peut et on doit toujours essayer, bien que le plus souvent il soit trop tard.

Le ROUGE, maladie plus redoutable que le blanc des racines, en ce qu'on ne connaît pas la cause qui la détermine, et qu'il n'y a pas de remède à lui appliquer.

Les rameaux se colorent d'abord en rouge vif, puis ensuite en rouge foncé, et l'arbre meurt instantanément ; quelquefois il languit pendant une année ; dans ce cas, il est préférable de le remplacer. Un pêcher atteint du rouge ne guérit jamais, et nous ne connaissons pas plus la cause de la maladie que le remède à lui appliquer.

Les insectes les plus nuisibles au pêcher sont : le tigre, les charançons, les chenilles, les perce-oreilles, les pucerons, les fourmis et les kermès.

Le TIGRE s'attache au pêcher comme au poirier ; on le détruit par les moyens que j'ai indiqués pour le poirier.

Les CHARANÇONS sont détruits par les moyens indiqués pour le poirier.

Les CHENILLES, mêmes moyens de destruction que pour le poirier.

Les PERCE-OREILLES sont redoutables en ce qu'ils attaquent les bourgeons, et surtout les fruits qu'ils percent, et bientôt les guêpes et les frelons viennent augmenter le dommage et les perdre complétement.

Les perce-oreilles ne sont pas faciles à détruire, cependant on peut en tuer une très grande quantité, en les cherchant d'abord dans tous les trous des treillages et des palissages, ensuite en plaçant de distance en distance dans les arbres, des petits paquets de rameaux pourvus de leurs feuilles. Les perce-oreilles, qui recherchent l'humidité, viennent se loger derrière, et en ayant soin de les visiter tous les matins on en détruit une assez grande quantité.

Les PUCERONS sont les plus cruels ennemis du pêcher, d'autant plus cruels que leur présence attire les fourmis, très friandes de leurs œufs, et que ces dernières augmentent les dégâts des pucerons au point de compromettre la vie des arbres.

Les pucerons commencent par s'attacher aux bourgeons, et déposent leurs œufs sur les feuilles; presque aussitôt les fourmis viennent dévorer les œufs des pucerons, mais elles piquent aussi les nervures de la feuille pour se nourrir des sucs qu'elle renferme. La feuille mutilée se contourne, se déforme, comme celle attaquée par la cloque. Lorsque les pucerons et les fourmis s'acharnent après de jeunes pêchers, ils déterminent souvent leur mort en mettant leurs feuilles hors de service.

Les pucerons, comme les fourmis, se détruisent *instantanément* et *infailliblement,* en trempant les bourgeons dans le *conservateur des arbres n° 1.*

Les KERMÈS attaquent aussi le pêcher, et lui causent de grands dommages. On les détruit à l'aide des mêmes moyens que j'ai indiqués pour le poirier.

AMANDIER.

L'amandier se traite en tout comme le pêcher. Il exige l'espalier aux mêmes expositions ; les formes à lui imposer comme la taille à lui appliquer sont les mêmes.

Il n'y a qu'une seule variété d'amandier à cultiver pour récolter les fruits verts, c'est l'*amandier princesse.*

VINGT-DEUXIÈME LEÇON

—

ABRICOTIER ET PRUNIER.

ABRICOTIER.

L'abricot est un excellent fruit, fort recherché et donnant des confitures excellentes, et cependant l'abricotier e peut-être un des arbres qui ont été le plus négligés jusqu'à présent. On s'est contenté, la plupart du temps, de le greffer à haute tige et de le planter dans les vergers, où les intempéries du printemps ne lui permettent de donner une récolte abondante que tous les six ou sept ans en moyenne.

Quelques propriétaires, désireux de récolter de ces excellents fruits tous les ans, en ont demandé à leurs jardiniers; ces derniers ont planté des abricotiers à l'espalier; ils ont bien obtenu un produit plus régulier, des fruits plus précoces, mais de mauvais fruits, parce que les abricots demandent une grande somme de chaleur pour acquérir de la qualité, et ne mûrissent qu'à moitié à l'espalier, où ils ne produisent jamais que des fruits aqueux et sans saveur.

On a déclaré avec raison que les abricots d'espalier ne valaient rien; on a replanté des abricotiers à haute tige, et la culture de cet arbre, si précieux dans le jardin fruitier, en est restée là.

Nous cultiverons l'abricotier dans le jardin fruitier, jamais à l'espalier, mais toujours en plein vent, à des expositions chaudes, et à l'aide des abris et de la taille, nous obtiendrons chaque année une quantité égale de fruits excellents, dont nous prolongerons la récolte le plus possible, en plantant les variétés suivantes, mûrissant dans les mois de :

Juillet.

Musch, fruit moyen, arrondi, jaune foncé, à chair presque transparente. Ce fruit est de qualité supérieure. L'arbre, de vigueur moyenne, demande l'exposition du sud ou du sud-est.

Gros rouge précoce, fruit gros, oblong, jaune foncé taché de rouge, excellent. Arbre vigoureux et fertile. Exposition du sud-est et du sud-ouest.

Angoumois, fruit petit, allongé, d'un jaune presque rouge, très parfumé. Arbre de vigueur moyenne. Exposition du sud-est et du sud-ouest.

Août.

Commun, fruit gros, arrondi, jaune pâle, de bonne qualité, mais cotonneux quand il est trop mûr. Arbre vigoureux et fertile, se contentant de toutes les expositions, moins celle du nord.

Péche, fruit gros, aplati, jaune orange coloré de rouge, excellent. Arbre vigoureux et fertile. Exposition de l'est et de l'ouest.

Portugal, fruit moyen mais excellent, chair jaune. Arbre de vigueur moyenne. Exposition du sud-est et du sud-ouest.

Royal, fruit rond, moyen jaune orange, excellent. Arbre vigoureux et fertile. Exposition du sud-est et du sud-ouest.

Septembre.

Pourret, fruit gros, arrondi, excellent. Arbre fertile et vigoureux. Exposition de l'est et de l'ouest.

Versailles, fruit gros, jaune pâle, de bonne qualité. Arbre fertile et très vigoureux. Exposition du sud-est et du sud-ouest.

Beaugé, fruit gros, arrondi, jaune clair, excellent. Arbre de vigueur moyenne. Exposition du sud et du sud-est.

Octobre.

Noor, fruit moyen, le meilleur de tous les abricots. Arbre de vigueur moyenne. Exposition du midi.

Je n'ai pas indiqué de formes pour les abricotiers, parce que je ne les soumets qu'à trois formes, dans tous les jardins fruitiers que je crée, voici pourquoi :

L'abricotier, fleurissant avant le pêcher et étant par conséquent plus exposé aux intempéries du printemps, exige des abris aussi complets que le pêcher. Une question d'économie m'a fait les restreindre à trois formes, parce que dans deux, ils profitent des abris des pêchers, et ne nécessitent pas l'achat de toile.

Les deux formes où les abricotiers sont abrités sans dépense aucune sont : 1° les ailes de cages, situées au midi ; ces arbres reçoivent une chaleur égale à celle de l'espalier ; les fruits sont aussi précoces et ont la saveur du plein vent. 2° Les cordons unilatéraux à deux rangs superposés, bordant les plates-bandes d'espaliers de pêchers, toujours exposées au midi, à l'est, au sud-est ou au sud-ouest, expositions d'autant meilleures pour les abricotiers qu'ils profitent encore de la chaleur répercutée par le mur. Dans ces deux cas, les toiles des pêchers sont attachées sur un fil de fer provisoire, placé au milieu de l'allée, et abritant complétement les abricotiers sans dépense aucune.

Dans le cas où il n'y aurait pas assez de plates-bandes de pêchers pour planter les abricotiers nécessaires dans le jardin fruitier, on en planterait une ligne en palmettes alternes Gressent, en plein vent, ou la moitié de la ligne de palmettes alternes si elle était trop longue, en mêlant les abricotiers à des pruniers. Ces deux espèces se greffent parfaitement l'une sur l'autre ; mais dans ce cas, il faudra installer un appareil spécial d'abris pour les abricotiers ; un chaperon mobile en paille ou en carton bitumé, et une toile descendant jusqu'à 80 centimètres au-dessus du sol.

L'abricotier peut être soumis à plusieurs formes moyennes : à celles de palmettes, à branches courbées, à branches croisées, Gressent, etc. Mais, je le répète, la nécessité des abris m'a fait le restreindre presque aux deux premières formes que j'ai indiquées. Les personnes qui voudront passer outre n'ont qu'à choisir les formes qui leur plairont davantage. J'ai obtenu d'excellents résultats avec la forme en vase, et les abris ne sont pas dispendieux.

L'abricotier se greffe sur quatre sujets : sur prunier, sur abricotier franc, sur amandier et sur épine noire.

Le prunier est le sujet le plus communément employé ; il demande un sol de consistance moyenne, un peu calcaire et exempt d'humidité.

L'abricotier franc donne lieu à des arbres moins vigoureux que le prunier, il demande à peu près le même sol, et serait préférable au prunier pour le jardin fruitier, mais la difficulté de se procurer des noyaux en quantité suffisante a rendu ce sujet très rare.

L'amandier produit des arbres assez vigoureux, précieux pour les sols cailouteux et ceux exposés à la sécheresse, où le prunier donnerait de mauvais résultats.

Enfin l'épine noire donne lieu à des arbres faibles, mais elle pousse partout et quand même, jusque dans les sols

16.

qui refusent toute végétation au prunier et à l'amandier. L'épine noire, si on pouvait s'en procurer en assez grande quantité, serait le sujet préférable à tous pour les abricotiers en cordons. Toutes choses égales d'ailleurs, elle donnerait des fruits plus gros que tous les autres sujets, en raison du peu de vigueur de l'arbre.

On emploiera les moyens indiqués au poirier, page 177 et suivantes, pour former la charpente des arbres, en se souvenant toutefois que l'abricotier végète d'une manière diamétralement opposée au pêcher; il a toujours tendance à s'emporter par le bas et à se dégarnir du haut. Il faudra onc choisir pour l'abricotier des formes qui favorisent le développement du haut de l'arbre, et paralysent celui de la base. L'abricotier réussit bien en cordons verticaux, mieux qu'en oblique, où il produit toujours des gourmands. En outre, il ne faudra jamais oublier, en taillant l'abricotier, que c'est l'arbre le plus sujet à la gomme; il faut donc ne le tailler qu'avec des instruments très tranchants, et couvrir toutes les plaies un peu grandes avec du mastic à greffer.

Dans la plantation comme dans les fumures annuelles, il faudra aussi mélanger un peu de calcaire aux engrais. La même addition de calcaire est nécessaire pour toutes les espèces à noyaux indistinctement. Les noyaux sont formés en grande partie de phosphate de chaux; lorsque le sol est dépourvu de calcaire; les noyaux ne pouvant se former; les fruits tombent sans cause apparente.

Les rameaux à fruits de l'abricotier, comme ceux de tous les fruits à noyaux, sont formés l'année précédente, et ne fructifient qu'une fois. Il faut donc, comme pour le pêcher, obtenir de nouveaux rameaux à fruits tous les ans, et couper ceux qui ont fructifié. En outre, les fruits de l'abricotier, comme ceux de toutes les autres espèces, devront être obtenus très près de la branche mère, sur des onglets très courts, afin de permettre à la séve d'y arriver en abondance et sans obstacles.

Cela est facile, en employant les moyens suivants : Prenons pour exemple un abricotier d'un an, sortant de la pépinière, déplanté et replanté avec toutes ses racines. Cet arbre est destiné à faire un cordon vertical ; par conséquent, il doit être garni de rameaux à fruits de la base au sommet, et ces rameaux à fruits doivent être obtenus dans les conditions que j'ai indiquées (pl. 32, fig. 1).

Cet arbre est comme il est venu dans la pépinière, où il n'a reçu aucun soin. Il s'agit de convertir les rameaux vigoureux comme les faibles en rameaux à fruits. Commençons par le bas, comme toujours quand on taille un arbre.

Le rameau A, de vigueur moyenne, sera cassé en B, à 6 centimètres de longueur ; le rameau C est trop vigoureux pour être cassé, la gomme s'y mettrait ; il sera coupé au point D, et on conservera, en raison de sa vigueur, seulement un onglet de 1 centimètre environ ; tous les autres rameaux faibles et de vigueur moyenne seront cassés, les faibles à 5 centimètres, ceux de vigueur moyenne à 6.

L'abricotier ayant toujours tendance à produire des gourmands à la base, le prolongement, placé verticalement, sera taillé très long en E, pour attirer la séve au sommet de l'arbre, et la répartir dans une grande étendue de tige, moyen infaillible d'éviter les gourmands à la base.

Pendant l'été suivant, il se développera un ou deux bourgeons à l'extrémité du rameau A, cassé à 6 centimètres. Ces bourgeons seront pincés à 7 ou 8 centimètres, suivant leur vigueur. Si, pendant le cours de la végétation, le bourgeon A (fig. 2, pl. 32) devient trop vigoureux, et que les yeux de la base menacent de s'éteindre, il faudra tailler le rameau primitif en B, avec la serpette, sur le second bourgeon. A la fin de l'année, les yeux de la base se seront développés en petits dards longs de quelques millimètres et portant tous une quantité de fleurs. Au printemps, on taillera le rameau en C, et les yeux latents du point D fourniront à leur tour des dards pour l'année d'après, et le rameau primitif sera coupé au point E, lorsqu'il aura fructifié.

Tous les rameaux faibles et de vigueur moyenne qui ont été soumis au cassement à 4 et 5 centimètres subiront le même traitement, et donneront les mêmes résultats.

Le rameau C, très vigoureux, qui a été taillé à un centimètre, développera quatre ou cinq bourgeons ; ces bourgeons seront pincés à 4 centimètres environ ; les bourgeons anticipés qui naîtront à l'aisselle des feuilles des bourgeons pincés le seront à une feuille. Vers le mois de juillet, on verra plusieurs yeux percer le vieux bois au point A (fig. 3, pl. 32), à l'empatement des rameaux ; on supprimera tous les bourgeons, excepté deux, de vigueur moyenne, qu'on laissera allonger jusqu'à 25 centimètres ; s'ils dépassaient 30 centimètres, on en casserait 10 centimètres environ. Ces bourgeons sont destinés à absorber l'excédant de séve, mais ils ne doivent jamais être convertis en gourmands ; si l'excédant de séve a été bien dépensé par les bourgeons, les yeux situés au point A s'allongeront de quelques millimètres seulement, et produiront autant de petits dards couverts de fleurs. Le printemps suivant, on taillera en B sur ces dards.

Les yeux F se développeront naturellement, par l'effet de la taille longue appliquée à la tige, en dards couverts de fleurs, et longs de 1 à 5 centimètres. Les plus courts, même ceux qui n'auront qu'un centimètre de long, seront taillés. On enlèvera seulement l'œil qui les termine. Si on laissait cet œil, il produirait un bourgeon vigoureux, et ferait éteindre les yeux de la base, qui doivent fournir des dards pour l'année suivante. On taillera en B (fig. 4).

Les dards qui auront deux centimètres et plus seront taillés en A (même fig.) ; on conservera seulement un onglet de 15 millimètres environ. Cet onglet portera huit ou dix fleurs ; le seul fruit qui sera conservé deviendra magnifique, et l'effet de cette taille courte sera de faire développer en dards les yeux C pour l'année suivante, où le rameau qui aura fructifié sera coupé par sa base.

Les yeux G (fig. 1, pl. 32) produiront des bourgeons qu seront pincés à 4 ou 5 centimètres, suivant leur vigueur ; il naîtra un bourgeon anticipé à l'extrémité du bourgeon pincé ; ce nouveau bourgeon sera pincé lorsqu'il aura atteint la longueur de 10 centimètres. Ces deux opérations suffisent dans la majorité des cas ; lorsqu'il vient un troisième bourgeon, on casse le second à 10 centimètres de la branche mère, et le printemps suivant le tronçon du rameau pincé et cassé présente l'aspect de la figure 5 ; alors on taille en A, sur les fleurs les plus rapprochées de la base.

Quand il se développe un bourgeon très gros, destiné à produire un gourmand, on le pince à deux feuilles, afin d'arrêter la végétation au point de départ, et de diviser l'action de la séve en deux. Quelque temps après, il se développe deux bourgeons anticipés, que l'on pince à 5 centimètres ; puis, lorsque les troisièmes bourgeons ont atteint la longueur de 10 à 15 centimètres, il est rare qu'il ne se montre pas quelques rudiments d'yeux à la base du premier bourgeon. Alors on coupe le plus vigoureux des deux bourgeons à la base, et on casse le second à 10 centimètres de longueur. Les yeux situés sur l'empatement produisent des dards couverts de fleurs, comme à la fig. 3 ; au printemps, on enlève entièrement le rameau, et on taille sur les dards.

RESTAURATION

L'abricotier est l'arbre le plus commode et le plus facile à restaurer ; ses branches se dénudent facilement, il est vrai, mais il est si facile de les remplacer, et de faire naître du jeune bois sur ces arbres, qu'il faut ignorer complètement la taille, et n'avoir aucune connaissance des lois végétales pour avoir des abricotiers infertiles. L'abricotier obéit à la moindre concentration de séve; immédiatement, il produit une quantité de jeunes bourgeons qui percent le vieux bois et les vieilles écorces avec la plus grande facilité.

Admettons que la branche (fig. 1, pl. 33) soit une branche d'abricotier en espalier; il y en a beaucoup encore dans les jardins, et bien que je conseille de n'en pas planter à l'espalier, ce n'est pas une raison non-seulement pour ne pas soigner ceux qui sont tout venus, mais encore pour ne pas restaurer ceux qui peuvent l'être. Tous les vieux abricotiers sont à peu près dans l'état de cette branche. Les rameaux à fruits mal taillés ont acquis une longueur de 40 à 50 centimètres et ne fructifient plus que par les extrémités (A, même figure); toutes les parties B de ces branches à fruits sont éteintes. A d'autres endroits, nous trouverons des têtes de saule surmontées d'un petit rameau faible, végétant avec peine au milieu des nodosités et du bois mort (C, même figure).

Il sera impossible de redresser complétement la branche mère; on ne pourra le faire qu'en partie et progressivement, au fur et à mesure du développement de prolongements vigoureux. On commencera par tailler en D toutes les vieilles branches à fruit, en leur laissant seulement un talon d'un centimètre sur la branche mère; on enlèvera ensuite complétement les têtes de saule en E, et on recouvrira les plaies de mastic à greffer; il faut, en outre, enlever avec soin toutes les mousses et les vieilles écorces. On coupera ensuite environ un tiers de la branche en F, sur un bourgeon vigoureux; si ce bourgeon vigoureux ne se rencontre pas, ou même s'il est né sur une tête de saule, il sera préférable de couper la branche en biseau à une place bien saine, et d'y poser une greffe en couronne Du Breuil.

Pendant l'été qui suivra cette opération, il se dévelop-

pera des bourgeons aux points A (fig. 2, pl. 33), sur tous
les onglets des branches à fruit qui ont été coupées. Ces
bourgeons, traités comme je l'ai indiqué, seront couverts
de fleurs à la base et seront taillés très courts. L'effet du
rapprochement de la branche et des ramifications qu'elle
portait aura été de faire percer les bourgeons B sur le
vieux bois ; ces bourgeons, traités comme les précédents,
donneront les mêmes résultats, et vers la seconde ou la
troisième année de la restauration, la branche, redressée
en partie par l'addition des filets ligneux produits par les
prolongements, sera couverte en entier de rameaux à
fruits très productifs et longs à peine de deux centimètres.

Lorsque les branches sont attaquées par la gomme, il
faut les couper au-dessous des parties endommagées; il repousse un prolongement vigoureux, et on obtient, en peu
de temps, une branche neuve. Si toutes les branches de
l'arbre à restaurer étaient attaquées par cette maladie, il
faudrait en couper la moitié d'abord, à 25 ou 30 centimètres du tronc. On supprime, pour commencer, les plus
mauvaises, et on conserve les meilleures pour rapporter
des fruits, jusqu'à ce que celles qui ont été coupées d'a-
bord en produisent : alors on coupe les autres, et on obtient
ainsi, en deux fois, un arbre neuf.

Lorsque les abricotiers en cordon produisent des fruits
depuis longtemps, ils se dégarnissent ; il est facile de combler les vides par la greffe herbacée Jard, mais il arrive un
temps où la tige est ruinée; alors on laisse pousser verticalement un gourmand à la base, afin de lui faire acquérir
une grande vigueur, et l'année suivante on rabat l'arbre sur
ce gourmand, qui fournit un arbre neuf, que l'on traite
comme si on venait de le planter.

Toutes les fois qu'on restaurera des abricotiers, il faudra
faire les changements de terre indiqués pour le pêcher, et
leur donner également une fumure additionnée de calcaire.

PRUNIER.

Le prunier est un des arbres auxquels, malgré l'excellence de ses fruits, on a l'habitude de refuser tous les soins de culture. Cet arbre exige beaucoup de chaleur; sa place devrait être à l'espalier ou au moins aux endroits les plus chauds et les plus abrités du jardin fruitier; on le plante en plein vent où il est cultivé le plus souvent à haute tige dans les vergers, et comme pour témoigner de l'ignorance de ceux qui l'ont planté, il est, la plupart du temps, perché sur des coteaux, au nord et à l'ouest.

Si on fait cette observation à ceux qui ont planté, ils répondent : Bah! j'ai des prunes tout de même : cela est vrai dans certaines années; mais il n'est pas moins réel que si ces pruniers étaient placés de l'autre côté du coteau, au sud ou au sud-est, les fruits seraient plus gros, ils mûriraient mieux et plus vite, et il y en aurait le double.

Nous n'avons pas à nous occuper ici des prunes destinées à faire des pruneaux, mais seulement des plus belles et des meilleures variétés pour produire des fruits de table.

Le prunier peut être soumis à toutes les formes. On doit toujours le placer, sinon à l'espalier, au moins à l'exposition la plus chaude du jardin fruitier. Quand on veut obtenir une quantité de magnifiques prunes, il faut leur consacrer une partie de mur au sud, sud-est ou sud-ouest. On plante un peu de toutes les variétés en cordons obliques ou en cordons verticaux; cela demande peu de place, et on obtient toujours des fruits délicieux, faisant l'admiration de tout le monde. Mais souvent l'étendue des murs dont on dispose est à peine suffisante pour les pêchers, la vigne et les variétés de poires qui ne viennent qu'à l'espalier; alors il faut planter les pruniers en plein vent, et en choisissant bien les expositions on obtient encore des produits presque égaux à ceux de l'espalier.

Les pruniers donnent d'excellents résultats placés en aile de cages au midi, en cordons unilatéraux, bordant les plates-bandes d'espalier, au midi, au sud-est et au sud-ouest ; en cordons Gressent, au milieu des lignes du jardin fruitier, exposés à l'est, et parfaitement abrités ; en palmettes alternes Gressent, mêlés à des abricotiers dans les angles du jardin, abrités par les murs, et à l'exposition du sud-est et sud-ouest. Lorsqu'on aura une grande quantité de murs de clôture, on fera toujours bien de choisir les variétés les plus vigoureuses pour les soumettre à de grandes formes, et les placer à l'espalier au sud, sud-est ou sud-ouest.

Les meilleures variétés de prunes, pour en récolter le plus longtemps possible, sont pour les mois de :

Juillet.

Montfort, fruit gros, ovale, violet, de bonne qualité. Arbre fertile et vigoureux pour toutes formes. Exposition du sud, sud-est et sud-ouest.

Août.

Monsieur, fruit gros, rond, très beau, violet, excellent de qualité. Arbre vigoureux et fertile, bon pour toutes les formes. Exposition de l'est à l'espalier, du sud-est et du sud-ouest en plein vent. La prune de Monsieur acquiert une qualité et un volume remarquables à l'espalier, surtout dans les terres un peu légères.

Reine-Claude, fruit très gros à l'espalier, moyen en plein vent, vert et jaune, taché de rouge. La meilleure de toutes les prunes. Arbre vigoureux et très fertile, propre à toutes les formes d'espalier et de plein vent, à l'exposition du sud, sud-est et sud-ouest. Cette variété fait de très beaux vases.

17

Reine-Claude Victoria, fruit très gros, d'excellente qualité, arbre très fertile et de vigueur moyenne, pour les formes moyennes, à l'exposition de l'est et de l'ouest.

Drap d'or d'Esperen, fruit moyen, rond, jaune foncé, d'excellente qualité. Arbre fertile et de vigueur moyenne, pour les formes moyennes, à l'exposition de l'est et de l'ouest.

Pêche, fruit très gros, jaune, fortement coloré de rouge, ayant la teinte de la pêche, plus recherché pour son volume et pour son coloris que pour sa qualité. Arbre de vigueur moyenne, très fertile, et venant à toutes les expositions.

Ponds seedling, fruit magnifique, couleur pourpre, et d'excellente qualité. Arbre assez fertile et de vigueur moyenne pour formes moyennes. Exposition de l'est et de l'ouest.

Jefferson, fruit très gros, jaune rouge, ovale, d'excellente qualité. Arbre fertile et vigoureux, bon pour toutes les formes, et surtout pour vases. Exposition du sud-est, sud-ouest, de l'est et de l'ouest.

Septembre.

Kirh'ès, fruit énorme, violet bleu, excellent. Arbre fertile et très vigoureux, propre aux plus grandes formes. Cet arbre peut être utilisé à l'espalier et en plein vent comme porte-greffe. Il fournit très vite une excellente charpente, et il est toujours avantageux, lorsque le bas de l'arbre est bien établi, de greffer le haut en variétés moins vigoureuses, cela fait gagner beaucoup de temps et augmente sensiblement le produit.

Admettons qu'il s'agisse de faire un candélabre à branches obliques avec un prunier Kirh'ès (pl. 15, fig. 2). Nous formerons les branches A et B, même figure, avec le prunier Kirh'ès, puis nous poserons, au mois d'août, des écussons de variétés moins vigoureuses sur les coudes de ces branches, pour fournir les branches G, H, I. Les branches de l'intérieur C, D, E, F pourront également être fournies par des variétés plus faibles encore. On peut greffer autant de variétés qu'il y a de paires de branches correspondantes, en ayant toutefois le soin de greffer les deux branches semblables, les deux branches C, D, E ou F, en mêmes variétés, pour les obtenir toutes deux de vigueur égale.

REINE CLAUDE VAN MONS, fruit très gros, fortement coloré de rouge, de très bonne qualité. Arbre vigoureux et fertile. Exposition de l'est.

REINE CLAUDE VIOLETTE, fruit moyen, violet, de bonne qualité. Arbre vigoureux et fertile. Exposition de l'est et de l'ouest.

REINE CLAUDE DE BAVAY, fruit magnifique, ressemblant à la reine claude, en ayant la qualité, mais beaucoup plus gros. Cette prune a été déclarée mauvaise, elle l'est en effet quand on ne sait pas la faire mûrir et qu'on n'a pas la patience de l'attendre.

La reine claude de Bavay doit être cueillie à maturité complète et conservée au moins quinze jours au fruitier; elle peut s'y garder un mois. Dans ces conditions, elle égale la reine claude en qualité, mûrit fin septembre et peut se garder jusqu'en octobre.

Arbre fertile, de vigueur moyenne, très rustique, propre à toutes les formes et venant à toutes les expositions.

COÉ GOLDEN DROP, fruit très gros, ovale, jaune, piqué de rouge, excellent. Arbre de vigueur moyenne, assez fertile, pour formes moyennes. Exposition de l'est et de l'ouest.

Octobre.

SURPASSE MONSIEUR, fruit superbe et très savoureux, très précieux par sa tardivité. Arbre assez fertile et de vigueur moyenne, formes moyennes. Exposition du sud-est et du sud-ouest.

Washington, fruit très gros, globuleux, jaune verdâtre, coloré de rouge, excellent. Arbre fertile et très vigoureux, propre aux plus grandes formes d'espalier et plein vent, très bon pour vases. Exposition du sud-est et du sud-ouest, de l'est et de l'ouest.

Novembre.

Saint-Martin, fruit violet moyen, de qualité passable. Son plus grand mérite est sa tardivité. Ce fruit se conserve quelquefois au fruitier jusqu'en décembre, époque où il est très recherché pour les desserts. Arbre de vigueur moyenne, formes petites et moyennes, à l'exposition de l'est et de l'ouest. Le principal mérite de ce fruit étant sa maturité tardive, on pourra en placer un ou deux arbres au nord-est et au nord-ouest, et même au nord, pour en retarder encore la maturité.

Taille.

On emploiera pour la formation de la charpente du prunier les moyens indiqués pour le poirier. Les variétés les plus vigoureuses pourront être soumises à la forme en vase, à l'est et à l'ouest, quand toutefois ces vases seront abrités naturellement par une ligne d'arbres plus élevée, et artificiellement au printemps.

Le prunier, fleurissant plus tard que l'abricotier et le pêcher, n'exige pas de toiles, un simple chaperon mobile suffit pour assurer la fécondation.

On obtient les rameaux à fruit du prunier par les mêmes moyens que ceux de l'abricotier, mais avec cette différence que le prunier étant moins sujet à la gomme, on peut se servir plus souvent des cassements, moyen très prompt et très énergique pour faire naître des fleurs à la base des rameaux.

Supposons la branche pl. 33, fig. 3, un rameau de prolongement de prunier de l'année précédente. Au printemps suivant, ce prolongement ne présentera dans toute son étendue que des yeux à bois; il sera taillé, suivant son inclinaison, de manière à lui faire développer tous ses yeux jusqu'à la base.

Le premier tiers, les yeux A, produira des petits rameaux longs de quelques millimètres, portant une couronne de boutons à fleur à leur extrémité et au centre de laquelle il y a toujours un œil destiné à prolonger le rameau l'année suivante.

Les yeux B, du second tiers, produiront des petits dards longs de trois à six centimètres, couverts de boutons à fleur, et portant des yeux à la base et au sommet.

Les yeux C, du troisième tiers, produiront des bourgeons vigoureux, qui seront soumis au pincement à quatre ou cinq centimètres, suivant leur vigueur; les bourgeons anticipés qui naîtront sur ce premier pincement seront pincés à six centimètres. Si ces bourgeons devenaient trop vigoureux, on casserait pendant l'été à huit centimètres de la base du premier bourgeon. Ces rameaux mutilés porteront tous des yeux et des boutons à fleur à la base.

Le printemps suivant, notre prolongement présentera l'aspect de la fig. 3, pl. 33. On laissera intacts les rameaux A, mais on surveillera le développement du bourgeon produit par l'œil placé au centre des boutons à fleur. Ce bourgeon sera pincé à quatre centimètres au plus, afin d'obtenir d'abord des fleurs à sa base, et, les années suivantes, de nouveaux rameaux à fruits sur l'empatement du rameau primitif, ce qui ne pourrait avoir lieu si on laissait ce bourgeon s'allonger.

Les rameaux B seront taillés en D, sur un onglet de quinze à vingt millimètres, portant des fleurs. Cette taille courte concentrera l'action de la séve sur les fruits, et aura pour effet de faire développer les yeux latents de la base en nouveaux dards pour l'année suivante. Quelque courts que soient les dards du second tiers, il faut toujours enlever l'œil terminal; c'est un œil à bois : la séve exerce une pression énergique sur cet œil; il produit infailliblement un bourgeon vigoureux; et dès l'instant où ce bourgeon a atteint une longueur de 25 à 30 centimètres, non-seulement les yeux de sa base destinés à fournir des productions fruitières pour l'année suivante sont éteints, mais encore ce bourgeon très vigoureux est fort difficile à mettre à fruit.

Les rameaux C, du troisième tiers, qui ont été soumis au pincement et même au cassement pendant l'été précédent, seront taillés en C, sur des onglets très courts, portant des fleurs et des yeux à la base comme les précédents.

RESTAURATION.

Le prunier peut être restauré par les moyens que j'ai indiqués pour l'abricotier; seulement on ne doit pas oublier que cet arbre produit moins facilement des bourgeons sur le vieux bois. C'est à l'opérateur de remédier à cet inconvénient avec des greffes par approche, pour regarnir les branches dénudées.

La terre doit être changée pour la restauration du prunier, comme pour celle de toutes les espèces, et les engrais additionnés de calcaire, comme pour toutes les espèces de fruits à noyaux.

Il sera toujours utile de chauler entièrement les arbres soumis à la restauration, aussitôt que les branches seront débarrassées des mousses et des vieilles écorces, mais cette opération devient indispensable pour toutes les espèces à noyaux.

VINGT-TROISIÈME LEÇON

—

CERISIER.

J'ai dit précédemment que l'abricotier et le prunier étaient peu cultivés, je pourrais ajouter que le cerisier ne l'est pas du tout, et que les plus belles variétés de cerises sont presque inconnues. Et cependant le cerisier est la providence des maîtresses de maison; il donne en abondance des fruits superbes (quand on les cultive) depuis la fin de mai jusqu'aux premiers jours de novembre; ces fruits sont jolis; excellents, très sains, parfaits crus, délicieux en confitures et confits à l'eau-de-vie. En outre, une pyramide de cerises fait toujours sensation quand on la place dans un dessert à la fin de mai, et surtout à l'arrière-saison, dans les mois de septembre, octobre et même dans les premiers jours de novembre.

Il n'existe pas d'arbre plus fertile que le cerisier; il n'en est pas non plus de plus facile à conduire et de plus complaisant pour se plier à toutes les formes qu'on veut lui imposer.

Le cerisier s'accommode non-seulement de toutes les formes, mais encore de toutes les expositions, de quelque manière qu'on le place, et partout où on le mette, il donne des fruits en abondance, et surtout des fruits magnifiques quand on se donne la peine de le tailler. Cet arbre peut être soumis à toutes les formes d'espalier et de plein vent, sans exception ; on n'a qu'à choisir des variétés dont la vigueur est en harmonie avec le développement qu'on veut leur donner.

Commençons par examiner les variétés qui doivent être introduites dans le jardin fruitier, le parti que l'on peut en tirer, et leur époque de maturité, pour récolter des cerises de mai à novembre.

Variétés mûrissant pendant les mois de :

Mai.

Anglaise hative, fruit gros, arrondi, rouge foncé excellent de qualité. Arbre fertile et très vigoureux propre aux plus grandes formes d'espalier et de plein vent. La cerise anglaise hâtive est très douce ; ses fruits sont mangeables le 15 mai ; quand elle est placée en espalier au midi, ou en aile de cage d'espalier à la même exposition, en vase à l'est ou à l'ouest, elle donne des fruits excellents jusqu'à la fin de juin.

Juin.

Impératrice Eugénie, fruit gros, rouge foncé, légèrement acidulé, très parfumé. C'est une des meilleures cerises douces et une des plus précoces, tenant une place très honorable dans le jardin fruitier. Arbre vigoureux et fertile, propre à toutes les formes, donnant ses fruits de très bonne heure en aile de cage d'espalier au midi, et formant de très beaux vases à l'exposition de l'est et de l'ouest.

Montmorency a longue queue, fruit gros, excellent, une des meilleures cerises acides. Arbre très fertile, de vigueur moyenne, bon pour cordons unilatéraux, palmettes alternes et formes moyennes de plein vent à toutes les expositions.

Guigne noire, fruit très gros, magnifique quand il est cultivé, presque noir en dessus et très coloré en dedans. Il ne faut pas en abuser dans le jardin fruitier, mais un arbre soumis à une grande forme y est nécessaire. La guigne noire est très précoce, le fruit est assez bon cru, et il offre une précieuse ressource pour faire de la liqueur. L'arbre, très vigoureux et très fertile, vient très vite en plein vent, à toutes les expositions. C'est un excellent porte-greffe ; on gagne beaucoup de temps en conservant son fruit jusqu'au tiers ou jusqu'à la moitié de la hauteur qui lui est destinée, et en greffant les étages supérieurs en variétés de cerises plus faibles.

Juillet.

ROYALE, fruit très gros, rouge vif, d'excellente qualité. Arbre de vigueur moyenne, excellent pour cordons unilatéraux et formes moyennes à l'ouest, au nord-est et au nord-ouest.

DOWNTON, joli et excellent bigarreau, le seul qui mérite d'être introduit dans le jardin fruitier. Fruit gros, rose foncé, excellent. Arbre vigoureux et très fertile, propre aux plus grandes formes de plein vent, précieux en palmettes alternes à côté d'un arbre faible. Exposition de l'est et de l'ouest.

REINE-HORTENSE, fruit très gros, rouge vif, d'assez bonne qualité. C'est une des plus grosses cerises ; elle est très recherchée pour son volume. Arbre peu fertile, mais très vigoureux, propre aux plus grandes formes de plein vent. Aux expositions de l'est et de l'ouest.

MONTMORENCY COURTE-QUEUE, la plus belle et la meilleure des cerises acides. Il n'y en a jamais assez dans le jardin fruitier. Le fruit, très gros et d'un rouge vif est d'une qualité remarquable ; l'arbre, très fertile, est peu vigoureux ; il donne les meilleurs résultats en cordons unilatéraux et en palmettes alternes Gressent, entre deux arbres vigoureux, à l'exposition de l'est ou de l'ouest.

BELLE DE CHOISY, la meilleure de toutes les cerises ; fruit gros, rouge foncé, très parfumé et d'une saveur très

17.

agréable. Arbre vigoureux et très fertile, propre à toutes les formes sans exception, exposition de l'est et de l'ouest.

BELLE DE SCEAUX, fruit très gros, rouge vif, de qualité supérieure. Arbre vigoureux et fertile, toujours trop rare dans le jardin fruitier, propre à toutes les formes de plein vent. Exposition de l'est et de l'ouest.

ADMIRABLE DE SOISSONS, variété très remarquable, fruit très gros, rouge vif, de qualité supérieure. Arbre de vigueur moyenne, très fertile, bon pour toutes les formes. Exposition de l'est et de l'ouest.

PLANCHOUY, fruit superbe et excellent, rouge vif. Arbre très fertile et de vigueur moyenne, propre aux formes moyennes de plein vent, excellent pour cordons unilatéraux et pour palmettes alternes Gressent. Exposition de l'est et de l'ouest.

SPA, très belle variété, fruit gros, rouge vif, très bon, mais demandant à être mangé très mûr ; dans le cas contraire, il est un peu amer. Arbre fertile, assez faible ; la meilleure forme à lui imposer est le cordon unilatéral ou la palmette alterne entre deux arbres vigoureux. Cette cerise mûrit à la fin d'août et dans la première quinzaine de septembre. Exposition de l'est et de l'ouest.

BELLE MAGNIFIQUE, superbe variété, fruit excellent, mûrissant quinze jours avant la cerise de Spa. Arbre vigoureux et fertile, bon pour toutes les formes, à toutes les expositions.

Le Congrès pomologique a pris cette cerise pour la précédente ; je lui demande très humblement pardon de rectifier cette erreur, mais les variétés sont très distinctes ; elles ne mûrissent pas ensemble, et les fruits sont aussi différents que l'arbre.

Septembre.

DUCHESSE DE PALLUAU, fruit très gros, rouge foncé, d'une qualité supérieure. L'arbre, très vigoureux, est d'une fertilité remarquable et propre à toutes les grandes formes de plein vent. Cette excellente variété est aussi précieuse par la rare beauté et la bonté de son fruit que par sa prodigieuse fertilité. Avec trois cerisiers de duchesse de Palluau, un en vase, à l'est ou à l'ouest, les deux autres en ailes de cages d'espalier au nord, on fournit une maison de cerises superbes et excellentes pendant tout le mois de septembre.

Je demande encore très humblement pardon au Congrès pomologique d'interjeter appel de son jugement contre la Duchesse de Palluau, mais l'expérience de la culture de ce fruit précieux me fait un devoir de le placer en première ligne comme un des plus beaux ornements et une des plus importantes ressources du jardin fruitier. Avec la Duchesse de Palluau et la cerise de Spa, on ne manque jamais de cerises dans le mois de septembre, ce dont les maîtresses de maison nous remercient tous les jours.

Octobre.

CERISE DU NORD, fruit très gros, rouge foncé, un peu acide, mais excellent quand il est très mûr; le meilleur de tous pour les confitures et les cerises à l'eau-de-vie. Cette excellente variété n'a que le défaut de n'être pas assez connue. L'arbre, de vigueur moyenne, est très fertile et peut être soumis à toutes les formes, à toutes les expositions, même à celle du nord en espalier, ou en ailes de cages d'espalier au nord.

La cerise du nord, très acide quand elle n'est pas assez mûre, devient excellente à maturité complète. Le meilleur moyen de la manger toujours bonne, et de la conserver jusque dans les derniers jours de novembre, est de la laisser à l'arbre jusqu'aux gelées; elle se conserve parfaitement ainsi et peut encore se garder longtemps au fruitier.

MORELLO DE CHARMEUX, fruit gros, rouge vif, de bonne qualité. Arbre assez fertile et vigoureux, propre à toutes les formes moyennes de plein vent. Exposition de l'est, de l'ouest, du nord-est, du nord-ouest et même du nord, en espalier ou en ailes de cages d'espalier au nord.

Cette variété précieuse, à cause de sa tardivité, mûrit très irrégulièrement. Quelques fruits mûrissent dès le mois de septembre, et les autres prolongent leur maturité jusqu'à la fin d'octobre. Il est donc urgent de placer le Morello de Charmeux à des expositions froides, pour retarder encore sa maturité, et surtout l'obtenir régulière. Les expositions du nord-est et du nord-ouest sont les préférables ; les fruits y mûrissent plus également et plus tard. Les premières gelées les surprennent quelquefois aux arbres ; dans ce cas, il faut observer le temps, cueillir les fruits et les rentrer au fruitier, où ils peuvent se conserver encore quelque temps.

Culture.

Le cerisier se greffe sur trois sujets : sur merisier, sur prunier de Sainte-Lucie et sur cerisier franc. Ces trois sujets viennent dans les mêmes sols ; le choix à faire entre eux est plutôt subordonné aux formes qu'on veut leur donner qu'à la nature du sol. Le cerisier, je l'ai dit déjà, est l'arbre le moins difficile sur la nature du sol ; il pousse et donne des fruits partout où les autres espèces ne peuvent vivre. Il ne redoute que les sols argileux ; il prospère dans les sols siliceux, et donne de bons résultats dans les sols essentiellement calcaires, où toutes les espèces à noyau finissent par périr.

Le merisier produit des arbres vigoureux ; il est spécialement employé pour greffer les cerisiers à haute tige qu'on plante dans les vergers ; il pourra cependant être employé exceptionnellement dans le jardin fruitier pour les plus grandes formes, comme les arbres à cinq ailes.

Le prunier de Sainte-Lucie donne lieu à des arbres

moins vigoureux, mais ce sujet croît naturellement dans les sols calcaires; il est préférable dans les sols médiocres. Ensuite, étant moins vigoureux que le merisier, il produit des fruits plus gros et des arbres plus fertiles, surtout pour les formes moyennes. C'est le sujet le plus communément employé et le préférable pour le jardin fruitier, surtout pour les petites formes.

Le cerisier franc donne lieu à des arbres de vigueur moyenne; il serait préférable au merisier et au prunier de Sainte-Lucie pour les grandes formes, mais ce sujet n'étant pas régulièrement cultivé en pépinière, on a dû y renoncer malgré ses qualités.

Taille.

Le cerisier, soumis à n'importe quelle forme, se traite par les moyens que nous avons indiqués pour le poirier, et, comme tous les fruits à noyaux, il exige dans le sol, une certaine proportion de calcaire qu'il est toujours facile d'ajouter aux engrais.

Les rameaux à fruit s'obtiennent à peu de chose près comme ceux du prunier, mais avec cette différence que le cerisier poussant très vigoureusement, doit être pincé plus sévèrement, surtout lorsqu'il est soumis à la forme en cordons unilatéraux, celle qui, toutes choses égales d'ailleurs, donne les plus beaux fruits.

Admettons que la figure 4, pl. 33, soit un cerisier sortant de la pépinière, replanté avec toutes ses racines, pourvu de ses rameaux, et destiné à la forme en cordons unilatéraux ou en palmettes alternes : dans ces deux cas, il faut obtenir des rameaux à fruits le plus vite possible de la base au sommet. On casse les rameaux latéraux A, de 4 à 6 centimètres de longueur, suivant leur vigueur; les plus gros à 4 centimètres environ de la base; les vigoureux à 5; ceux de vigueur moyenne et les plus faibles à six.

Les bourgeons qui se développeront au printemps au sommet des rameaux cassés, seront pincés à 5 centimètres, les seconds bourgeons seront pincés à 5 centimètres également, et s'il en repoussait un troisième on casserait pendant l'été le premier bourgeon à l'endroit du premier pincement, à 5 centimètres de la base de ce bourgeon.

Les bourgeons produits par les yeux B (pl. 33, fig. 4) seront pincés à 6 centimètres environ, les seconds bourgeons à 5 centimètres, et s'il en pousse un troisième on cassera le bourgeon primitif à 6 ou 7 centimètres de sa naissance.

Au printemps suivant, l'arbre présentera l'aspect de la fig. 1, pl. 34. Les rameaux cassés à 4 centimètres porteront plusieurs bouquets de fleur à la base; ceux cassés à 5 et 6 centimètres porteront également plusieurs boutons à fleurs à la base, parmi lesquels il y aura des yeux. Les bourgeons nés des yeux B, qui ont été soumis au pincement et au cassement, porteront également des boutons à fleur et des yeux à la base.

Tous ces tronçons de rameaux seront taillés en C (fig. 1, pl. 34), sur les fleurs les plus rapprochées de la base, c'est-à-dire sur des onglets de 10 à 15 millimètres, portant des quantités de fleurs qui, attachées sur la branche mère, ou très près, produiront des fruits superbes. Les yeux de la base produiront à leur tour de nouveaux bourgeons, et des petits rameaux à fruits très courts l'année suivante, et le talon qui aura fructifié sera taillé à son tour sur ces nouvelles productions.

Les prolongements du cerisier développeront souvent des bourgeons anticipés à leur extrémité. Il faudra, surtout pour les cordons unilatéraux et les palmettes alternes Gressent, pincer ces bourgeons très sévèrement, c'est-à-dire aussitôt qu'ils montreront leur seconde paire de feuilles, et pincer aussi très court, à deux ou trois feuilles, le bourgeon qui poussera après ce premier pincement. Le résultat de ces pincements réitérés sera de faire naître des boutons à fleur à la base de ces bourgeons (B, pl. 34, fig. 2). Si on laissait développer ces bourgeons librement, ils deviendraient très longs et ne produiraient de fruits que l'année suivante, après avoir été soumis au cassement (A, pl. 34, fig. 2).

Lorsque les arbres sont destinés à de grandes formes, on pince les bourgeons anticipés des prolongements à quatre centimètres environ, et on laisse pousser le second bourgeon librement. Il y a moins de fleurs l'année suivante, mais la branche est plus vigoureuse. On taille sur les boutons à fleur les plus rapprochés de la base, et il naîtra sur l'empatement de nouveaux bourgeons qui fourniront des boutons à fleur pour l'année suivante.

Je suis très partisan des cerisiers en cordons unilatéraux, c'est la forme qui donne les fruits les plus gros. Les jardiniers qui ne veulent pas faire les pincements se contentent de tailler les arbres une fois pour toutes, et disent que le cerisier ne peut aller en cordons unilatéraux, parce qu'il pousse trop de bourgeons. Ils ont raison en principe, si on n'applique pas les opérations d'été ; mais comme il n'y a pas de fructification sérieuse possible sans les opérations d'été, et que la taille que j'enseigne est diamétralement opposée à celle qu'appliquent les jardiniers, j'affirme de la manière la plus positive que le cerisier, en choisissant les variétés faibles et de vigueur moyenne, donne les plus brillants résultats en cordons.

Pendant les deux premières années, le cerisier demande plus de pincements et de cassements en vert que les autres espèces, voilà tout. La troisième année, lorsque les opérations d'été ont été bien faites, il ne demande pas plus de travail que les autres arbres ; la production de fruits est telle, et les fruits sont si gros, qu'ils absorbent la majeure partie de la séve.

Prenons pour exemple un rameau très vigoureux, cassé à 3 ou 4 centimètres ; ce rameau, traité comme je l'ai indiqué, portera à sa base, le printemps suivant, plusieurs petits dards longs de quelques millimètres seulement (pl. 34, fig. 3); il sera taillé en A. La seconde année, pendant que ces deux dards fructifieront, il se formera à leur base de nouvelles productions semblables, et il se développera également des dards sur l'empatement du rameau primitif. La troisième année, cet empatement du rameau présentera l'aspect de la fig. 4, pl. 34. Alors on taillera en A, même figure; la quantité de fruits attachée sur cet empatement du rameau s'opposera au développement de bourgeons vigoureux, et cette production de bouquets de fleurs augmentera tellement, que bientôt on sera dans la nécessité d'en supprimer une partie.

Restauration.

Le cerisier est peut-être l'arbre le plus difficile à restaurer, d'autant plus difficile qu'il est presque entièrement ruiné quand il cesse de produire. Vouloir sa restauration dans cet état serait tenter de ressusciter un cadavre. Cependant lorsque, comme trop souvent, le cerisier a été mutilé maladroitement, qu'il est encore jeune, et surtout que ses branches ne sont pas attaquées par la gomme, il est encore facile d'en tirer parti et de lui faire produire d'abondantes récoltes.

Dans ce cas, on rapproche les vieilles branches, afin de donner de la vigueur aux bourgeons; on en supprime un tiers ou un quart seulement, suivant leur état. On favorise le développement de bourgeons vigoureux pour combler les vides à l'aide de la greffe herbacée Jard; on traite tous les nouveaux bourgeons comme je l'ai indiqué plus haut. On enlève, au fur et à mesure de la formation des nouveaux rameaux à fruits, les têtes de saule, non pas toutes à la fois, ce qui pourrait déterminer la gomme, mais une partie une année, une autre l'année suivante et celle d'après, et au bout de trois ans environ on parvient encore à faire un excellent arbre, très productif, d'un cerisier qu'on eût volontiers jeté au feu.

VINGT-QUATRIÈME LEÇON

—

VIGNE.

La vigne doit occuper une large place dans le jardin fruitier, afin de fournir une abondante provision de raisins non-seulement pendant la saison, mais encore pour une partie de l'hiver.

La vigne a été cultivée et taillée jusqu'à ce jour, dans la plupart des jardins, avec la même insouciance et la même ignorance que les arbres fruitiers ; dans la majorité des cas, elle est placée dans des conditions où elle ne peut donner que des récoltes accidentelles, et soumise à des formes contraires à toutes les lois de la fructification.

Hâtons-nous de dire, avant d'aller plus loin, que les tonnelles et les berceaux de vigne si fort prisés par les cabaretiers, ne peuvent pas donner de récoltes sérieuses. Indépendamment de son cachet de cabaret, cette forme est contraire à la végétation de la vigne, elle est impossible quand on veut récolter du raisin. Les tonnelles, comme les berceaux de vigne, ne devront jamais paraître dans le jardin fruitier, excepté sous le climat de l'olivier.

Depuis le nord de Paris jusqu'à la Loire, la vigne ne devra être cultivée qu'en espalier contre des murs à l'est, au sud-est et au sud-ouest, et exceptionnellement en cordons, bordant des plates-bantes d'espalier au midi, et encore ne

faudra-t-il cultiver dans ces conditions qu'un très petit
nombre de variétés, pour être assuré de récolter une quantité égale de raisins, et de raisins mûrs, tous les ans.

J'entends enseigner ici une culture de vigne sérieuse, et
surtout donnant des résultats exacts. Mon but est de donner dans tous mes jardins, non-seulement une grande
quantité de fruits de premier choix et de première qualité
sur un très petit espace de terrain, mais encore d'obtenir chaque année une récolte égale en quantité et en
qualité. Voilà pourquoi, sous un climat aussi inconstant
que le nord et une partie du centre de la France, la vigne
destinée à produire du raisin de table, ne peut être cultivée que dans les conditions que j'ai indiquées.

La proscription que je fais peser sur les berceaux,
tonnelles et autres palissages analogues, qui semblent
n'avoir été inventés que pour crever les yeux et décoiffer
toutes les dames assez vaillantes pour en approcher, sou-
lèvera, je le sais, des réclamations de la part de certains
amateurs (il existe bien des gens qui regrettent les coucous)
et de bon nombre de jardiniers; la majeure partie dira :
le professeur se trompe, j'ai récolté du raisin excellent
cette année ! Par les chaleurs tropicales de 1861, je vous l'ac-
corde, mais en 1860 ? Ah, monsieur, l'année ne valait rien,
le raisin n'a pas mûri. Merci, monsieur, cela suffit à l'édifica-
tion de mes lecteurs.

Les seules variétés de raisins que je cultive, depuis le
nord de Paris jusqu'à la Loire, sont :

MADELEINE, raisin blanc de qualité passable, mais dont
le principal mérite est la précocité; il mûrit dans la seconde
quinzaine de juillet. Il faut en être très sobre dans le jardin
fruitier et ne le planter qu'en espalier, à l'exposition du
midi, pour obtenir des fruits de très bonne heure.

CHASSELAS DE THOMERY. Cette variété est le fond de la
plantation du jardin fruitier. Le fruit est excellent, ses
grains peu serrés et ses grappes de moyenne grosseur, mûrissant toujours bien; s'il entre cent pieds de vigne dans le

jardin fruitier, on doit planter au moins quatre-vingts pieds de chasselas de Thomery. Il mûrit vers le 10 septembre, et peut se garder au fruitier jusqu'en mars.

CHASSELAS ROSE, excellent raisin, très recherché pour son coloris, en ce qu'il fait diversité dans les desserts.

FRANKENTAL, raisin noir magnifique, grappes très grosses, grains énormes, très recherché pour les desserts, dont il est un des plus beaux ornements. De plus, ce raisin est tellement doux qu'il est toujours mangeable, même à moitié mûr ; espalier, à l'exposition du midi.

MUSCAT D'ALEXANDRIE, le seul que l'on puisse cultiver avec quelques chances de succès en pleine terre, et encore en le plaçant en espalier à l'exposition du midi ; on ne doit compter récolter des raisins parfaitement mûrs que tous les deux ou trois ans.

Le muscat est un excellent raisin, mais il faut en être très sobre dans le jardin fruitier, en planter deux ou trois pieds au plus ; car, je ne saurais trop le répéter, il n'y a pas de produit plus inconstant que celui-là.

Je clos ici ma liste de variétés de raisins, les collectionneurs vont crier *haro !* Je leur répondrai : Mes plantations de vignes sont pauvres en variétés, cela est vrai, mais tous mes jardins sont très riches en excellents raisins. Les amateurs de verjus sont libres de planter autant de variétés qu'ils le voudront ; mais mon opinion est que la terre doit produire une rente élevée, et que tout arbre qui ne donne qu'une récolte accidentelle dans des années exceptionnelles, doit être banni du jardin fruitier.

Culture.

La vigne n'est pas très difficile sur la qualité du sol, mais elle redoute par-dessus tout l'humidité. Il lui faut des sols légers, perméables, exempts d'humidité et un peu calcaires. Plus l'exposition sera froide et plus on se rapprochera du nord, plus le sol devra être léger, perméable et exempt d'humidité.

Un mot sur la multiplication de la vigne est nécessaire, pour éclairer les propriétaires qui veulent en planter. La vigne se reproduit toujours par marcottes; on laisse sur une souche de vignes des bourgeons vigoureux, et l'année suivante on couche les sarments en terre (A, pl. 34, fig. 5); on relève l'extrémité et on taille sur un ou deux yeux hors de terre (B, même figure ; l'année suivante, il pousse un ou plusieurs bourgeons vigoureux ; le cambium élaboré par les feuilles de ces bourgeons, fait pression sur les yeux de la partie enterrée et y détermine l'émission de racines (C, même figure). L'hiver suivant, on sèvre la marcotte, c'est-à-dire qu'on la coupe au point D, on l'arrache et on la livre au commerce. C'est ce qu'on appelle une marcotte à racine nue, et ce qu'on plante la plupart du temps.

Ces marcottes reprennent incontestablement, mais elles font attendre leurs premiers fruits plusieurs années, trois ans au moins, temps nécessaire pour former un bon appareil de racines, qui leur permette de pousser vigoureusement.

Les pépiniéristes éclairés marcottent la vigne par les mêmes procédés, mais avec cette différence qu'au lieu de coucher le sarment en pleine terre, ils le placent au milieu d'un panier rempli de terreau, enterré à cet effet (E. même figure). Après avoir sevré la marcotte en F, on retire le panier de terre et on l'expédie tel qu'il est représenté fig. 6, pl. 34.

Le terreau ayant fourni une nourriture très abondante aux jeunes racines, elles ont atteint de grandes proportions, et se sont fait jour à travers les interstices de l'osier (A, même figure). Une marcotte faite dans ces conditions a le double de racines; le panier étant replacé en terre, les principales racines ne sont pas exposées au contact de l'air. L'effet de la déplantation est nul sur les vignes en panier, aussi poussent-elles vigoureusement, et donnent-elles toujours des fruits la première année après la plantation.

Les vignes en panier coûtent plus cher que les marcottes à racines nues. Les premières valent 1 franc, les secondes de 60 à 75 centimes. C'est donc une économie de 30 à 35 centimes en moyenne que l'on fait en plantant des marcottes à racines nues, économie désastreuse s'il en fut jamais, car les vignes en panier rapportent vingt fois la valeur de la différence en raisin, pendant qu'on attend patiemment pousser les autres, et qu'on remplace les morts, ce qui a très rarement lieu avec les vignes en panier.

Avant de nous occuper de la plantation de la vigne, une courte explication sur la nature des engrais à lui donner est nécessaire. L'expérience a prouvé de la manière la plus positive que les engrais azotés, appliqués à la vigne, produisaient beaucoup de bois, du bois très vigoureux, et peu ou point de fruits, tandis que les silicates de potasse, mêlés à des détritus de végétaux produisaient l'effet, contraire, peu de bois, mais une grande quantité de fruits très savoureux. Le résultat de ces expériences, dues à M. Persoz, nous donne la clef de la fumure de la vigne.

Quand on plante un arbre fruitier quelconque, il faut d'abord obtenir une bonne charpente, bien constituée, établie sur du bois vigoureux, et couvrir ensuite ce bois de rameaux à fruits. Donc, lorsque nous planterons de la vigne, nous fumerons abondamment avec des engrais azotés : déchets de laine en première ligne, ou des engrais animaux à leur défaut, afin d'obtenir très promptement une charpente vigoureuse et un volumineux appareil de racines. Quand la charpente sera établie, nous nous servirons des silicates de potasse mélangés à des détritus végétaux pour faciliter la production des fruits.

Si les vignes sont pourvues d'une charpente très vigoureuse, nous leur donnerons comme fumure des feuilles décomposées, ou du sarment coupé menu, mêlé à des plâtras réduits en poudre, des vieux mortiers de chaux, ou à des cendres de charbon ou de houille. Dans le cas où les vignes auraient produit beaucoup de fruit, il serait bon de mêler aux platras, au vieux mortier ou aux cendres, une certaine quantité de fumier d'écurie, ou des composts dont j'ai indiqué la fabrication page 40.

Lorsqu'on plante de la vigne, on ne saurait trop se défier des vieilles habitudes et des déplorables préjugés dont l'application compromet souvent l'existence de cet arbrisseau. Les vieux jardiniers ont l'habitude de coucher en une seule fois une très grande longueur de bois ; j'en ai vu coucher jusqu'à quatre mètres à la fois. Dans ce cas, voici ce qui a lieu : la partie enterrée étant très longue, et les bourgeons très peu nombreux, les feuilles produites par les bourgeons (A. et B pl. 35, fig. 1) ne peuvent élaborer assez de cambium pour qu'il puisse parcourir toute la partie nouvellement couchée, faire pression à l'extrémité des racines C, et concourir à leur accroissement. Le cambium élaboré par les feuilles des bourgeons nés des yeux A et B, fait pression sur la courbure D, et y fait développer les racines E; ces racines s'allongent, absorbent à leur profit tout le cambium, et alors non-seulement toute la partie F qui a été enterrée, privée de cambium n'émet pas de racines, mais encore les anciennes pourrissent faute de nourriture ; la partie couchée meurt au point G, et la vigne n'est plus pourvue que d'un appareil de racines très restreint.

Quand on veut obtenir de nouvelles racines et conserver les anciennes, il ne faut jamais coucher plus de 40 centimètres de bois à la fois; lorsqu'on en couche davantage, on obtient bien des racines sur la courbure, mais on s'expose toujours à perdre les anciennes. Dans ce cas, il vaudrait mieux se tenir tranquille.

La racine de la vigne, comme celle de tous les autres arbres, doit être proportionnée à la tige. Quand la racine est trop longue, il en périt toujours une grande partie. L'expérience a prouvé qu'une racine de 80 centimètres de longueur était suffisante pour nourrir une vigne d'un assez grand développement. Lorsqu'elle est plus longue, l'extrémité pourrit au grand détriment de la vigne. En conséquence, nous procéderons ainsi à la plantation de la vigne :

Pour l'espalier, on fera un trou de 40 centimètres cubes, à 40 centimètres en avant du mur (pl. 35, fig. 2); on mettra environ 10 centimètres d'épaisseur de l'engrais dont on disposera, au fond du trou, et on le mélangera bien avec la terre du fond (A, même figure). On placera ensuite le panier de vigne B au fond, en ayant soin de piquer le talon de la marcotte C, qui sort toujours du panier un peu inclinée en bas, dans le talus du trou; on répandra de l'engrais tout autour du panier, et on étalera bien toutes les racines qui en sortent; on mettra un peu de terre mélangée d'engrais en avant du panier, puis on couchera le sarment jusqu'au point D, on le fixera, solidement en terre avec un crochet en bois; l'extrémité sera taillée en E, sur un œil, en ayant la précaution d'en conserver un au niveau du sol, puis on recomblera le trou, en ayant soin de mélanger la terre avec de l'engrais. La terre devra toujours être défoncée à 80 centimètres au moins avant de procéder à la plantation.

L'année suivante, la vigne plantée offrira l'aspect de la fig. 3, pl. 35. Le bout de la marcotte piqué en terre aura produit des racines. (A, même figure); le panier sera entièrement pourri, et les racines qu'il contenait dans l'espace B seront étendues de tous côtés; la partie couchée C a produit aussi des racines. Si la tige est très vigoureuse, on procédera au second couchage en faisant un trou de 40 centimètres de la ligne D, au mur; on découvrira les nouvelles racines avec la plus grande précaution, et de manière à ne pas les endommager au point E, puis on couchera la tige sur la ligne F, en mêlant la terre avec les engrais comme pour la plantation, et on taillera sur le troisième œil, au-dessus du sol.

L'année suivante, la racine offrira l'aspect de la fig. 4,

pl. 35; elle sera longue de 80 centimètres, et couverte de radicelles vigoureuses de la base au sommet. Les courbes A, B, C et D (même figure), empêchant le cambium de faire irruption trop violente au point A, contribuent puissamment à ramifier la racine sur toute sa longueur. Une vigne ainsi plantée et enracinée peut produire des raisins en abondance pendant cinquante ans.

Si la tige n'était pas assez vigoureuse pour opérer le second couchage la deuxième année, il faudrait la rabattre et attendre à la troisième. J'ai dit qu'à la plantation comme au couchage, il fallait tailler sur le premier œil hors de terre, et en réserver un rez du sol. Cet œil est pour pourvoir aux accidents ; dans le cas où celui sur lequel on a taillé ne se développerait pas, on formerait la tige avec celui-là.

La plantation de la vigne pour cordons, au bord des platesbandes d'espalier au midi, se fera, comme je viens de l'indiquer, avec cette différence que le panier sera posé en sens opposé, la tige devant venir au bord de la plate-bande au lieu de s'appliquer contre le mur.

Je n'adopte que trois formes pour la vigne ; l'expérience m'a prouvé que c'étaient les meilleures et les plus fertiles ; je les ai adoptées à l'exclusion de toutes autres, ce sont :

1° Les CORDONS CHARMEUX, à coursons opposés pour les murs de toutes les hauteurs ;

2° La FORME EN SERPENTEAU, due à un jardinier des environs de Dieppe, nommé *Gourdain.* Cette forme est excellente, facile à exécuter, et donne d'abondants produits sur les murs de 2 mètres à 2 mètres 50 d'élévation ;

3° Les CORDONS DE VIGNE GRESSENT, pour placer au bord des plates-bandes d'espalier au midi.

FORMATION DE LA CHARPENTE.

Cordons Charmeux a coursons opposés (pl. 35, fig. 5). Cette forme, assez nouvelle, est la plus productive ; elle est due à M. R. Charmeux, l'arboriculteur le plus distingué, je ne dirai pas de Thomery, mais de France. Les cordons à coursons opposés sont, certes, une des plus importantes innovations de notre époque ; ils remplacent toutes les autres formes avec avantage.

Dans le principe, les treilles si renommées de Thomery avaient été établies sur deux bras latéraux (pl. 35, fig. 6). Ces bras avaient une longueur totale de 2 m. 20 cent. ; ils présentaient un immense inconvénient, celui de produire des coursons très vigoureux à la base et à l'extrémité, et très faibles au milieu. C'est cet inconvénient, très préjudiciable pour la récolte, qui a fait chercher à M. Charmeux une autre forme pour la vigne.

Je ne dirai rien des vignes qui étendent leurs bras gigantesques dans la plupart des jardins ; je me contenterai de dire que les coursons doivent être placés à 25 centimètres les uns des autres, que chaque courson doit produire annuellement au moins une grappe de raisin ; puis, j'inviterai les propriétaires à bien regarder leurs vignes avant de lire les lignes qui suivent ; et après les avoir lues, ce qu'ils verront sera beaucoup plus éloquent pour les convaincre que tout ce que je pourrais leur dire.

Lorsque la vigne plantée commencera à pousser la première année, il faudra palisser le bourgeon destiné à former la tige sur un échalas, et avoir soin de supprimer, au fur et à mesure de leur développement, toutes les vrilles qui apparaîtront et tous les bourgeons anticipés qui naîtront à l'aisselle des feuilles. Ce bourgeon ne doit porter que des feuilles, et ne jamais dépasser la longueur de 60

18

à 65 centimètres ; s'il devient plus long, on le soumet au pincement.

On laisse souvent acquérir aux bourgeons de la vigne une longueur démesurée, de 2 mètres et plus. C'est une faute capitale, car, dans ce cas, les yeux de la base sont mal constitués, et ce sont les seuls dont on ait besoin.

Lorsque le sarment est assez vigoureux pour être couché la seconde fois, on procède à cette opération, et on taille sur trois yeux pour former des coursons opposés, en ayant le soin de choisir un œil placé en avant pour fournir le prolongement (pl. 35, fig. 7).

Quand on taillera la vigne, il faudra, comme pour toutes les espèces à bois mou et à moelle très abondante, prendre le soin de laisser un onglet de 15 millimètres environ au-dessus de l'œil : car dans ces espèces, la mortalité descend toujours à 1 centimètre au-dessous de la coupe, et fait périr l'œil lorsqu'elle est faite trop près de lui. Il faut en outre pratiquer le biseau, de manière à ce que, si la vigne pleure, la sève qui s'échappe ne puisse couler sur cet œil et le désorganiser (pl. 35, fig. 8). Ce simple détail a une très grande importance dans la taille de la vigne, surtout dans celle des chasselas, qui se taillent sur un œil. Lorsque la coupe est faite trop près, l'œil s'éteint, et il n'y a pas de fruits. Les tailles mal faites sont souvent l'unique cause de la stérilité des treilles.

J'ai dit que les coursons devaient être placés à 25 centimètres de distance. On place des lignes horizontales de fil de fer sur le mur, la première à 30 centimètres du sol, les autres à 25 centimètres de distance, afin d'obtenir une paire de coursons à chaque fil de fer.

J'ai dit également que les cordons verticaux à coursons opposés pouvaient être plantés contre des murs de toutes les hauteurs. Les cordons à coursons opposés ne devant pas porter plus de six paires de coursons, il faudra planter le double de vignes contre les murs qui excéderont une hauteur de 1 mètre 60 centimètres. Lorsque le mur n'a pas 2 mètres de hauteur, on plante les vignes à 70 centimètres de distance; lorsqu'il est plus élevé, on les plante à 35 centimètres. La moitié des vignes couvre la moitié inférieure du mur A (pl. 35, fig. 5), et l'autre, B, la moitié supérieure.

Ceci posé, revenons à notre pied de vigne taillé à trois yeux. La vigne porte des yeux alternes (pl. 35, fig. 8), et il faut que nous obtenions des coursons opposés (pl. 35, fig. 5), c'est-à-dire deux bourgeons où il n'existe qu'un œil. Cela paraît difficile au premier abord, et cependant rien n'est plus simple ni plus facile en opérant ainsi :

La vigne, taillée sur trois yeux, produira trois bourgeons. On a choisi, pour fournir le prolongement, un œil situé en avant. Les deux bourgeons de la base A et B (pl. 36, fig. 1) porteront des fruits. On leur conservera chacun une grappe de raisin; ils seront palissés presque horizontalement et pincés à 40 centimètres environ.

Le bourgeon C, le prolongement, est destiné à fournir la première paire de coursons.

Dès qu'il aura dépassé le premier fil, et qu'une feuille sera à peu près à la hauteur de ce même fil de fer, le bourgeon sera coupé en D au-dessus de cette feuille. Quelque temps après, il poussera à l'aisselle de la feuille, au-dessus de laquelle l'amputation a été faite, un bourgeon anticipé; dès que ce bourgeon aura atteint la longueur de 4 ou 5 centimètres, on le cassera à sa base pour faire développer l'œil placé à côté. Si on conservait ce bourgeon anticipé, il acquerrait une longueur énorme, mais resterait toujours infertile, tandis que celui produit par l'œil placé à côté sera court, très gros, très fertile, et abondamment pourvu d'yeux à la base. On laissera ce bourgeon s'allonger jusqu'à la fin de la saison.

Au printemps suivant, notre vigne opérée présentera l'aspect de la fig. 2, pl. 36. Les deux bourgeons qui ont produit des grappes seront entièrement supprimés en A; le prolongement qui a poussé librement sera taillé en B sur le premier œil, bien apparent et bien développé. Cet œil devra fournir un prolongement destiné à former une seconde paire de coursons.

Au réveil de la végétation, il poussera sur le talon cinq ou six bourgeons au point C ; lorsque ces bourgeons auront atteint une longueur de 5 à 6 centimètres, on choisira les deux plus vigoureux, un de chaque côté, aux points D et E, pour former la première paire de coursons, puis on cassera tous les autres à la base. Les deux bourgeons conservés seront palissés avec soin et pincés à 40 centimètres.

Dès que le nouveau prolongement aura fourni une feuille, et par conséquent un œil au niveau du second fil de fer, il sera coupé au-dessus de cet œil, et le bourgeon anticipé sera cassé pour faire développer l'œil stipulaire qui est placé à côté.

La troisième année, la vigne présentera l'aspect de la fig. 3, pl. 36. Alors on taillera les deux bourgeons conservés à droite et à gauche du talon, aux points A, sur le premier œil bien constitué, afin d'obtenir aux points B deux bourgeons qui produiront des grappes, et aux points C des bourgeons de remplacement pour l'année suivante. Le prolongement sera taillé en D, sur le premier œil bien développé, pour fournir un nouveau prolongement et obtenir sur le nouveau talon le développement de deux autres bourgeons, qui formeront l'année suivante une seconde paire de coursons.

Le printemps suivant, la vigne présentera l'aspect de la fig. 4, p. 36. Alors on taillera les premiers coursons en A sur les sarments de remplacement, puis les deux sarments en B sur le premier œil bien développé, afin de produire deux bourgeons : un, le plus éloigné du vieux bois, pour donner des fruits, et l'autre à la base pour asseoir la taille de l'année suivante. Le second étage de coursons sera taillé en C, pour fournir également deux bourgeons : l'un pour donner les fruits, l'autre pour fournir le bois de remplacement. Le troisième prolongement sera taillé en D, pour fournir un nouveau prolongement qui sera traité comme les autres, et une troisième paire de coursons, et ainsi de suite jusqu'à parfait achèvement.

Ce mode de formation de la charpente de la vigne est long, cela est incontestable; on ne peut obtenir qu'une paire de coursons par an; mais lorsque cette charpente est achevée, le produit est considérable. Prenons pour exemple la fig. 1, pl. 37. C'est une vigne pourvue de ses six paires de coursons; elle a 1 mètre 80 centimètres de hauteur, et occupe en largeur 70 centimètres, ce qui fait une surface totale de 1 mètre 26 centimètres.

Cette vigne porte douze coursons; chacun produira infailliblement deux grappes de raisin bon an mal an, ce qui nous fera un produit de vingt-quatre grappes de raisin sur 1 mètre 26 centimètres de mur, produit qui équivaut à 2,856 grappes de raisin pour un mur de 100 mètres de long et de 3 mètres d'élévation.

Lorsque le mur sera assez élevé pour exiger deux étages de vignes (pl. 35, fig. 5), on laissera pousser un unique bourgeon pour l'étage le plus élevé, les ceps B, pl. 35, fig. 5. On enlèvera sur les bourgeons toutes les vrilles et tous les bourgeons anticipés. Dans aucun cas, on ne devra leur laisser acquérir une longueur excédant 60 à 65 centimètres, pour les tailler, au printemps suivant, de 45 à 50 centimètres de longueur, et ainsi de suite, d'année en année, jusqu'à ce qu'ils aient atteint les points C, où on formera les premiers coursons par les moyens que j'ai indiqués.

J'insiste sur la longueur du bois à obtenir chaque année quand on a besoin d'une tige très élevée. La longueur du bourgeon ne doit jamais excéder 70 centimètres, et celle du sarment taillé 50. On ne peut monter, il est vrai, que de 50 centimètres par an; c'est long, mais on obtient une charpente excellente et assurée contre toutes les déceptions. J'insiste, dis-je, sur ce point, parce que les jardiniers ont toujours tendance à laisser allonger démesuré-

18.

ment les bourgeons, et à les tailler beaucoup trop longs. Dans ce cas, je le répète, le sarment qui fournit la base de l'arbre est faible, mal constitué; il repousse souvent des prolongements beaucoup plus gros que le sarment qui les a produits, et lorsqu'on veut mettre une telle production à fruit, on n'obtient qu'une grappe de loin en loin; puis enfin on est forcé de venir rabattre au pied, après plusieurs années de lutte infructueuse, pour obtenir une meilleure charpente. Si on eût bien opéré tout de suite, on aurait eu une excellente vigne, très fertile à l'époque où on a été forcé de rabattre et de tout recommencer.

La forme en cordons verticaux à coursons opposés est très longue à faire; mais c'est la meilleure, la plus fertile, la mieux équilibrée, et par conséquent la plus durable. La répartition de la séve est égale entre les coursons de la base et ceux du sommet. Toutes les sections qui ont été faites au-dessus de chaque paire de coursons aux points A (pl. 37, fig. 1) pour les former, sont autant d'entraves à la trop brusque ascension de la séve vers le sommet. Chacune de ces sections imprime un temps d'arrêt à la séve, et la force à se répandre également dans tous les coursons.

LA FORME EN SERPENTEAUX est moins longue à obtenir; elle est aussi plus facile, et par conséquent plus à la portée des jardiniers; elle donne d'excellents résultats et des produits très abondants; mais les vignes seront de moins longue durée qu'aux cordons verticaux à coursons opposés. La vigne en serpenteaux est incontestablement une des meilleures formes pour les murs de hauteur moyenne.

On plante les vignes avec les soins que j'ai indiqués, à 1 mètre 20 centimètres de distance. On partage cette largeur de 1 mètre 20 centimètres, destinée à être occupée par la vigne, en trois parties égales de 40 centimètres chacune (pl. 37, fig. 2). Pour cette forme, il suffit de placer des lignes de fils de fer horizontales, distantes de 35 centimètres. Les trois divisions indiquées sur la fig. 2, pl. 37, sont faites avec des lattes de sciage ; puis on dessine un serpenteau bien égal, avec un gros fil de fer dans celle du milieu (même figure).

Lorsque la vigne est arrivée contre le mur au point E, on la taille à trois yeux. Les deux latéraux produisent des bourgeons qui donnent des raisins ; celui du haut fournit le prolongement. Ce prolongement, taillé à 50 centimètres environ le printemps suivant, est palissé sur le serpenteau ; la première année il atteint le point F. On a le soin de tailler sur un œil au-dessus, G, afin d'obtenir un second prolongement vigoureux, que l'on palisse au fur et à mesure sur le serpenteau, pour l'empêcher de s'emporter, et distribuer également la séve dans les ramifications de la base.

Pendant l'été, les bourgeons H se développent ; on les palisse et on les pince à 40 centimètres ; ils fourniront des coursons pour l'année suivante, où ils seront taillés en I, et ainsi de suite, jusqu'à ce que le serpenteau soit couvert jusqu'en haut du mur, et les coursons formés de la base au sommet.

Le sarment J, qui est placé au milieu de la cavité du serpenteau, est taillé sur trois ou quatre yeux. Ce sarment, en raison de cette taille longue, produira toujours une quantité de fort belles grappes de raisin. On conservera un bourgeon de remplacement à la base, et chaque année on le taillera sur trois ou quatre yeux pour remplacer celui qui aura fructifié. Dans aucun cas, les bourgeons ne doivent dépasser les lattes A et C ; ils ont 40 centimètres pour s'étendre ; c'est suffisant.

Cette forme couvre vite le mur ; elle le couvre complétement, et elle produit beaucoup, un peu moins que les coursons opposés ; mais la différence n'est pas très sensible, et le temps qu'elle fait gagner me la fait souvent préférer dans mes jardins fruitiers.

Les CORDONS DE VIGNE GRESSENT sont assez vite formés, et ils produisent beaucoup. On les établit à un ou à deux rangs, suivant la largeur de la plate-bande d'espalier.

Les cordons à un rang ont une élévation de 80 centimètres, et peuvent être placés au bord des plates-bandes de 1 mètre 50 centimètres de large. On les établit sur trois fils de fer, le premier à 40 centimètres du sol, le second à 60 et le troisième à 80.

Les cordons à deux rangs ont une élévation de 1 mètre 20 centimètres; ils se placent au bord des plates-bandes de 2 mètres de large, et sont établis sur cinq rangs de fils de fer, le premier à 40 centimètres du sol, et les autres distants de 20 centimètres.

L'usage établi est de faire les cordons de vigne sur deux bras, comme l'ancienne treille de Thomery. Cette forme offre d'immenses inconvénients : souvent les bras sont trop longs; dans ce cas, ils ne produisent de fruits qu'à la base et à l'extrémité. Deux bras sont ensuite plus difficiles à équilibrer qu'un seul, et il en résulte souvent des vides dans la plantation. Frappé de ces inconvénients, j'ai planté les vignes à un mètre de distance, pour les cordons à un rang; je les ai élevées sur une seule tige, que je couche sur le premier fil de fer placé à 40 centimètres du sol, et lorsqu'elles se rejoignent, je les greffe par approche les unes sur les autres. La greffe par approche a pour effet d'égaliser la végétation et d'éviter les vides. Je forme ensuite des coursons sur toute la longueur, et je palisse les bourgeons sur les deux autres fils de fer, dans un angle de 45 degrés (pl. 38, fig. 1).

Pour les cordons à deux rangs, je plante les vignes à 50 centimètres, je couche le premier rang sur le premier fil de fer, et le second sur le troisième, puis je palisse mes bourgeons en sens inverse (pl. 38, fig. 2).

La plantation des cordons de vigne demande les mêmes soins que celle de l'espalier; elle se fait comme je l'ai indiqué précédemment. En moins de quatre ans, ces cordons sont formés et produisent d'abondantes récoltes. Ils donneraient plus de fruits en coursons opposés, mais la question de temps est assez à considérer pour me faire passer outre dans ce cas.

RAMEAUX A FRUITS.

Les fruits de la vigne viennent sur des bourgeons produits par des sarments nés l'année précédente; plus on taille long, plus le bourgeon de l'extrémité, le plus éloigné de la base, porte de fruits. Il faut concilier dans la taille les exigences de ce mode de fructification propre à la vigne, avec la conservation des coursons, qui ne doivent jamais s'allonger. On obtient assez de fruits, et on conserve parfaitement les coursons en taillant ainsi : les chasselas et la madeleine sur un œil, les muscats sur trois yeux, et le frankental sur quatre.

Commençons par les chasselas qui se taillent sur un œil, mais sur un bon œil, gros, bien formé, et non sur un œil avorté, comme cela a lieu souvent : dans ce cas, la taille ne produit pas de fruits.

Supposons la fig. 3, pl. 38, un bourgeon né l'année précédente et destiné à former un courson; il y a deux conditions à remplir : obtenir des fruits et un bourgeon le plus près possible du vieux bois, bourgeon destiné à produire des fruits l'année suivante, et devant être placé de façon à nous permettre de raccourcir constamment le talon du courson, au lieu de l'allonger, comme cela se fait souvent.

L'œil A est le plus rapproché de la base, du moins parmi ceux qui sont bien formés; nous taillerons dessus en D, avec la certitude de lui voir produire un bourgeon très fertile. Si nous eussions taillé sur l'œil B, qui n'est pas bien formé, nous n'aurions pas de fruit; nous en serions encore privés si la section était faite en E, l'œil A périrait infailliblement. Les yeux B et C fourniront des bourgeons de remplacement pour l'année suivante. Il ne nous en faut qu'un; nous choisirons l'œil C plus près de la base, et nous ébourgeonnerons l'œil B, qui ne servirait à rien.

L'année suivante, on taillera en F, sur le sarment fourni par l'œil C, et ce sarment sera taillé, comme nous venons de le faire pour celui qui aura fructifié à cette époque.

Pour les muscats qui se taillent à trois yeux, on opère ainsi, afin de ne pas laisser allonger les coursons. Dès que la végétation s'éveille, on éborgne les yeux B, C, D et E (pl. 38, fig. 4), et on en conserve seulement deux, l'œil A pour produire des fruits, et l'œil F pour fournir le bois de remplacement. En ébourgeonnant ainsi, les coursons du muscat, et même du frankental, qu'on taille sur quatre yeux, ne s'allongent pas plus que ceux des chasselas. L'année suivante, quand l'œil A aura fructifié, on taillera en G, sur le sarment qu'aura produit l'œil F, et ainsi de suite, d'année en année.

On laisse presque toujours deux bourgeons sur les coursons, un à l'extrémité pour produire des fruits; l'autre à la base pour fournir le bois de remplacement. Il est cependant deux cas exceptionnels dans lesquels on n'en laisse qu'un : celui dans lequel tous deux n'auraient pas de fruits, et celui dans lequel ils en porteraient tous deux.

Dans le premier cas, le bourgeon fructifère est inutile, on taillera sur le bourgeon de la base ; dans le second, une trop grande quantité de fruits épuiserait la vigne; on taillera également sur le bourgeon le plus rapproché du vieux bois. Ces deux cas sont exceptionnels.

La conservation, comme la fertilité de la vigne, dépendent en grande partie de l'ébourgeonnement. Si les vignes étaient bien ébourgeonnées, elles produiraient toujours de très beaux fruits, et ne se couvriraient jamais de ces coursons aussi difformes que hideux à voir, qu'on rencontre sur toutes les vieilles vignes; il y en a de gros comme le poing et de longs comme la main. Une vigne couverte de semblables difformités, non-seulement ne produit presque plus rien, mais est incapable encore de produire des raisins passables.

Dès que les yeux s'allongent et qu'ils ont atteint la longueur d'un centimètre, il faut impitoyablement casser tous ceux qui ne servent à rien, et ne conserver que les deux indispensables à la fructification et au remplacement. Cette opération est très vite faite, quand on s'y prend à temps; on ébourgeonne 100 mètres de mur en moins de trois heures.

Au fur et à mesure du développement des bourgeons conservés, il faut avoir soin d'enlever les vrilles qui emploient de la séve inutilement; il faut également supprimer les bourgeons anticipés qui naissent à l'aisselle des feuilles du bourgeon qui porte les grappes, et de celui destiné à le remplacer. Le bourgeon fructifère ne doit porter que deux grappes de raisin et des feuilles; celui de remplacement, que des feuilles. Tous les bourgeons anticipés qui se développent vivent aux dépens des fruits et de la fructification pour l'année suivante.

Dès que les deux bourgeons conservés ont atteint la longueur de 35 à 40 centimètres, il faut les soumettre au pincement; ils ne doivent plus s'allonger; si on leur laisse produire des bourgeons, soit à l'aisselle des feuilles, soit à l'extrémité, c'est au détriment de la récolte.

Chez la vigne, le fruit ne mûrit qu'avec le bois. Les raisins mûrissent difficilement sous notre climat; c'est donc au cultivateur à hâter autant que possible sa végétation, pour lui faire mûrir à la fois ses bourgeons et ses fruits. Rien ne prolonge plus la végétation de la vigne, et ne retarde autant la maturité du raisin que la production incessante de ces longs bourgeons qui s'accrochent partout, étouffent tout, et ne font produire que du verjus à la vigne. Cela est déplorable, mais il en est ainsi dans bien des jardins.

L'incision annulaire, appliquée à la vigne lors de l'épanouissement des fleurs, hâte la maturité du raisin de quinze jours à trois semaines; elle empêche la coulure, si fréquente pendant les orages, et augmente d'un tiers environ le volume des fruits. Il y a bien des années que je répète cela dans-tous mes cours, et il y a bien peu de vignes incisées. Cela n'avait rien d'étonnant quand il fallait pratiquer l'incision annulaire avec le greffoir; c'était très long, difficile, et souvent l'opération était mal faite; mais aujourd'hui, grâce au *coupe-séve* fabriqué par Saladin, cette opération se fait parfaitement et très vite.

L'incision annulaire doit être pratiquée pendant l'épanouissement de la fleur, et être faite immédiatement au-dessous de son point d'attache.

Dès que les deux bourgeons conservés sur chaque courson ont acquis un peu de consistance, et qu'il est possible de les ployer un peu sans les casser, il faut les palisser sur les fils de fer avec du jonc. Le palissage est un puissant auxiliaire pour arrêter le développement des bourgeons anticipés, et indépendamment de cet avantage il contribue à hâter la maturité. Tous les bourgeons des coursons doivent être palissés sévèrement, dans un angle de 40 degrés environ.

Il est encore un moyen très énergique pour hâter la maturation du fruit et du bois, c'est la suppression de quelques feuilles. Il faut que cette opération soit faite avec discernement, dans le cas contraire le remède serait pis que le mal. On opère ainsi :

Lorsque le raisin a atteint le volume qu'il doit acquérir, on commence par supprimer les feuilles difformes et celles qui sont trop près du mur. Quand il est tourné, on supprime encore quelques feuilles autour des grappes, sans cependant les découvrir; puis enfin, quand il est presque mûr, on enlève les feuilles qui recouvrent les grappes, afin de les colorer.

Il est une autre opération qui contribue également à hâter la maturation et à augmenter la qualité des fruits : c'est le cisellement. Il serait injuste d'exiger cette opération des jardiniers; elle leur prendrait trop de temps, et c'est ce qui leur manque le plus souvent; mais je ne saurais trop engager les propriétaires et les amateurs à l'appliquer. Le cisellement consiste à enlever, avec des ciseaux pointus, l'extrémité des grappes. Les grains du bout de la grappe ne mûrissent jamais, ils végètent toujours, retardent la maturation de la grappe, et absorbent une portion de séve dépensée inutilement.

A Thomery, on enlève non-seulement l'extrémité de la grappe, mais encore tous les grains avortés qui sont à l'intérieur, grains à peine gros comme les plus petits pois, et qui restent toujours verts. Ce sont des femmes qui font ce travail, et le résultat est une augmentation notable dans la qualité et dans le volume des raisins.

La vigne demande un abri constant, c'est le seul arbre qui se trouve bien des chaperons à demeure. A Thomery, les murs portent des chaperons en tuile de 30 centimètres de saillie. Dans le cas où on ferait construire ou réparer des murs, on pourra y ajouter des chaperons en tuile, de 30 centimètres de saillie, mais pour la vigne seulement. Lorsqu'il n'y a pas de chaperons à demeure, il faut en placer de mobiles, comme pour les autres espaliers, et les laisser le plus longtemps possible.

RESTAURATION.

Il est difficile de restaurer la vigne, car elle est souvent dans un état de décrépitude telle quand on nous la confie, qu'il est impossible de lui donner une forme régulière. On peut lui faire rapporter des fruits en rapprochant de beaucoup les énormes branches au trois quarts mortes, en faisant sauter toutes les têtes de saule, et en établissant de nouveaux coursons. La nature nous aide souvent; lorsqu'un courson a été négligé et qu'il est devenu difforme comme celui de la planche 38, fig. 6, la séve, ne pouvant plus pénétrer par ce dédale de nœuds, détermine souvent la naissance d'un bourgeon A, à côté de l'ancien courson. Alors on l'enlève en B, et on taille le sarment en C ; c'est un courson tout neuf, qui produira des fruits superbes.

Dans tous les cas, même sur les vignes bien tenues, on profite toujours de ces bourgeons pour renouveler les coursons.

Lorsque la vigne est en trop mauvais état, il vaut mieux la couper au pied, changer la terre tout autour de la racine, et marcotter les sarments qui naîtront sur la vieille souche ; c'est un moyen assez prompt. Lorsque le raisin ne vaut rien, on déchausse la vigne et on lui applique la greffe en fente bouture, décrite à la page 60.

La vigne est attaquée par plusieurs insectes, notamment par les kermès ; on les détruit par les moyens indiqués aux maladies du poirier. Sa maladie capitale est l'oïdium, que tout le monde ne connaît que trop. Je n'ai pas à parler ici des recettes et des remèdes de bonnes femmes publiés chaque jour par cent journaux, où le coupeur de canards est chargé de la partie agricole, et par les almanachs qui se mêlent aussi de culture : que leurs erreurs leur soient légères ! Le seul moyen curatif, contre l'oïdium, celui du moins qui a été employé avec succès contre ses ravages, est le soufrage. Il n'en existe pas d'autre sérieux jusqu'à présent.

Les personnes qui voudront conserver des raisins très longtemps sans être ridés, devront les laisser après la vigne et ne les cueillir qu'à l'apparition des fortes gelées. A cette époque, ils sont aussi frais qu'au mois de septembre, et on peut les garder encore longtemps dans un bon fruitier.

VINGT-CINQUIÈME LEÇON

—

GROSEILLIER, FRAMBOISIER, FIGUIER, NÉFLIER ET COGNASSIER.

GROSEILLIER.

Le groseillier est un charmant petit arbuste, très fertile, donnant des fruits indispensables pour la confection des confitures et des sirops ; on est dans l'usage de le placer aux expositions qui ne lui conviennent pas, dans des sols qui lui sont contraires, et de lui accorder chaque année un coup de croissant pour toute culture. Aussi, récolte-t-on des groseilles pitoyables.

Le groseillier demande un sol frais, un peu calcaire; on peut en tirer un parti avantageux dans le jardin fruitier en le plantant en touffes à l'exposition du nord-est et du nord-ouest, et en vase dans les angles des plates-bandes, à toutes les expositions.

On fait de fort jolis vases de groseilles, en y mêlant des groseilles rouges, roses, blanches et des cassis. On leur donne 1 mètre 20 à 1 mètre 50 de diamètre et de hauteur, et on les forme avec plusieurs pieds de fruits différents. Lorsque le groseillier est cultivé en touffe, on doit toujours le dégarnir du centre pour y faire pénétrer la lumière. En outre, les bourgeons latéraux du groseiller doivent être soumis aux pincements lorsqu'ils ont acquis la longueur de 5 à 6 centimètres. Il se forme une quantité de boutons à fleurs à la base du rameau, on taille sur ces fleurs au printemps suivant.

En opérant ainsi, on récolte non-seulement le double de fruits, le double en volume, mais encore les groseillers produisent constamment des fruits de la base au sommet, et jamais, les rameaux à fruits ne s'éteignent la seconde année, comme dans les groseilliers abandonnés à eux-mêmes, qui ne fructifient qu'à l'extrémité.

Les groseilliers doivent être plantés un peu creux, et on doit toujours les placer dans une cavité destinée à les faire profiter abondamment des eaux pluviales.

Les groseilliers épineux et les cassis végètent absolument comme le groseillier à grappes, et se traitent de même.

Je ne donne pas de liste de variétés de groseilliers; j'indiquerai seulement les meilleures variétés parmi les groseilliers à grappes.

Groseille de Versailles, à fruits rouges et à fruits blancs, très bonne et très fertile.

Impériale, fruits rouges, blancs et couleur chair, très belle et très bonne variété, peu connue.

Groseille de Bar, variété des plus recommandables, délicieuse pour faire des confitures.

Gloire des sablons, fruit jaune, panaché de rouge, recherché pour les desserts, et n'ayant que le mérite de son originalité.

Il y a une foule de variétés de groseilles épineuses; les Anglais se sont livrés à cette culture ; ils ont obtenu des variétés superbes. Le plus sage est de choisir dans leurs catalogues.

Quand on plantera des cassis, il ne faudra prendre qu'une seule variété, le *cassis de Naples*, excellent, et fournissant de belles grappes, tandis que les autres variétés ne donnent que des grains.

FRAMBOISIER.

Le framboisier n'est pas moins négligé que le groseillier, bien qu'il soit tout aussi utile. Quand on veut se donner la peine de le cultiver et de le tailler, on obtient des quantités prodigieuses de fruits superbes, sur les plus petits espaces.

On plante les framboisiers au milieu d'une plate-bande de 2 mètres de large, un peu creuse au milieu, pour leur conserver une fraîcheur constante (A, fig. 5, pl. 38), et on les plante à 1 m. 50 cent. d'intervalle. On place ensuite sur chacun des bords de la plate-bande, à 20 centimètres de l'allée, une ligne de fil de fer élevée de 50 centimètres au-dessus du sol.

Le framboisier fructifie sur du bois de deux ans, et le bois qui a fructifié meurt à la fin de l'année. Chaque année, il pousse au pied une quantité de nouveaux bourgeons qui produisent des fruits l'année suivante. Notre but est donc d'obtenir une quantité de bourgeons donnée, et aussi une quantité de fruits égale chaque année. La production du fruit, comme celle du bois, sera réglée sur la taille.

Les fruits du framboisier apparaissent sur les bourgeons mixtes, bourgeons qui se développent la seconde année, fructifient et meurent comme la tige qui les a produits. Pour obtenir une grande quantité des plus belles framboises, nous nous contenterons de quatre drageons, qui seront soumis à la taille pour fournir des fruits. Par conséquent, il nous faudra obtenir chaque année, sur la souche, quatre bourgeons vigoureux pour les remplacer.

On placera, au pied de chaque framboisier, des tuteurs de 1 mètre 20 à 1 m. 50 cent. de hauteur (B, pl. 38, fig. 5).

On choisira, parmi les bourgeons qui naîtront sur la souche, les quatre plus vigoureux, et on détruira tous les autres. Les quatre bourgeons conservés seront attachés au tuteur B; pendant le premier été, ils acquièrent une longueur de 1 mètre 50 à 2 mètres.

Le printemps suivant, ces quatre bourgeons seront soumis à la taille; on supprimera environ le tiers de leur longueur totale, et on les attachera en C, deux de chaque côté, sur les deux fils de fer. L'effet de cette taille et de l'inclinaison sera de faire développer des bourgeons mixtes, de la base au sommet, et par conséquent d'obtenir des fruits du bas en haut. Ces fruits, parfaitement éclairés, deviendront très gros et mûriront parfaitement, et il sera très facile de les cueillir sans se piquer les doigts et sans briser les framboisiers.

Pendant l'été, on élèvera sur la souche quatre nouveaux bourgeons, qui seront attachés sur le tuteur B, et remplaceront l'année suivante ceux qui auront fructifié.

La meilleure variété de framboise est celle *des Alpes*.

La plus belle de toutes les framboises est *la Falstaf*.

Le sol devra être défoncé pour le groseiller et pour le framboisier, comme pour toutes les autres espèces. Il devra être abondamment fumé, et surtout paillé avec soin, ces deux espèces demandant un peu de fraîcheur. Elles devront toujours être plantées sur une plate-bande creuse, et rechaussées tous les ans avec de la terre mélangée d'engrais.

FIGUIER.

Le figuier, convenablement planté, cultivé et taillé, tient une place très honorable dans le jardin fruitier, et y donne des produits exacts, au sud de Paris. Pour obtenir ces résultats, il ne faut cultiver qu'une espèce, la plus hâtive, la *blanquette*, et soumettre cet arbre à deux formes seulement : celle en *cordons* obliques en espalier, au midi, et plantés à 50 centimètres pour cette espèce seulement; et à la forme en entonnoir pour le plein vent, mais dans un angle du jardin, abrité par les murs, et exposé au sud, sud-est ou sud-ouest.

Le figuier exige une grande somme de chaleur pour
mûrir ses fruits ; mais il se plaît dans les sols frais et un
être cultivé depuis la Méditerranée jusqu'à Paris ; au nord
de Paris, ses fruits ne mûrissent pas.

Sous le climat de l'olivier, le figuier donnera d'excellents
produits en plein vent ; mais dans toute la région nord de
la vigne, il faudra le restreindre aux deux formes que j'ai
indiquées et lui donner les soins suivants, si on veut avoir
des récoltes égales tous les ans.

Pour les cordons obliques en espalier, on devra choisir
des arbres provenant de boutures ; ils poussent moins de
drageons que ceux obtenus à l'aide de marcottes ; on les
plantera à 50 centimètres de distance, inclinés sur un
angle de 60 degrés, dans un sol bien défoncé, bien fumé et
additionné de calcaire. On taillera la tige suivant sa longueur, de manière à faire développer tous les yeux jusqu'à
la base. On favorisera la végétation du prolongement, qui
sera palissé sur une latte au fur et à mesure, et on traitera les rameaux à fruits de la manière suivante :

Dès que les bourgeons latéraux auront atteint la longueur
de 10 centimètres, on enlèvera l'œil terminal avec la lame
du greffoir, et on cautérisera tout de suite la plaie avec un
peu de cendre, afin d'empêcher l'écoulement de la séve.
Cette opération aura pour effet d'arrêter l'élongation du
bourgeon, et de concentrer l'action du cambium sur les
yeux de la base.

Le printemps suivant, chaque endroit où il y avait une
feuille portera le rudiment d'une figue et un œil à bois.
On taillera sur deux ou trois yeux, afin de récolter deux
ou trois fruits, et dès que la végétation se manifestera, on
détruira tous les yeux à bois, excepté celui de la base, qui
produira un bourgeon qu'on traitera comme je viens de
l'indiquer, et fournira un rameau à fruits pour l'année
suivante, où le rameau qui aura fructifié sera taillé sur ce
dernier.

En opérant ainsi, on obtient des figues, pour les pre-

peu calcaires. C'est le seul arbre qui pourra être arrosé
sans danger pendant les grandes chaleurs. Cet arbre peut
mières magnifiques. Quand aux secondes, aux figues d'au-
tomne, il faut les enlever au fur et à mesure qu'elles se
forment, car elles ne mûrissent qu'exceptionnellement dans
les années très chaudes.

Pendant l'hiver, il faudra couvrir l'espalier de figuiers, de
paillassons, afin de le préserver de l'atteinte des gelées.
Tous les drageons qui se développeront au pied seront
détruits dès qu'ils apparaîtront.

Pour la forme en entonnoir, on plantera un figuier provenant de marcotte au centre d'un rond de trois mètres de
diamètre. Un cercle en fer ou en bois, de deux mètres de
diamètre, supporté par des piquets élevés de 70 centimètres au-dessus du sol, dessinera la circonférence que
doit occuper l'arbre. On élevera sur ce pied de figuier 16
branches d'égale vigueur, auxquelles on laissera acquérir
une longueur maximum de 1 mètre 50. Ces branches seront palissées sur le cercle à distance égale, et le dépas-
seront de 50 centimètres. Au fur et à mesure de leur développement, on traitera les bourgeons comme je l'ai
indiqué, pour les convertir en rameaux à fruits. Une touffe
de figuier traitée ainsi donne des fruits en abondance, et
ces fruits, parfaitement exposés à la lumière, deviennent
excellents.

Il faut avoir soin d'empailler cette forme pendant l'hiver, pour la garantir des gelées. En outre, le figuier ayant
une séve très abondante, ne doit être taillé que pendant le
repos de la végétation. L'époque la plus favorable est le
mois de novembre.

NÉFLIER.

Le néflier est encore un arbre abandonné à lui-même,
relégué la plupart du temps au milieu des haies, où on ne

lui rend qu'une visite par an pour cueillir ses fruits. La nèfle, sans avoir un grand mérite comme fruit, est cependant recherchée par quelques personnes, et donne d'abondants produits dans le jardin fruitier quand on veut lui en faire les honneurs.

Les meilleures variétés à cultiver sont :

Le *néflier ordinaire;*

Le *néflier à gros fruits.* Les fruits de cette variété sont plus gros que ceux de la précédente, mais elle est moins fertile.

LE NÉFLIER SANS OSSELETS, fruit très petit, dépourvu d'osselets, plutôt curieux que recommandable par sa qualité.

Le néflier peut être placé en palmettes alternes Gressent, à une exposition ombragée; en aile de cage d'espalier au nord, en cordons Gressent, mêlé avec des poiriers. On soumet le néflier à ces formes, en employant les moyens indiqués pour le poirier; les rameaux à fruits s'obtiennent de la manière suivante :

Les fleurs du néflier apparaissent sur des petites brindilles, nées l'année précédente. Elles sont enfermées au centre d'un bouton qui produit un petit bourgeon long de trois à quatre centimètres, et porte la fleur à son extrémité. Lorsque l'arbre est abandonné à lui-même, les brindilles acquièrent quelquefois une assez grande longueur. Quand elles sont trop vigoureuses, les fleurs ne se produisent que sur leurs ramifications. Non-seulement c'est une année de perdue, mais encore les fruits, très éloignés de la branche mère, restent petits et l'arbre se ramifie trop. On obvie à ces inconvénients par le pincement.

Dès qu'un bourgeon a atteint la longueur de 10 centimètres, on le soumet au pincement, qui a pour effet d'arrêter la végétation des bourgeons et de faire naître les fleurs près de la base. Le printemps suivant, on taille sur un ou deux yeux bien développés, qui produisent des fleurs, et cette taille, en rapprochant le fruit de la branche mère, concourt au développement d'un nouveau bourgeon à la base du rameau. Ce bourgeon est soumis au même traitement que celui qui lui a donné naissance, et produit des fruits l'année suivante, où on taille celui qui a fructifié sur lui.

Le néflier, presque toujours greffé sur épine blanche, s'arrange de tous les sols et vient à toutes les expositions.

COGNASSIER

Le cognassier doit toujours entrer dans le jardin fruitier pour qu'il soit complet; la quantité à planter est subordonnée au goût du propriétaire, mais on a toujours besoin de quelques coings dans une maison, ne fût-ce que pour faire du sirop.

La seule variété à planter pour en récolter les fruits, est le *cognassier de Portugal,* il donne les plus gros et les meilleurs coings.

Le cognassier exige un sol substantiel et une exposition chaude pour bien mûrir ses fruits. On peut le soumettre à la forme en vase, et en palmettes alternes. On obtient ces formes par les moyens indiqués pour le poirier. Dans tous les cas, les cognassiers devront toujours être plantés à des expositions chaudes et abritées.

Les rameaux à fruits s'obtiennent et se taillent comme ceux du néflier.

VINGT-SIXIÈME LEÇON

—

ENTRETIEN DU JARDIN FRUITIER.

ENTRETIEN.

Le jardin fruitier exige une foule de petits soins qu'il est urgent de lui donner en temps et lieu. Afin d'en rendre l'application et la surveillance plus faciles, je vais les indiquer pour chacun des mois où ils doivent être donnés, non pas d'une manière absolue, mais à peu de chose près, car la plupart du temps l'époque de l'application est subordonnée à la température; et doit être avancée ou reculée de quinze jours à trois semaines suivant que l'année est chaude ou froide, sèche ou humide.

La taille elle-même et les pincements doivent être modifiés après et pendant des saisons extrêmes. Ainsi, il est évident qu'après un été très pluvieux, les prolongements ne peuvent être taillés comme après un été très sec. Dans le premier cas, le bois sera mou, spongieux, mal constitué, et par conséquent infertile, et il y aura bénéfice à en supprimer le plus possible ; dans le second au contraire, où il sera très nourri et très fertile, on devra en couper le moins possible.

Si l'été est très pluvieux, il poussera une quantité de bourgeons, qui devront être pincés plus sévèrement que pendant un été sec, qui contribue à la production des fleurs.

Tout est appréciation dans les opérations de culture; la science de la culture consiste non pas seulement à faire les opérations nécessaires, mais encore à les faire en temps opportun. Lorsqu'on sait faire une opération, il faut savoir choisir le moment où elle doit être appliquée pour produire tout l'effet qu'on est en droit d'en attendre; la moitié du succès gît dans cette appréciation. Certaines personnes l'acquièrent très vite par l'étude et par l'observation, quand elles sont bien convaincues que l'arboriculture est toute une science, et ne repose pas sur un *système*.

Ce sera à l'opérateur à avancer ou à retarder les opérations que j'indique pour chaque mois, suivant les années et l'état de la végétation.

Janvier.

Il faut profiter des petites gelées pour faire les derniers défoncements; c'est un temps excellent pour cela; la terre se manie bien et est facilement attaquée par la pioche. Si on doit planter des arbres isolés, il est profitable de faire les trous pendant les petites gelées, et de laisser la terre exposée aux influences des agents atmosphériques jusqu'à la plantation.

Lorsque les gelées sont sérieuses, il faut achever de couvrir les plates-bandes occupées par les arbres fruitiers, de fumier frais, si on n'a eu la précaution de le faire en décembre. On doit toujours profiter des gelées rigoureuses pour faire une foule de choses dont on ne peut pas s'occuper quand il fait beau. Couper des bouts de fil de fer pour raccommoder les lattes, faire sa provision d'osier, repasser tous les instruments et les mettre en état; emmancher solidement les outils avariés, enfin, une foule de choses qui peuvent se faire au coin du feu, et qui font toujours défaut quand elles manquent, faute de prévoyance, le jour où on est pressé de s'en servir.

Lorsqu'il ne gèle pas, il faut se hâter de planter; c'est aussi le bon moment d'enlever les mousses et toutes les vieilles écorces par les temps humides, et de pratiquer les derniers chaulages sur les arbres émoussés, sur ceux que l'on veut restaurer et sur ceux qui ont été ravagés par les insectes. On peut tailler, sans inconvénient, vers la fin de ce mois, quand le temps est doux, les arbres les plus faibles et les plus précoces du jardin fruitier.

Février.

La majeure partie de la taille doit être faite dans ce mois, quand les gelées ne s'y opposent pas. Avant de tailler, il est urgent de dépalisser les arbres en entier, afin d'éviter les étranglements produits par les anciens liens. Les fortes gelées ne sont plus à craindre; on resserre tous les fils de fer avant de repalisser les arbres, et on se hâte de planter lorsque les gelées en ont empêché. On peut émousser et chauler encore, mais c'est bien tard.

On doit s'occuper de l'aménagement et de la fabrication des engrais nécessaires pour enfouir, le mois suivant, dans le jardin fruitier.

Si on n'a pas eu la précaution de couper les greffes nécessaires, il faut se hâter, il en est encore temps, mais, d'un jour à l'autre, la végétation peut commencer, et il sera trop tard.

Quand il gèle dans le mois de février, on doit s'occuper de visiter tous les appareils d'abris et les réparer s'il y a lieu, car ils doivent être posés à la fin de ce mois. Les cha-

perons en paille ou en carton bitumé doivent être en bon
état et toutes les toiles raccommodées.

Vers la fin de février, on place les chaperons en paille
sur les pêchers, les abricotiers et la vigne ; si le temps est
froid, on charrie les fumiers qui doivent être enfouis dans
le jardin fruitier.

Mars.

Tous les arbres doivent être taillés dans ce mois, surtout
les abricotiers, les pêchers, les pruniers et les cerisiers. Si
le temps manque, il ne faut laisser à tailler que les poiriers de variétés tardives et les pommiers.

On pose toutes les toiles devant les abricotiers et les pêchers. Avant de poser les toiles, le labour de printemps devra être fait, et le paillis appliqué. On place également des
toiles sur les contre-espaliers de poiriers, et des chaperons
à tous les palissages de palmettes alternes, etc., etc. Tous
les abris, sans exception, doivent être posés le 10 mars au
plus tard.

On doit faire les labours de printemps dans les sols légers et de consistance moyenne, et les seconds labours dans
les sols argileux. Ces labours doivent toujours être faits
avec la fourche à dents plates (pl. 38, fig. 7), et jamais à
la bêche qui, comme tous les outils à lame, doit être pros-
crite du jardin fruitier. Les outils à lame, avec quelque
précaution qu'on s'en serve, coupent une grande quantité de radicelles, tandis que la fourche les déplace à peine.
Aussitôt les labours faits, on applique les paillis. On fait les
greffes par rameau vers le 15.

Avril.

Le dernier arbre du jardin fruitier doit être taillé pendant ce mois. On peut encore planter, mais avec beaucoup de soins. Tous les labours doivent être faits dans tous les sols, et tous les paillis posés.

Le jardin fruitier est en parfait état; toutes les opérations d'hiver sont terminées; celles d'été commencent.

Pendant ce mois, on éborgne les yeux triples et doubles des pêchers, et on commence à faire la guerre aux chenilles, dont les toiles apparaissent dans les pommiers, en les barbouillant avec la *sauvegarde des arbres* numéro 2, moyen infaillible de détruire, à la fois, les chenilles et leurs œufs.

On pratique la greffe en couronne Du Breuil, vers le 15.

Mai.

La végétation s'éveille; dans quelques jours, tout le jardin sera en fleurs. Les bourgeons se montrent, il faut s'occuper des pincements. Pêchers, abricotiers, pruniers, cerisiers, poiriers, et même les pommiers, réclament les soins de l'arboriculteur. Il faut aussi songer à ébourgeonner la vigne.

Pendant ce mois, on fait une guerr acharnée aux insectes : on achève de détruire les chenilles, on se préserve des ravages des charançons avec la sauvegarde n° 2, et on détruit les pucerons et les fourmis sur le pêcher avec le n° 1.

Vers le 20 mai, on enlève tous les abris et on donne immédiatement un binage au crochet partout où on a marché. Les binages, comme les labours, doivent être faits avec des instruments à dents, avec le crochet à dents plates (pl. 38, fig. 8).

Juin.

C'est le mois où la végétation est dans toute son activité : c'est celui aussi où l'arboriculteur doit tout voir et tout visiter. On continue les pincements, on favorise le développement des bourgeons destinés à augmenter la charpente des arbres, et on les palisse en conséquence.

C'est surtout dans ce mois qu'il faut veiller à maintenir l'équilibre entre toutes les parties des arbres à l'aide des inclinaisons. On palisse avec du jonc une partie des prolongements, on s'occupe de la suppression des fruits, de l'incision annulaire sur la vigne, on prépare les prolongements à être greffés sur les arbres voisins, en pinçant l'extrémité des prolongements quand ils ont dépassé de 25 à 30 centimètres le point où ils doivent être greffés. On commence à tailler en vert les bourgeons les plus vigoureux des pêchers.

On doit toujours donner un binage profond aux jardins fruitiers pendant le mois de juin. Ce binage se pratique au crochet, sans déranger le paillis.

Juillet.

La végétation est encore très active ; on a peu de pincements à faire, mais beaucoup de rapprochements sur les pêchers et de cassements sur les abricotiers, les pruniers et les cerisiers en cordons surtout.

On continue à palisser les prolongements et à maintenir l'équilibre entre toutes les branches de la charpente.

On fait la guerre aux moineaux qui mangent les cerises avec les miroirs à double face, et, aux loires, qui mangent les pêches, avec le fusil. On détruit les pucerons et les fourmis sur tous les arbres avec la *sauvegarde* n° 1.

On commence à imbiber les fruits à pépins avec la dissolution de sulfate de fer, et on veille aux étranglements produits par les liens posés au printemps.

Août.

On fait les derniers pincements, les derniers cassements en vert, et presque les derniers rapprochements sur les pêchers. Dès ce mois, on voit les boutons à fruit pour l'année suivante et le résultat des opérations d'été. Les prolongements de charpente ont acquis à peu près tout leur développement, la fructification est établie, il n'y a plus qu'à surveiller la végétation.

On cueille quantité de fruits de toutes espèces, et on continue de traiter les fruits à pépins par le sulfate de fer.

On bine encore si l'année est sèche ; on arrose à l'engrais liquide si cela devient nécessaire, et on asperge les feuilles des arbres.

Dans le courant de ce mois, on pose des écussons où les bourgeons ont fait défaut et sur les arbres dont on veut changer le fruit, et vers la fin on commence à greffer des boutons à fruits.

Septembre.

Ce serait le mois de vacance des arboriculteurs s'il n'y avait pas de greffes de boutons à fruits à faire ; le meilleur moment est du 5 au 10 de ce mois. Il n'y a plus rien à pincer : quelques cassements en vert à faire de loin en loin, voilà tout avec la cueille des fruits.

Quand la saison est pluvieuse et qu'il pousse beaucoup d'herbe, on doit encore donner un binage.

Octobre.

Il n'y a plus d'opérations à faire dans le jardin fruitier, mais c'est le moment de la cueille des fruits d'hiver.

Cette opération doit être faite par un temps bien sec, et toujours dans le courant de la journée, quand il ne reste pas trace de rosée. Les fruits doivent être cueillis avec beaucoup de précaution et déposés dans des paniers plats, où on n'en place qu'un rang. Lorsqu'on met les fruits dans des paniers, les uns sur les autres, il en résulte une pression qui les empêche de se garder aussi longtemps. Il faut donc les déposer dans le panier avec la plus grande précaution et éviter de les cogner les uns contre les autres.

Lorsque les fruits sont cueillis, il est bon de donner un premier labour à la fourche dans les sols argileux. Quand l'été a été sec, il est toujours bon de donner un labour, à la fin d'octobre ou dans les premiers jours de novembre, dans tous les sols. Ce labour fait pénétrer les pluies et rend au sol l'humidité qui lui a manqué pendant l'été.

Novembre.

On s'occupe de défoncer et de faire des trous partout où il y a des arbres à remplacer, pour les planter à la fin de ce mois ou en décembre.

On laboure le jardin fruitier à la fourche quand cela n'a pas été fait le mois précédent; on nettoie les arbres, on enlève les mousses, les vieilles écorces, et on chaule ceux qui en ont besoin.

Décembre.

On finit les labours, et on achève les nettoyages et les chaulages. On plante quand le temps le permet, et si l'hiver menace d'être rigoureux, on répand une couche de fumier sur le sol. Ce fumier est enfoui par le labour du printemps.

Lorsqu'on attache des arbres avec de l'osier sur les fils de fer, il faut d'abord faire un tour avec l'osier et ensuite placer l'arbre sur ce tour d'osier, pour qu'il ne touche pas au fil de fer, qui le couperait. (Pl. 21, fig. 5.)

20

TABLE DES MATIÈRES

FIN.

PARIS. — IMPRIMERIE DE DUBUISSON ET Cᵉ, RUE COQ-HÉRON, 5.

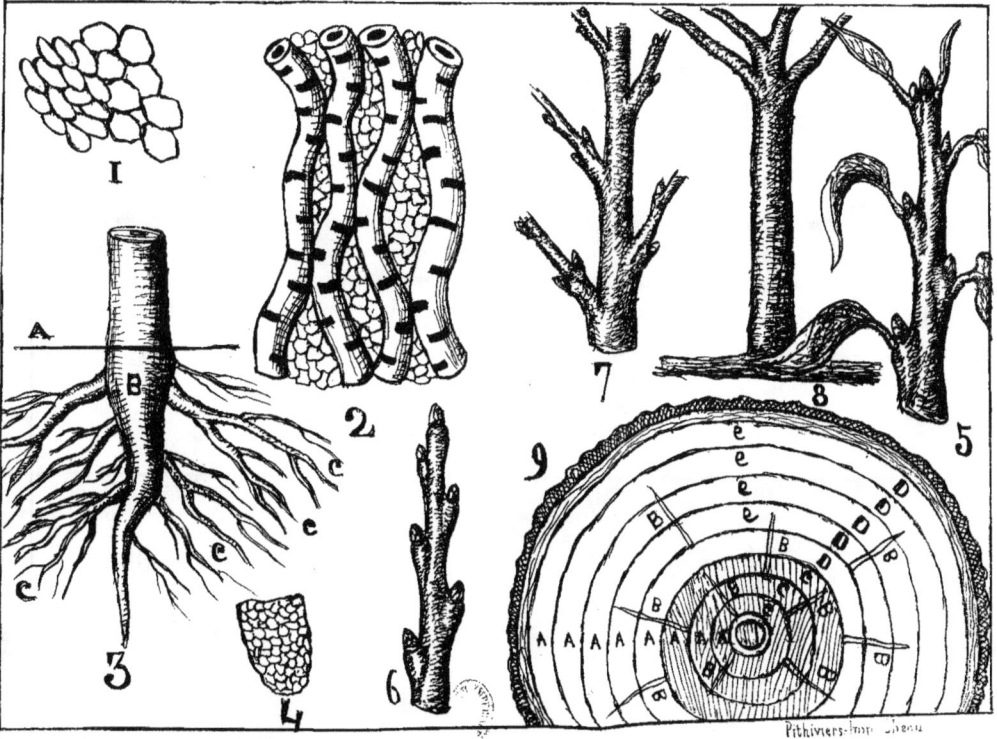

PLANCHE 1.

Pithiviers-Imp. Dreux

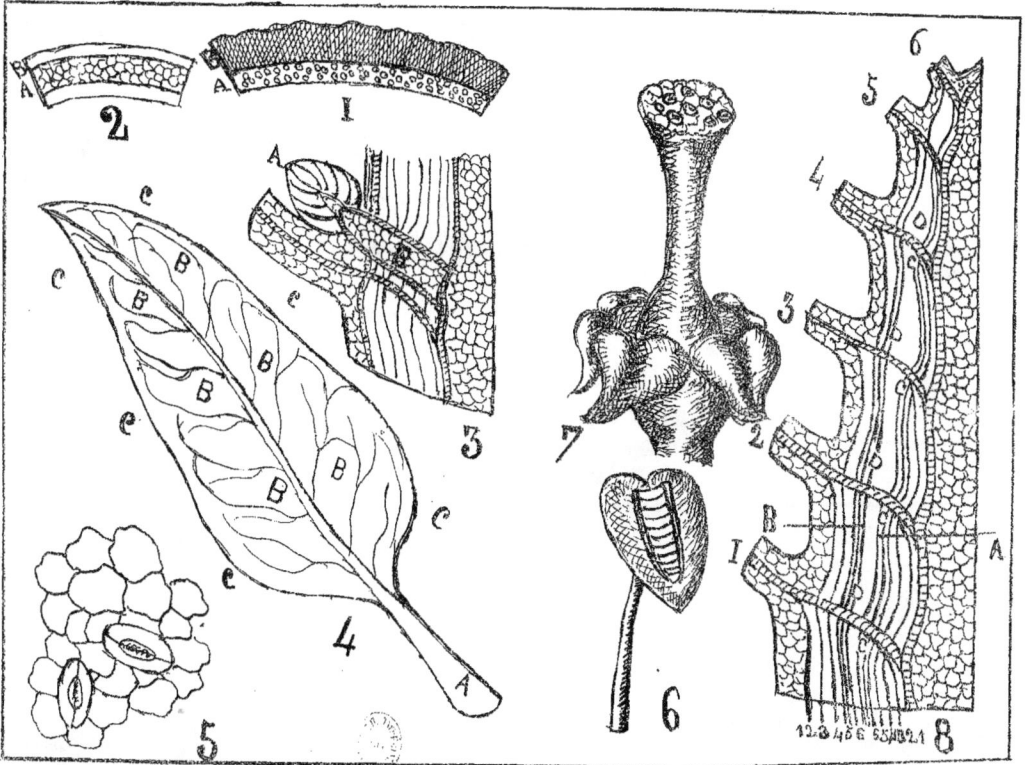

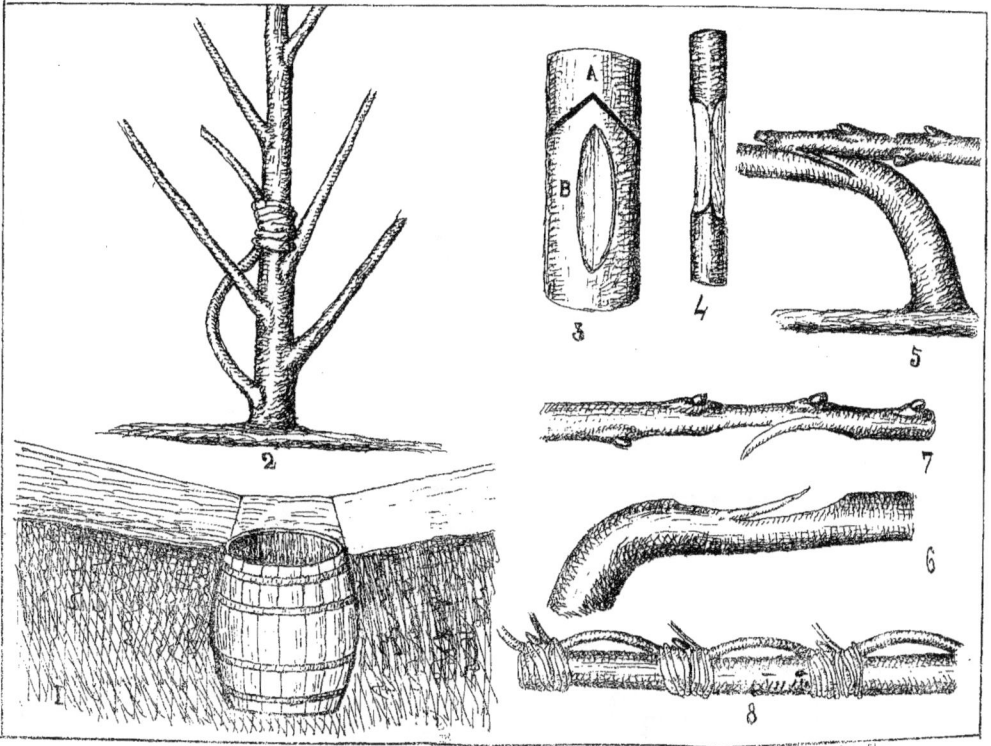

PLANCHE 5.

Pichluters - Imp. Chenu.

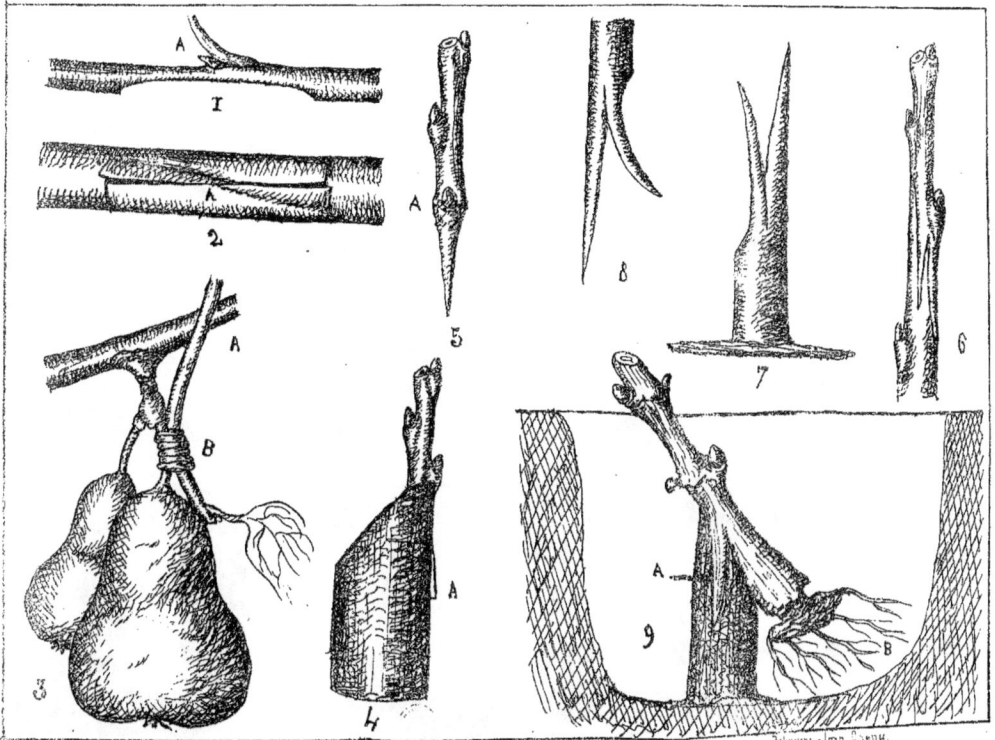

PLANCHE 4.

PLANCHE 5.

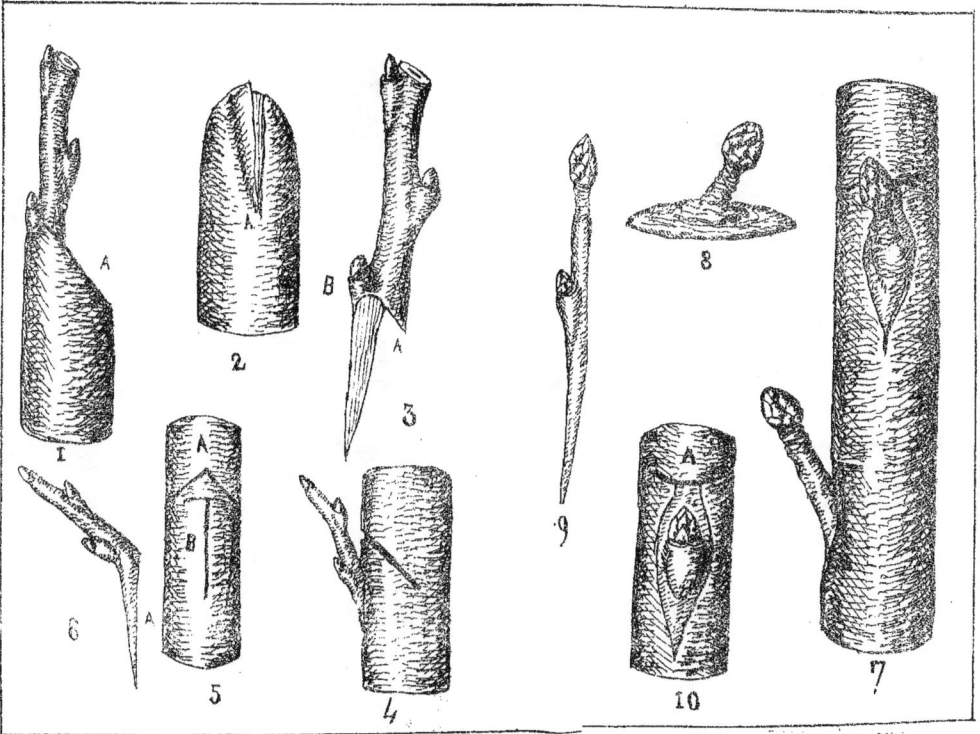

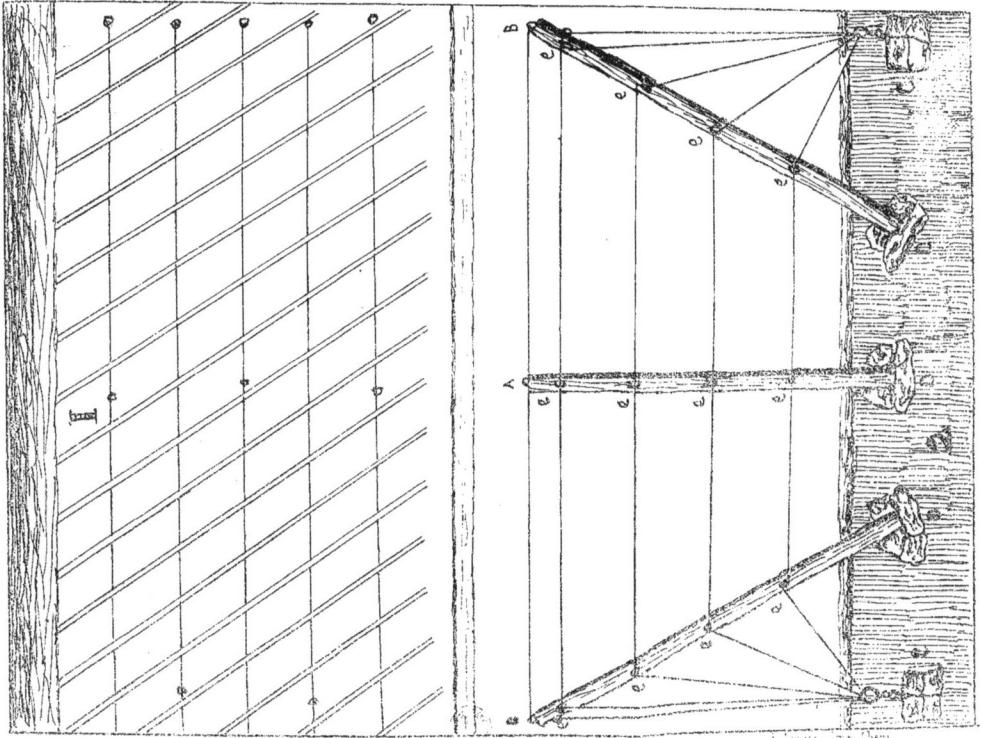

PLANCHE   6.

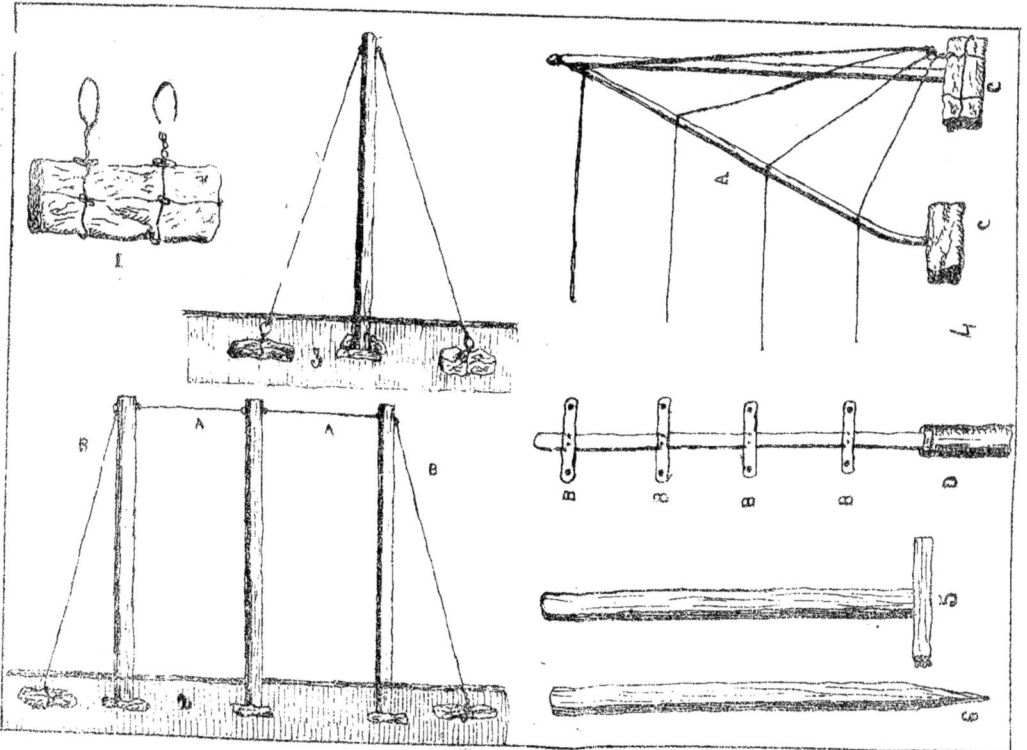

PLANCHE 7.

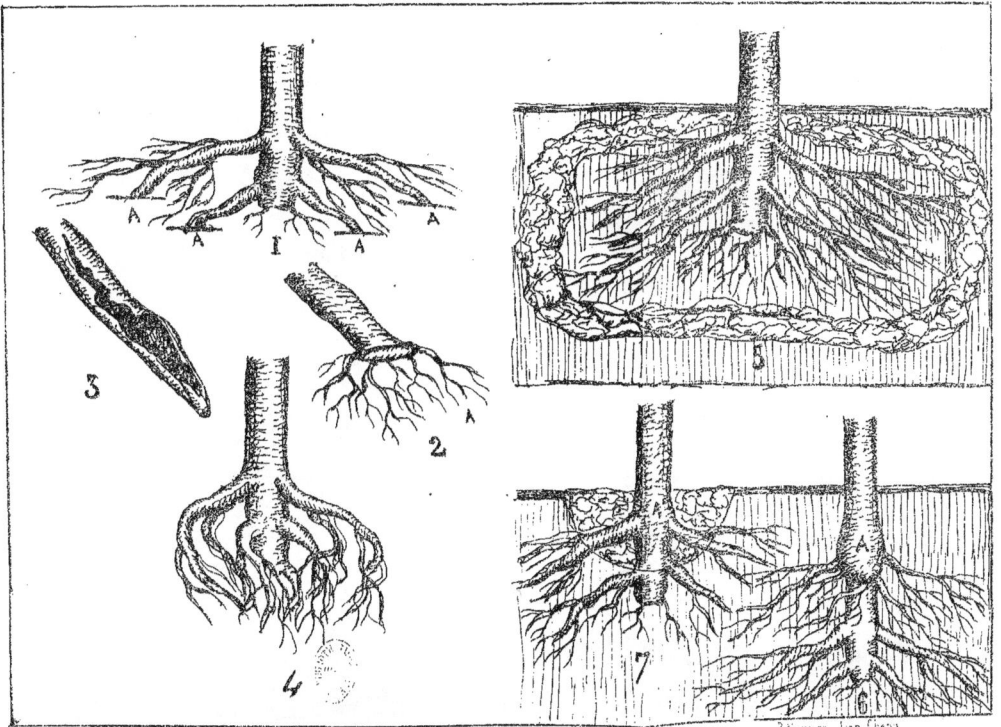

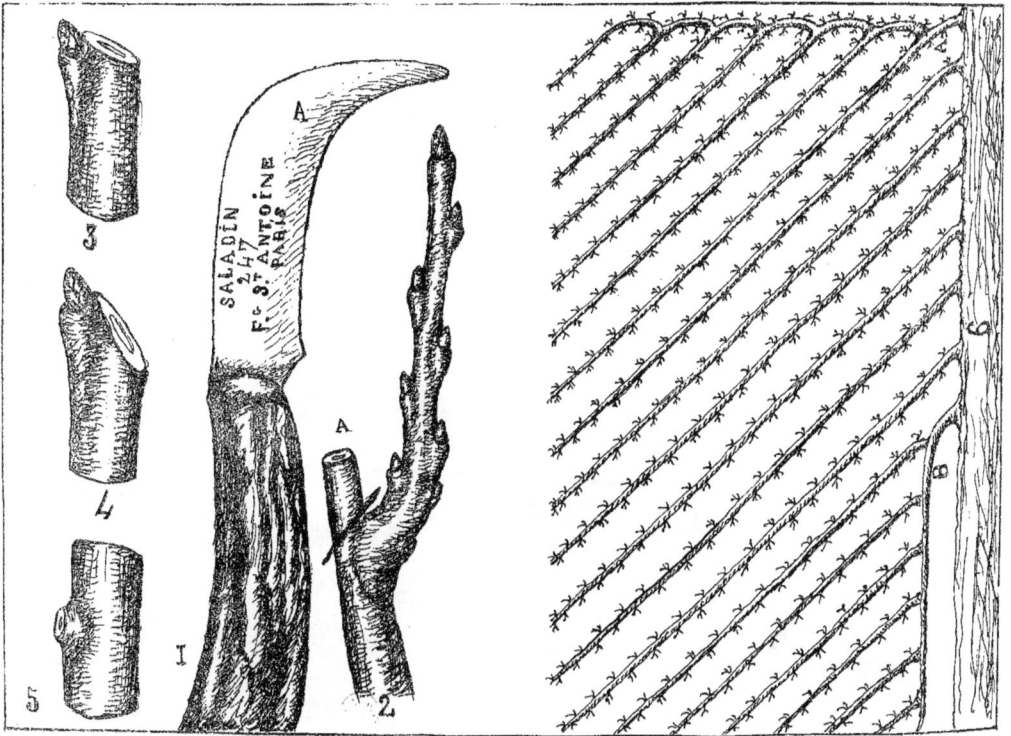

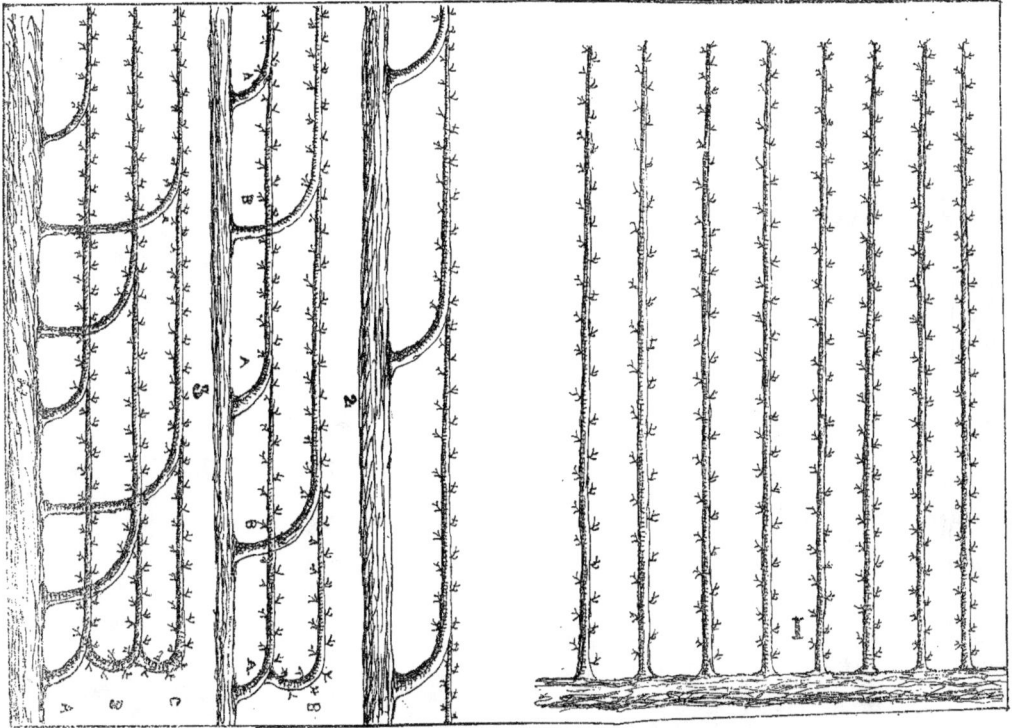

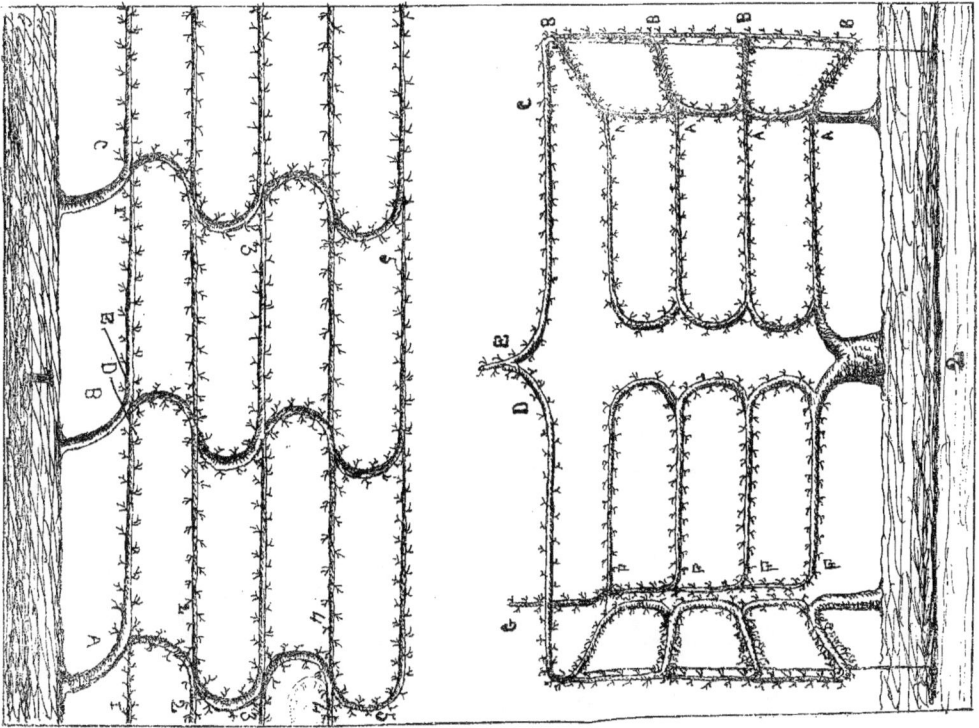

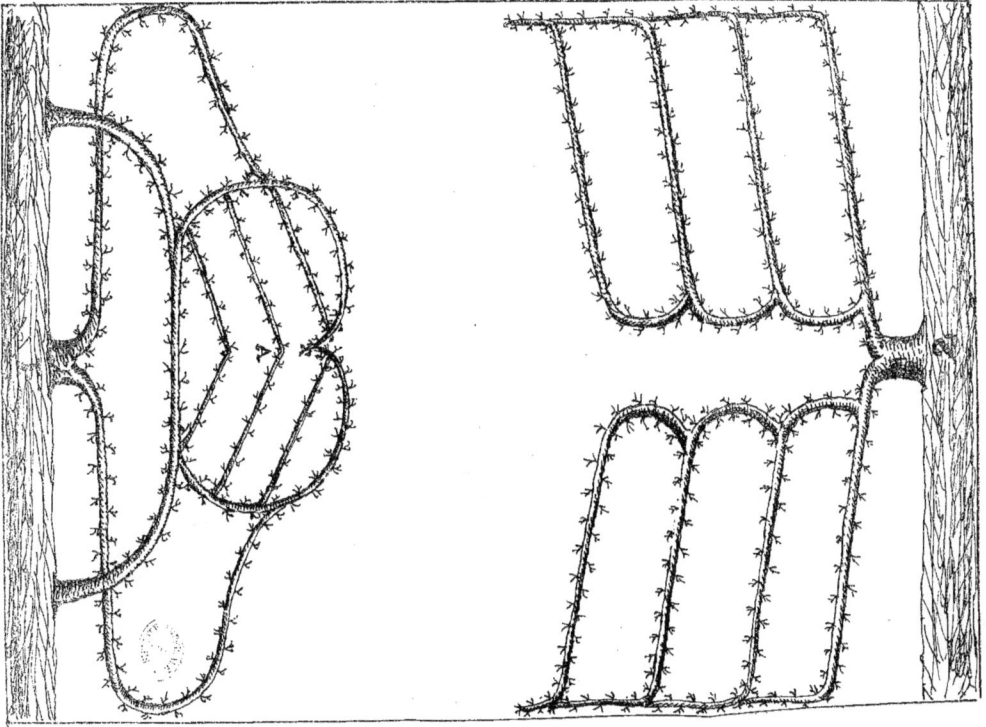

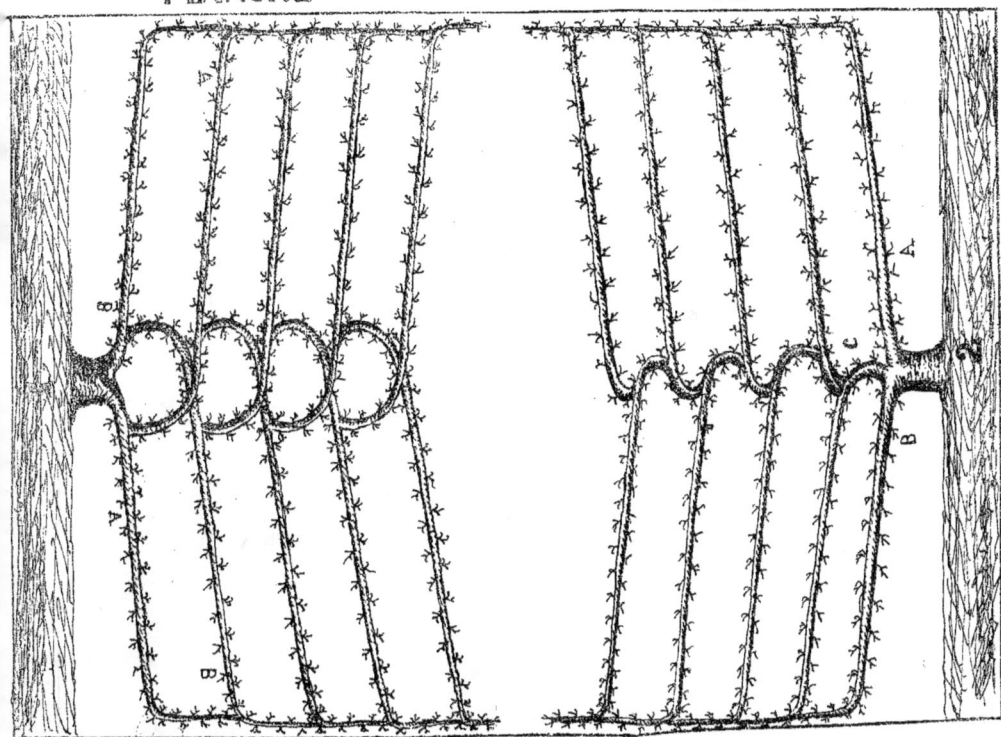

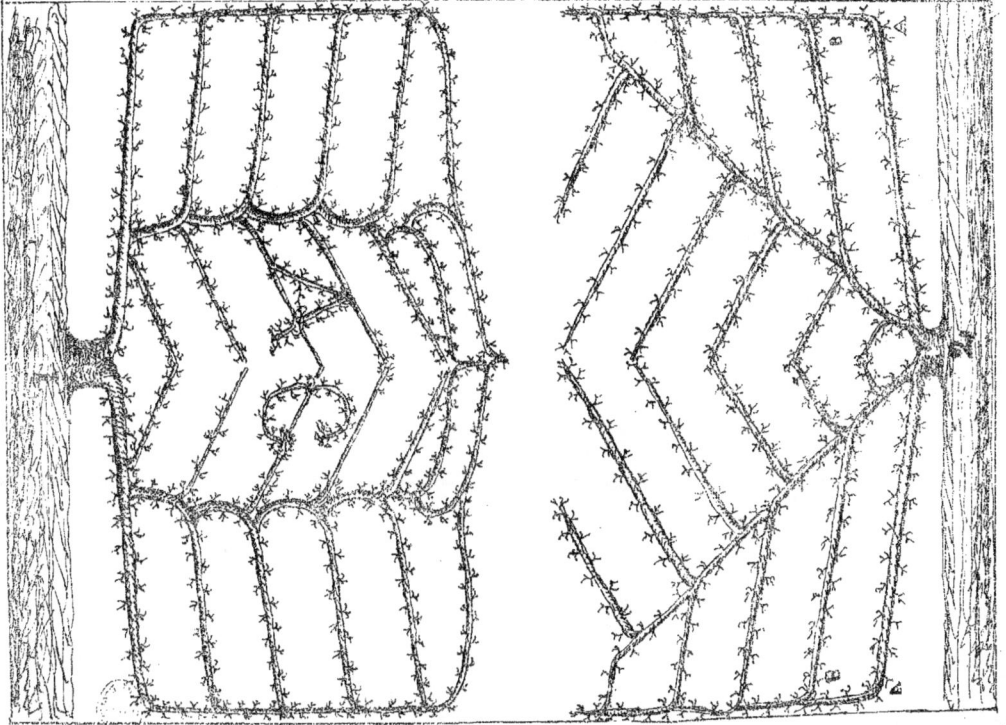

PLANCHE   14

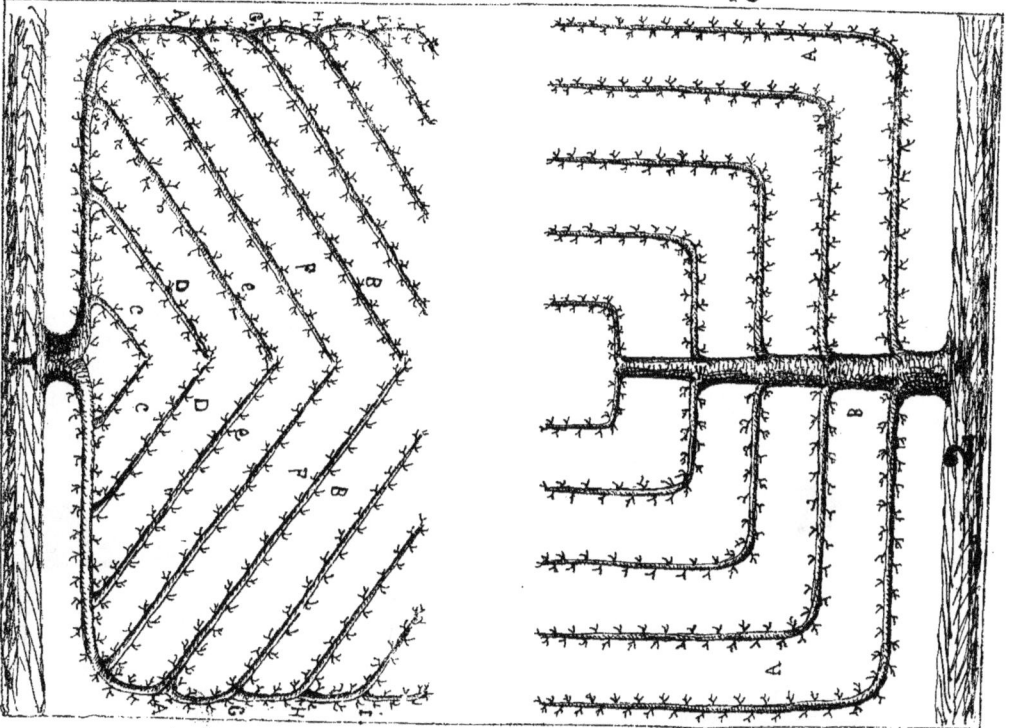

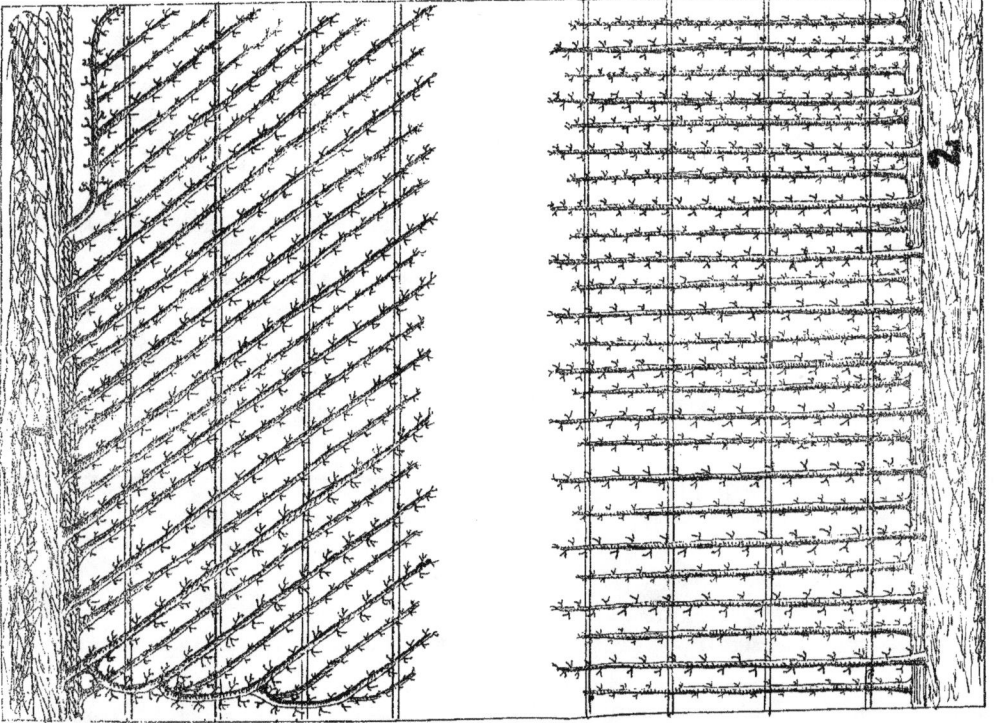

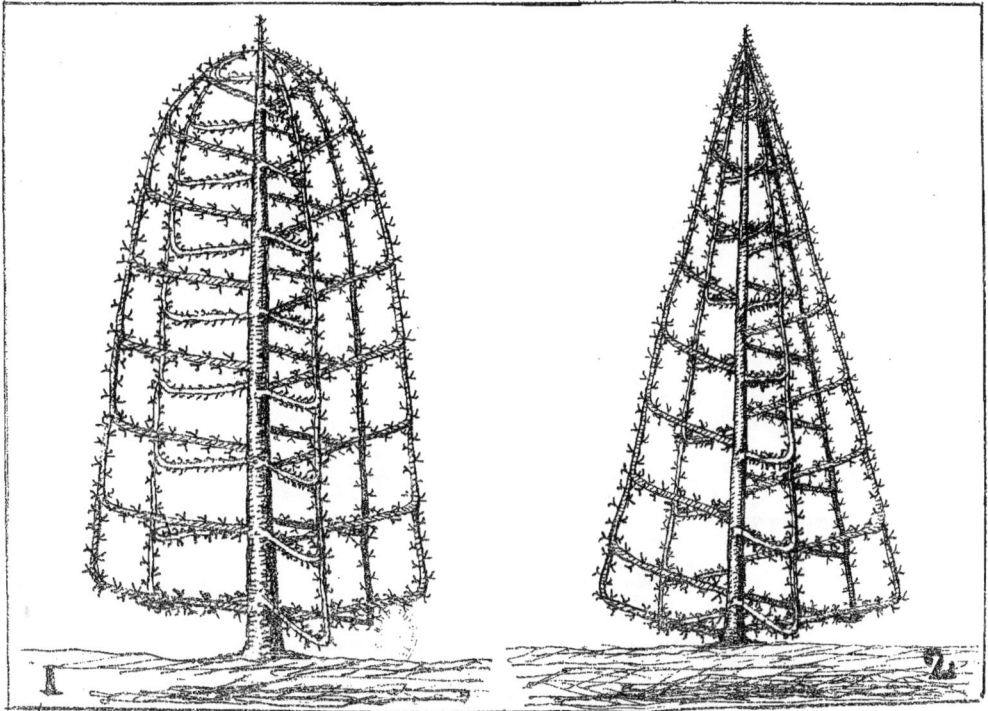

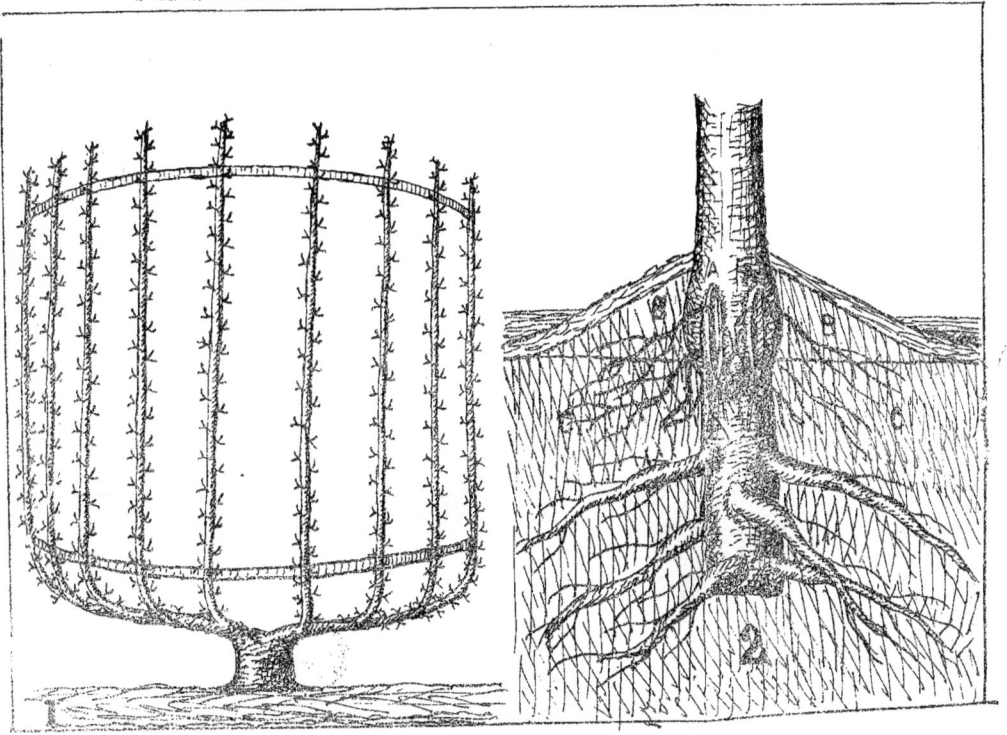

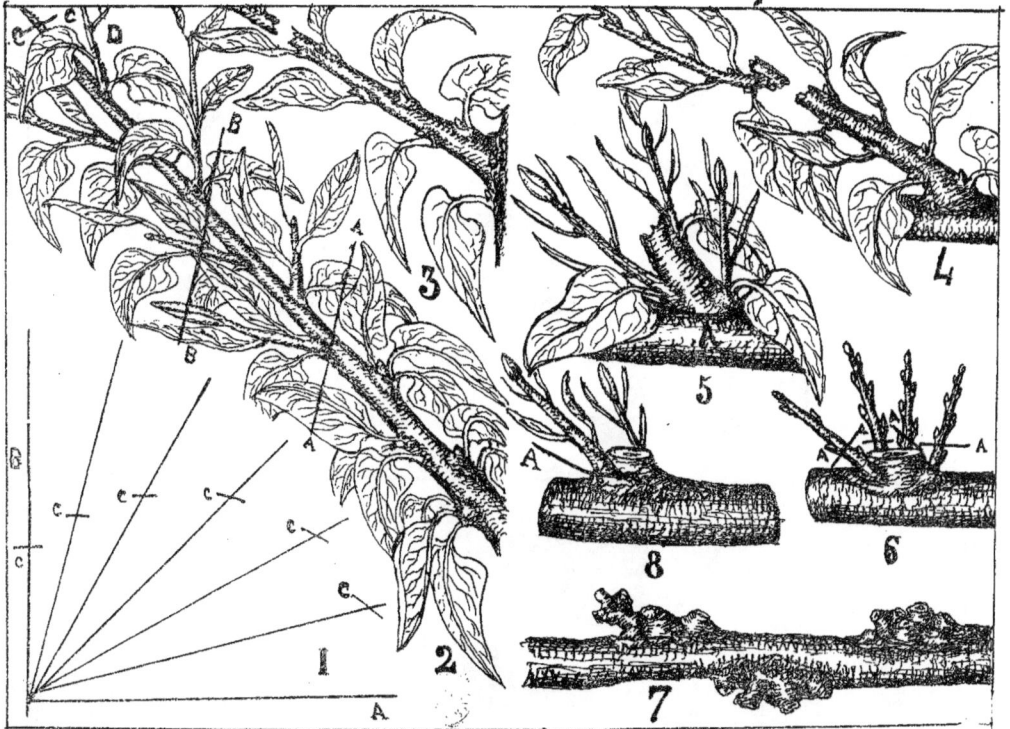

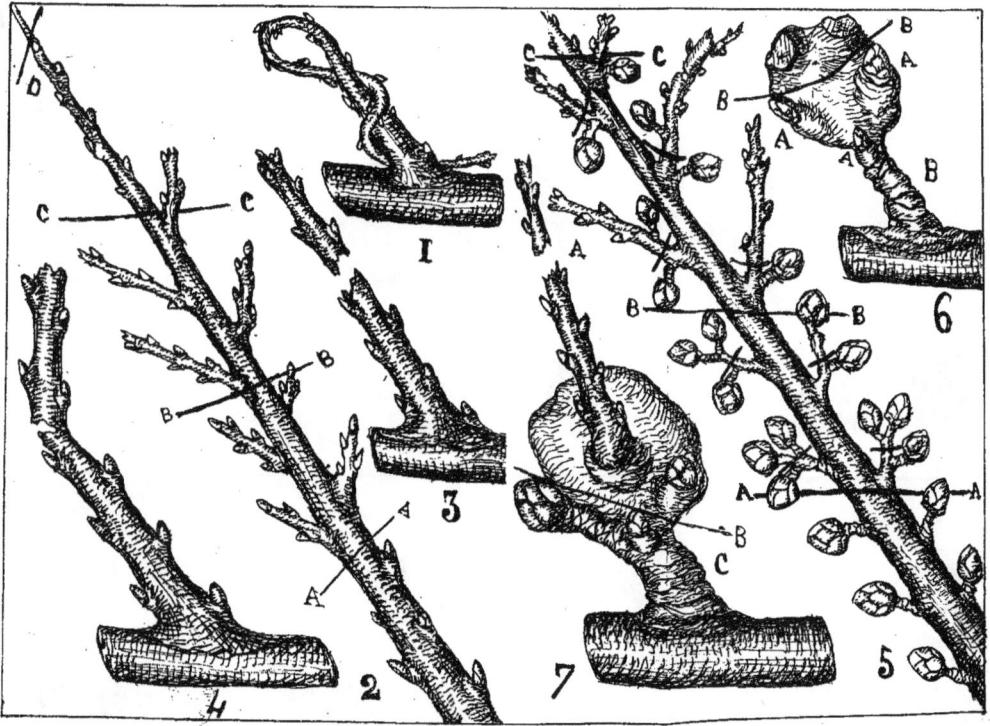

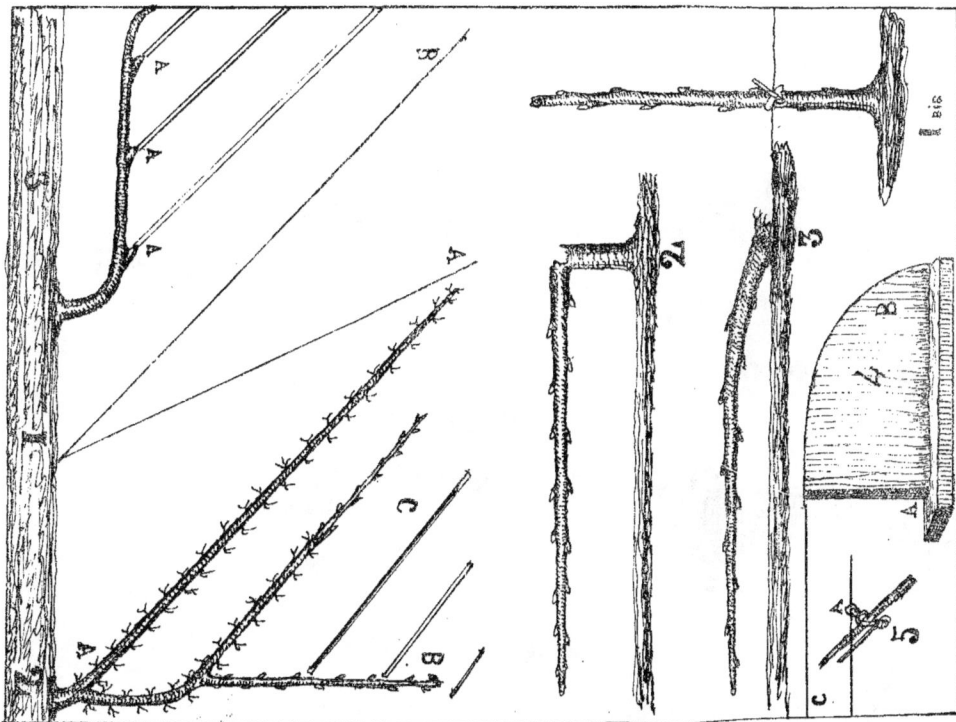

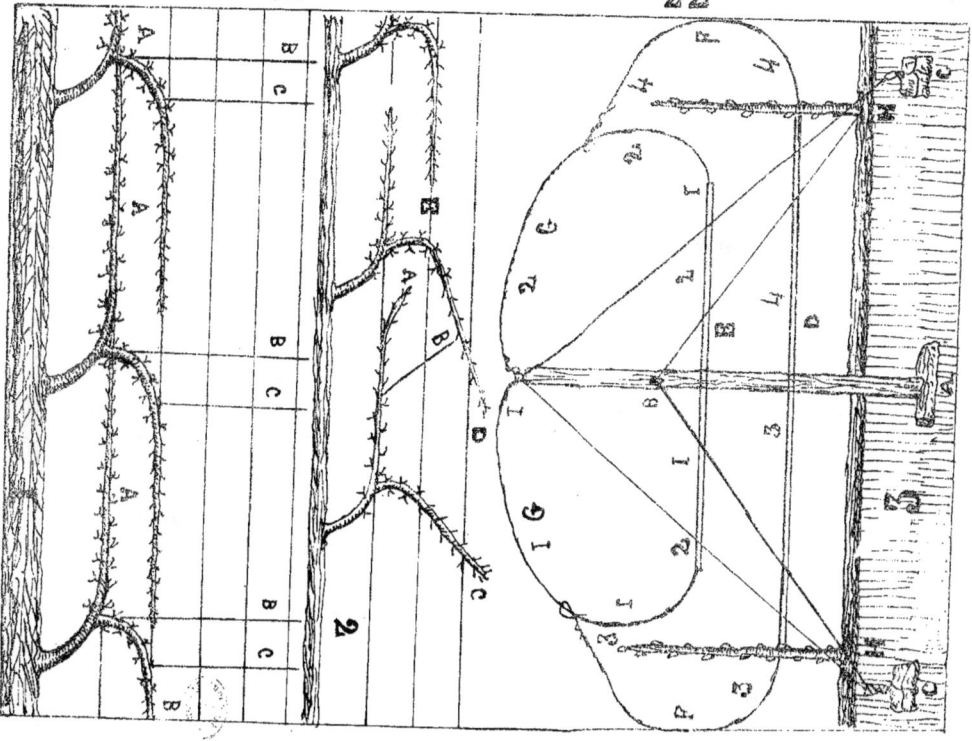

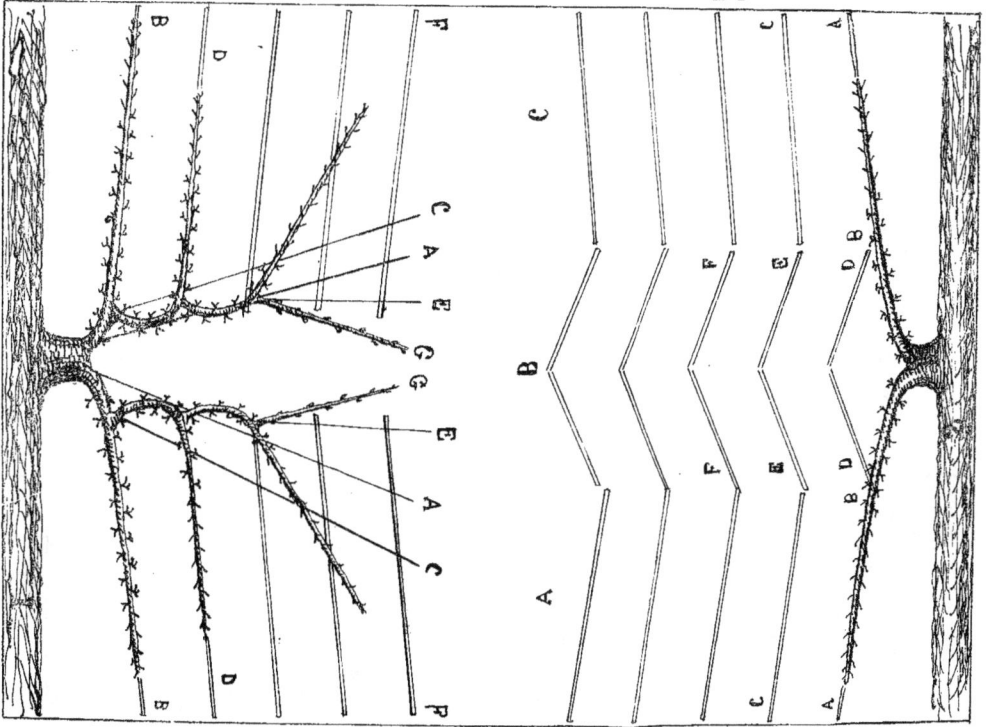

PLANCHE 24

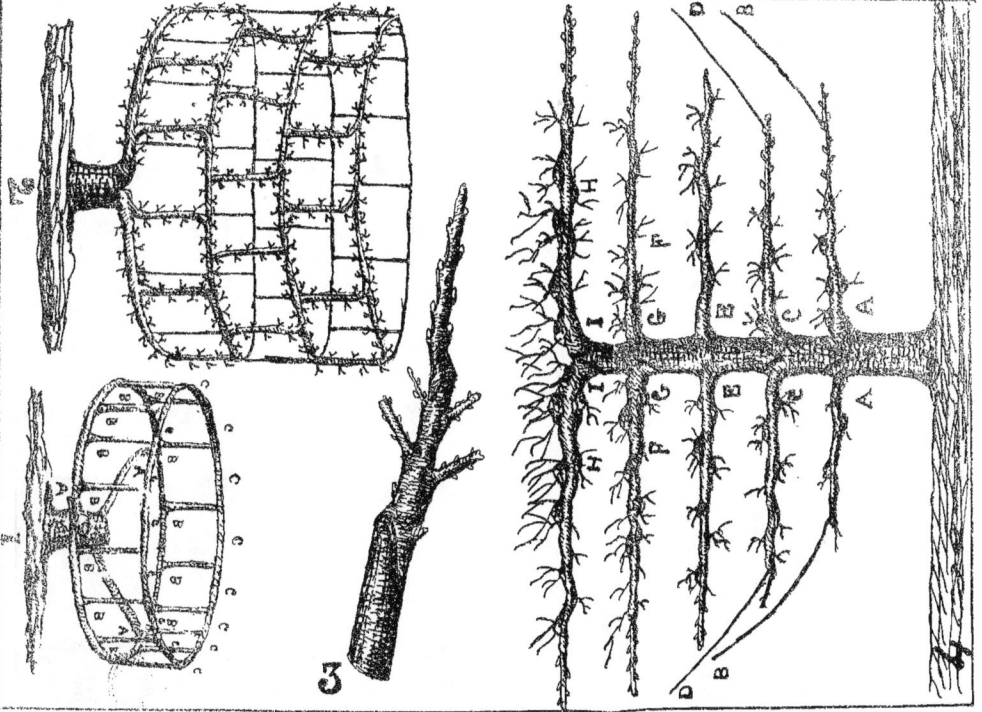

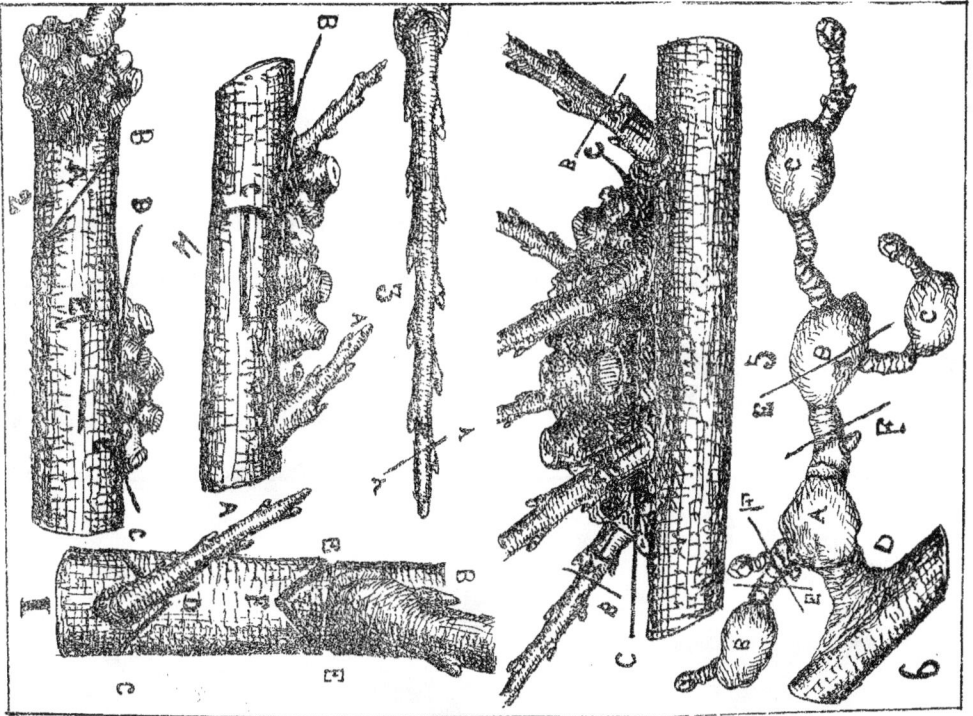

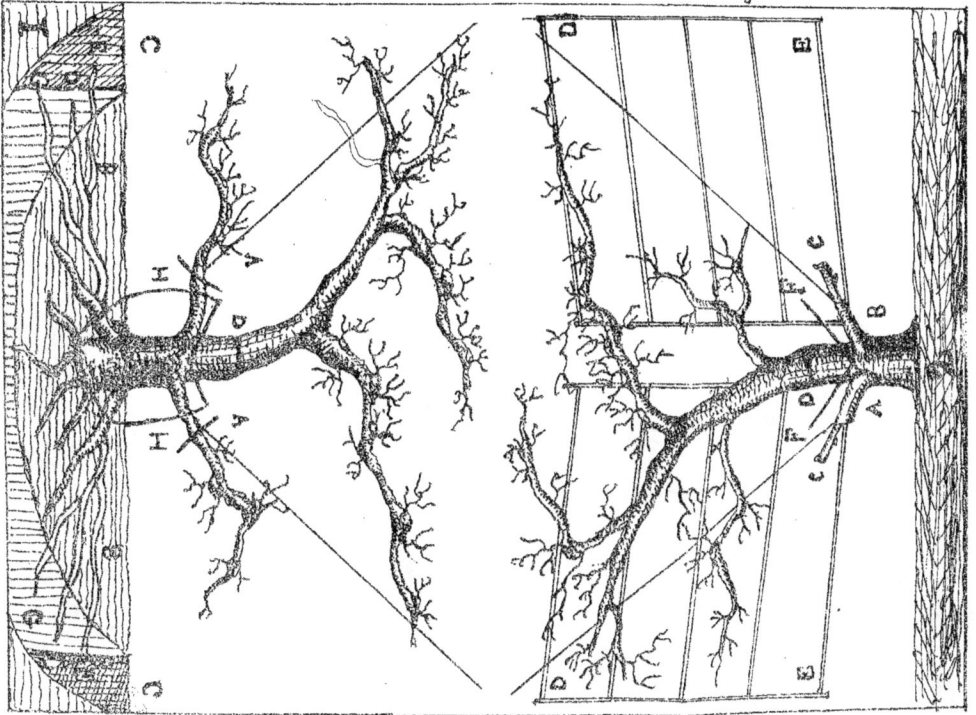

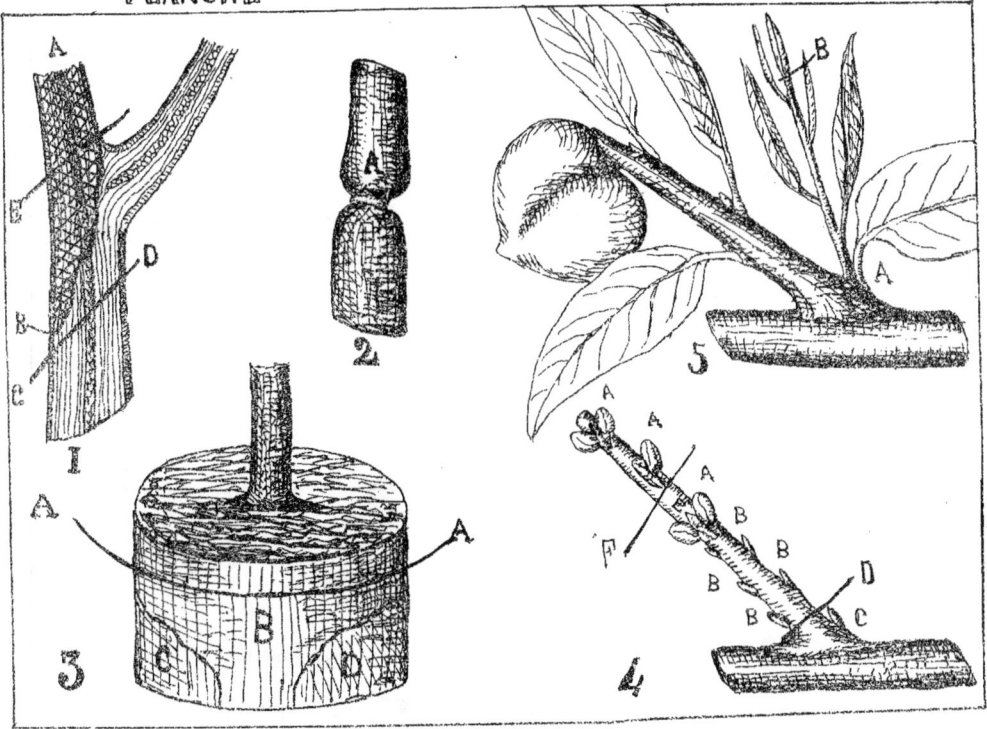

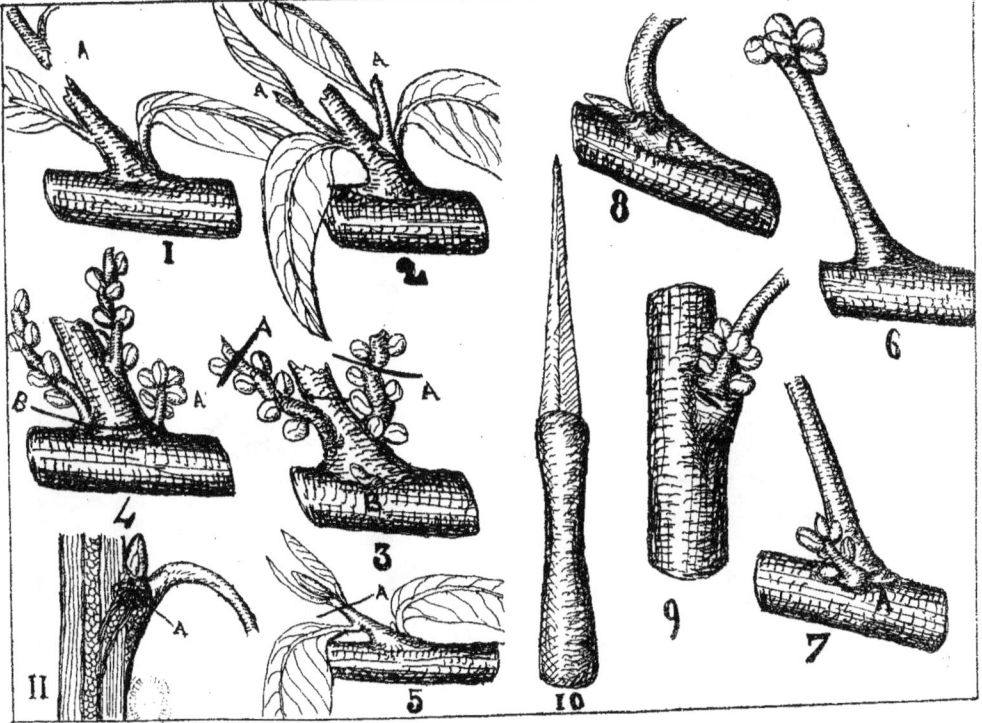

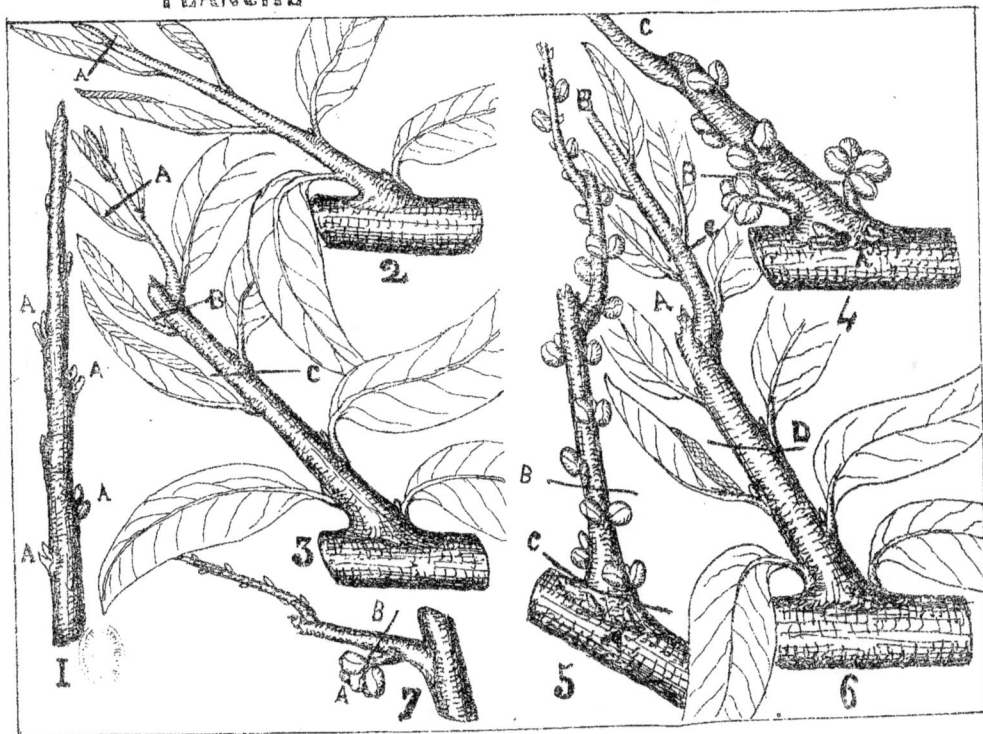

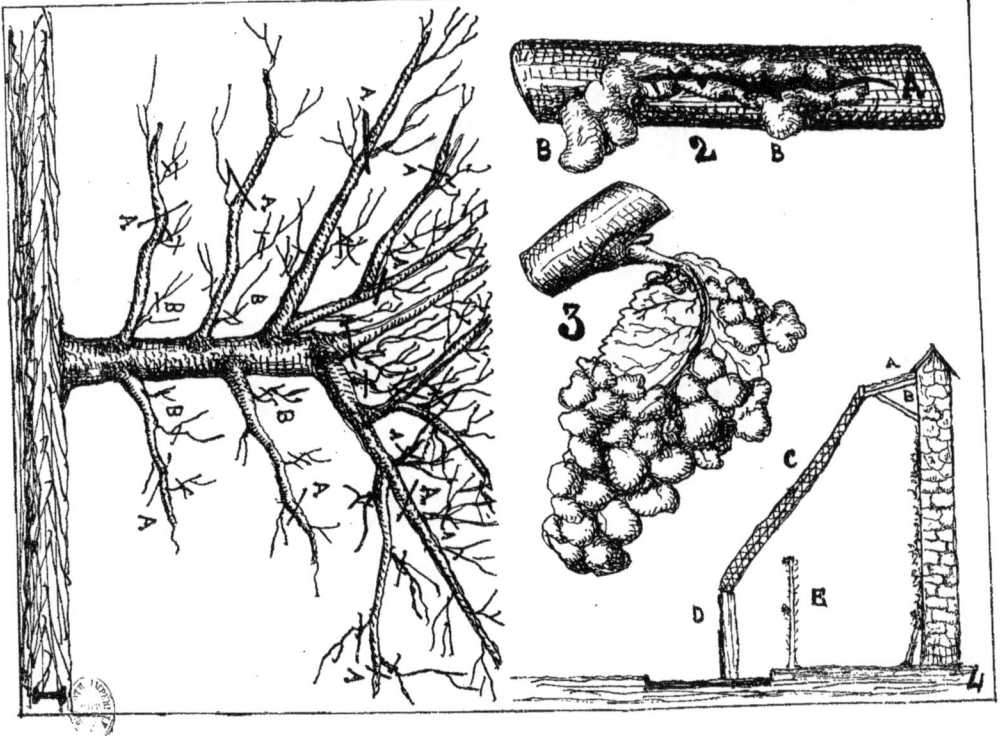

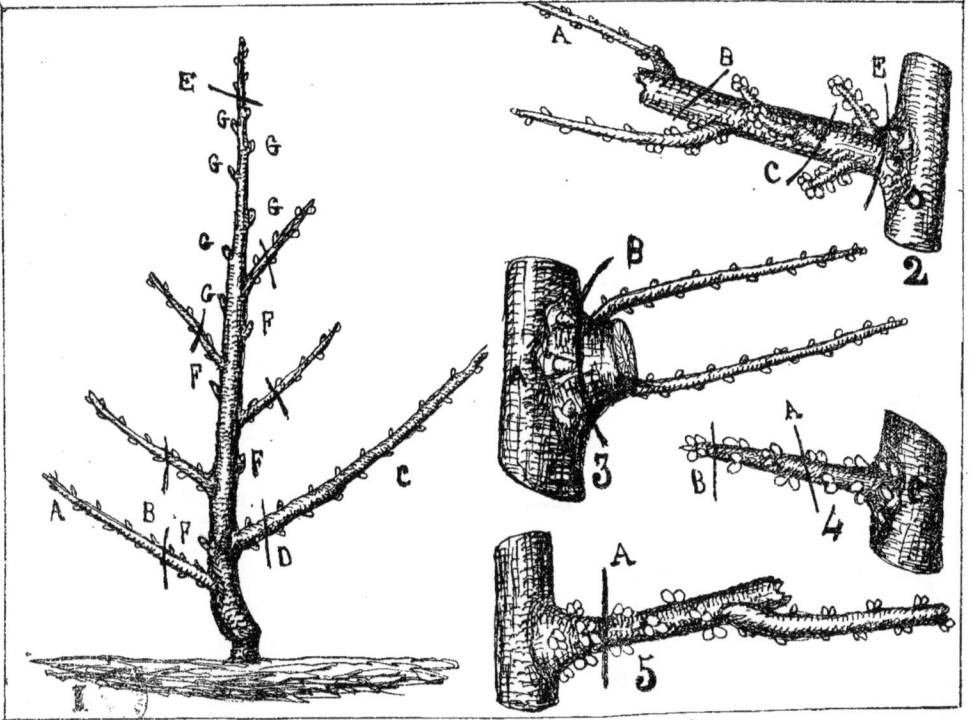

PLANCHE   32

2

3

4

5

1

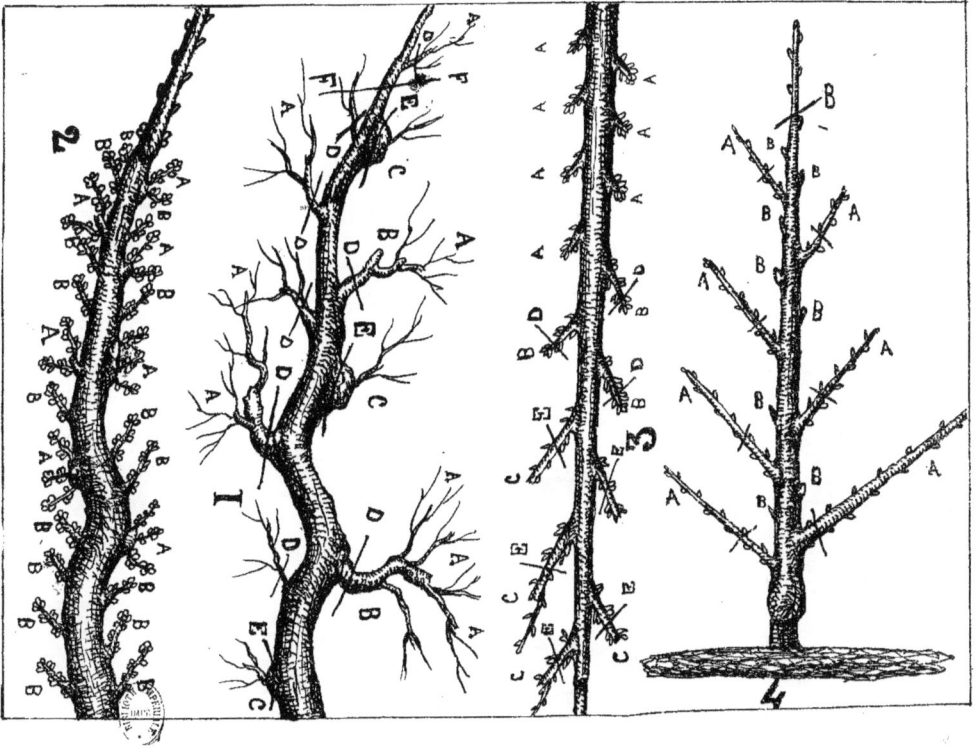

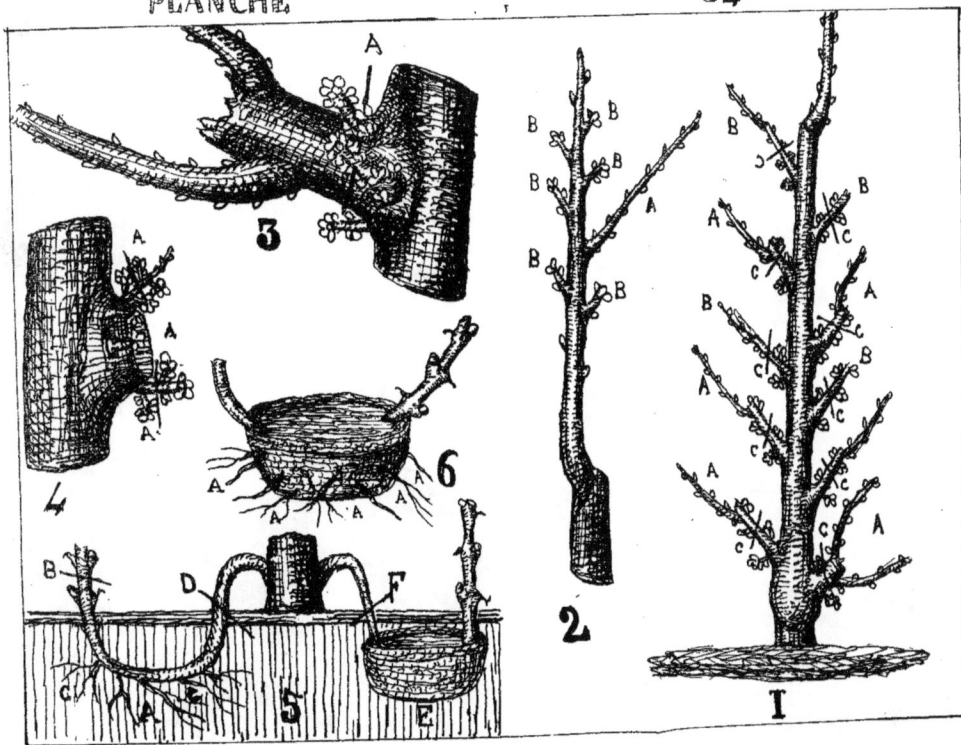

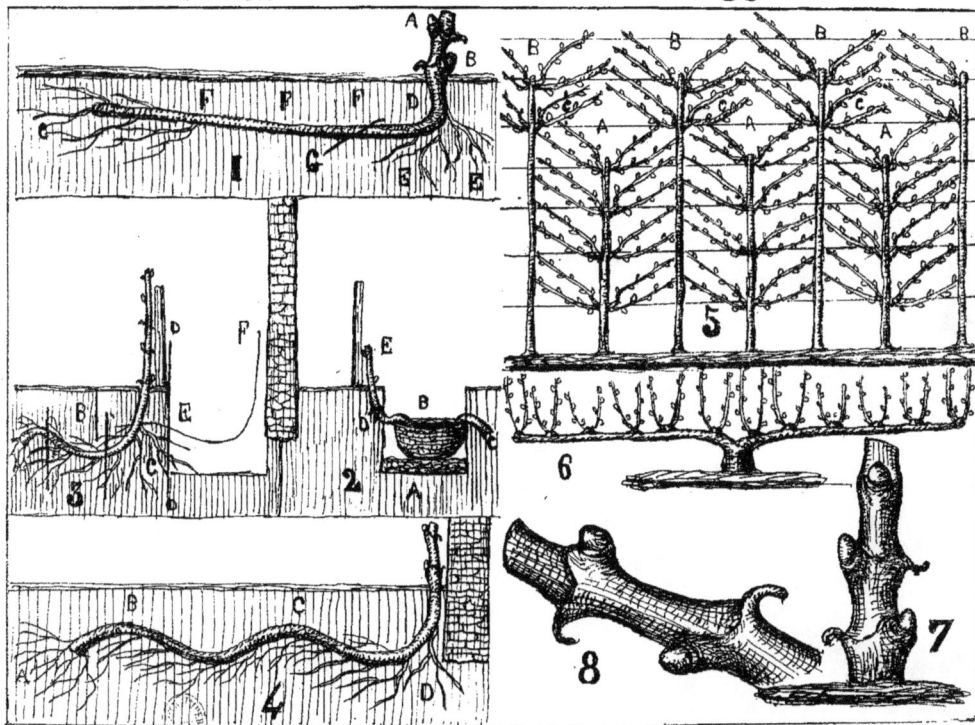

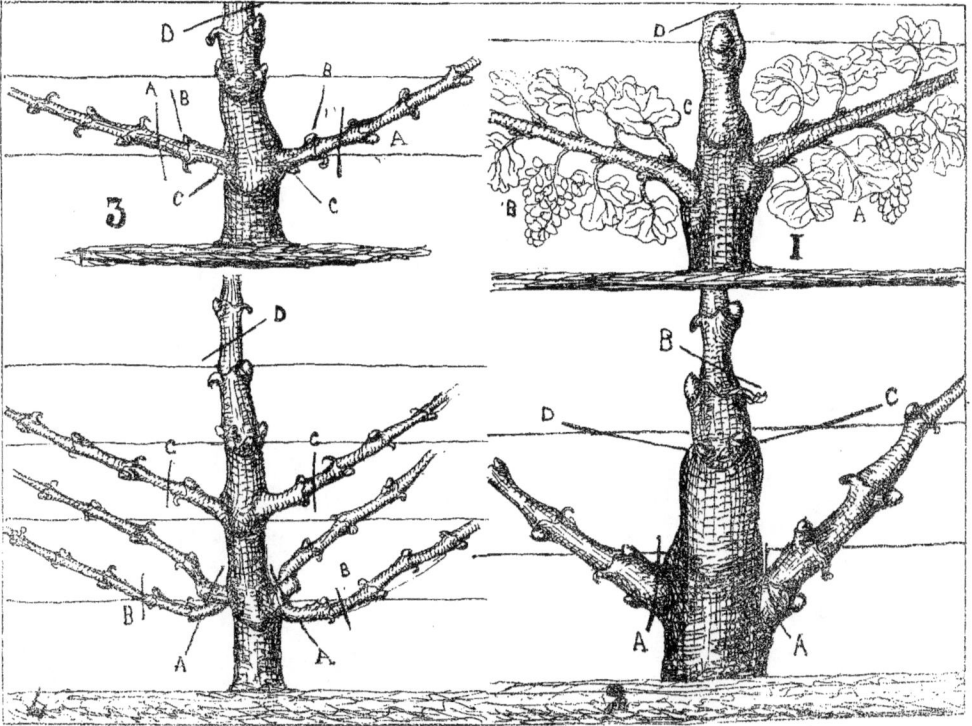

PLANCHE 36

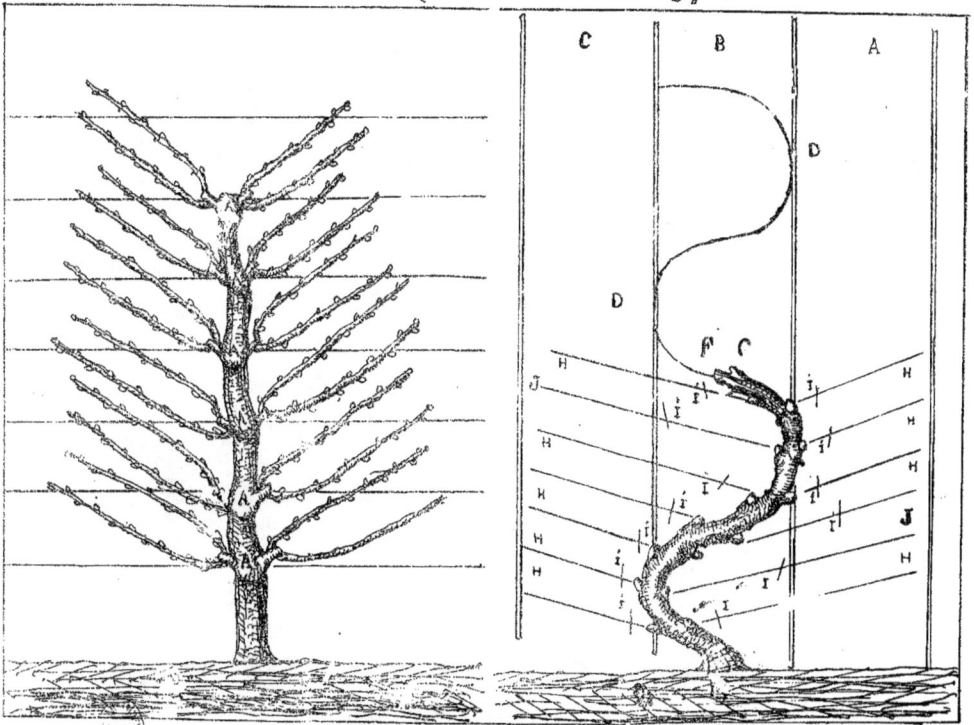

PLANCHE   37

C   B   A

D

D

F   C

H

J

H

H

H

H

J

H

H

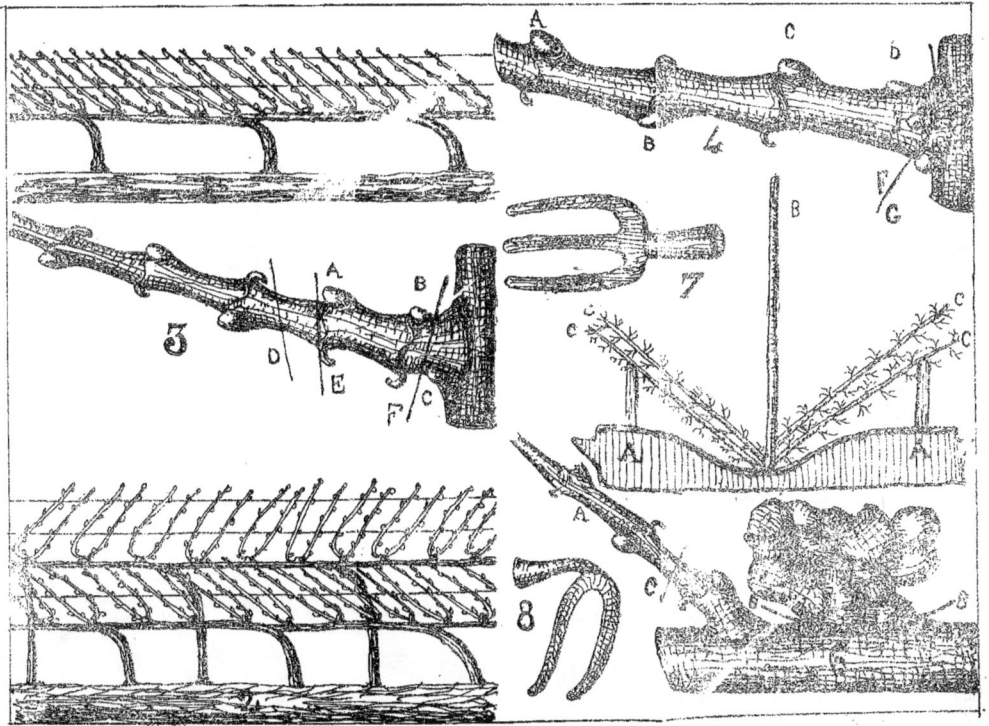

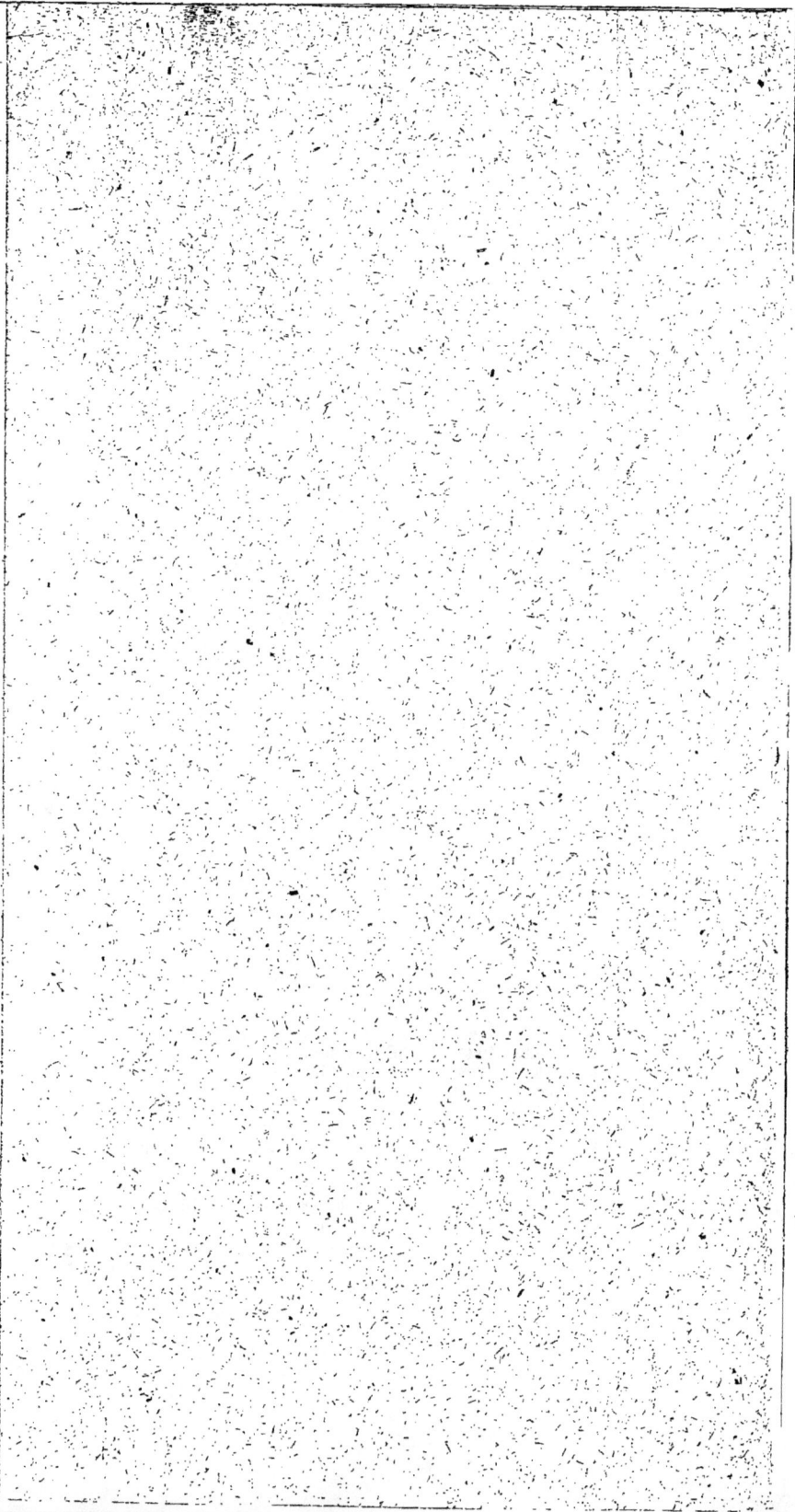

L'ARBORICULTURE FRUITIÈRE
en 26 leçons

PREMIÈRE PARTIE. — ÉTUDES PRÉLIMINAIRES.

Cet ouvrage, essentiellement pratique, met l'arboriculture à la portée de tous ; fournit à chacun les moyens de soigner les arbres fruitiers, et d'obtenir en quantité des fruits magnifiques.

Paris. — Imp. de Dubuisson et Cie, 5, rue Coq-Héron. — 3463.

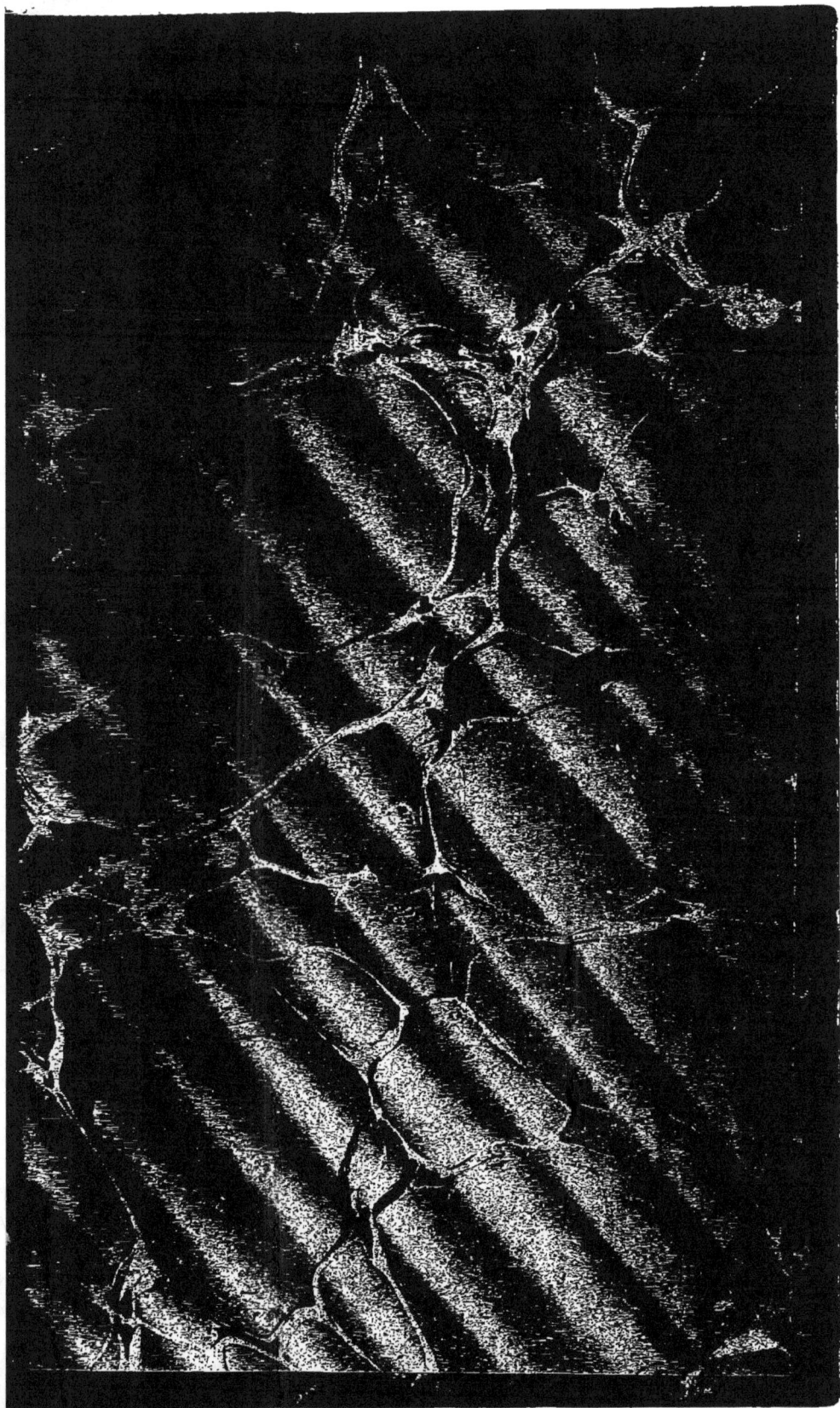

www.ingramcontent.com/pod-product-compliance
Lightning Source LLC
Chambersburg PA
CBHW060531220326
41599CB00022B/3486